Hunde

Unsere treuen Freunde

Hunde

Unsere treuen Freunde

Autorin: Barbara Willms
Gesamtherstellung:
VEMAG Verlags- und Medien Aktiengesellschaft, Köln

ISBN 3-8299-0527-0

Inhalt

Einleitung

Des Pudels Kern

„Wie man in den Wald hineinruft, so schallt es heraus“, sagt ein bekanntes Sprichwort. Die Erkenntnis, die dahinter steht, ist von nicht zu unterschätzender Bedeutung. Sie gilt in den Beziehungen der Menschen untereinander, das weiß jeder aus eigener Erfahrung. Ist man freundlich zum Gegenüber, so wird er oder sie auch freundlich antworten – nur in seltenen Fällen wird herzliche Freundlichkeit nicht ebenso zurückgegeben.

Doch das Sprichwort gilt nicht nur für das Verhalten von uns Menschen untereinander. Es gilt auch für unsere Einstellung und unser Verhältnis zu Tieren. Zwar kann man Tieren nicht genauso begegnen wie Menschen, aber Respekt und Liebe kann man ihnen auch entgegenbringen. Respekt und Liebe drücken sich ja gerade darin aus, dass man Tiere artgerecht behandelt und nicht vermenschlicht.

Der Hund ist seit vielen Jahrtausenden ein nützlicher und treuer Begleiter des Menschen. Im Laufe der Geschichte hat er vielfältige Aufgaben für den Menschen übernommen. Begonnen hat die Beziehung zwischen Mensch und Hund vermutlich schon in der Steinzeit. Auch heute noch hilft der Hund dem Menschen bei einer Reihe schwieriger Arbeiten und in vielen Lebenslagen.

Für viele Menschen ist heute aber nicht mehr so wichtig, dass ein Hund sich für ganz spezielle Aufgaben eignet, für die er eine besondere Ausbildung braucht. Eine Ausnahme bilden die Blindenhunde. Ein blinder Mensch, der sich solch einem Hund anvertraut, muss auch darauf vertrauen, dass das Tier sehr gut ausgebildet ist.

Aber für viele andere ist einfach entscheidend, dass der Hund ein nettes Wesen hat und sich mit ihnen wohl fühlt. Viele Menschen schaffen sich heute einen Hund an, weil sie einen unterhaltsamen, treuen und wachsamen vierbeinigen Begleiter suchen. Und der Hund schafft es spielend, diese Aufgabe zu bewältigen.

In vielen Haushalten freuen sich Menschen, wenn sie nach Hause kommen und freudig von einem Vierbeiner begrüßt werden. Millionen Menschen genießen es, wenn ein Hund sich zu ihren Füßen ausstreckt und sie abends nicht allein zu Hause sind. Für viele, die ansonsten über Bewegungsmangel klagen würden, ist der Hund ein willkommener Anlass, sich im Freien zu bewegen. Eine große Zahl von Einbrüchen ist von wachsamen Hunden, die rechtzeitig angeschlagen haben, verhindert worden.

Hunde machen Freude, sie können das Leben eines Menschen ungemein bereichern. Das tun sie, ohne dafür monatlichen Lohn zu verlangen. Wir Menschen können und müssen nur eines für sie tun: sie sehr gut behandeln.

Das fängt damit an, dass wir uns nur dann einen Hund anschaffen, wenn wir genügend Zeit und Platz für ihn haben. Es heißt weiter, dass wir uns bei Fachleuten informieren, was der Hund zum artgerechten und gesunden Leben braucht. Es heißt auch, dass wir regelmäßige Pflichten erledigen. Mehrere Spaziergänge täglich mit dem Hund gehören dazu. Und – das ist ganz wichtig – gute Behandlung schließt auch unsere Einstellung zum Hund und unseren Umgangston mit ihm ein. Man sieht immer wieder Menschen, die zu Tieren aggressiv oder brutal sind, die die Tiere kaltherzig behandeln oder sie anschreien. Das alles muss und soll nicht sein. Eine gute Beziehung zum Tier baut man durch liebevolle, geduldige Behandlung auf.

„Wie man in den Wald hineinruft, so schallt es heraus“, das gilt auch für das Verhältnis zwischen Menschen und Hunden.

Die Entscheidung für einen Hund

Will man ernsthaft einen Hund im Haus?

Vor der Anschaffung gut nachdenken

Ein Hund ist ein Lebewesen, das respektiert werden muss. Jeder, der sich einen Hund anschaffen möchte, sollte sich darüber im Klaren sein.

Vor der geplanten Anschaffung eines Hundes setzt man sich am besten erst einmal in Ruhe hin und denkt nach. Will man tatsächlich einen Hund bei sich zu Hause halten – oder findet man Hunde vielleicht doch nur sehr putzig? Will man dem Vierbeiner auf Dauer ein Zuhause geben?

Genauso wichtig ist die Frage, ob man das auch tatsächlich kann. Lassen die eigenen Lebensumstände es zu, dass man einen Hund artgerecht hält? Wenn man sich für einen Hund entscheidet, will das gut überlegt sein – und das Ergebnis des Nachdenkens muss auf Dauer gelten.

Die folgenden Überlegungen sind als Hilfestellung vor der möglichen Anschaffung eines Hundes gedacht. Sie sollen klar machen, dass die Entscheidung für einen Hund eine gewichtige Entscheidung ist.

Ein langes Hundeleben

Die normale Lebenserwartung eines Hundes beträgt etwa zwölf bis sechzehn Jahre. Mit etwas Glück und guter Pflege kann er auch älter werden. In den dreißiger Jahren des letzten Jahrhunderts wurde von einem Hund berichtet, der angeblich mit stolzen vierunddreißig Jahren gestorben sei.

Nun mag dieser Bericht zutreffen oder nicht – schon wesentlich kürzere Zeiträume zu planen, ist nicht einfach. Und ein Mindestmaß an Planung ist unerlässlich, wenn man sich einen Hund in die Wohnung oder ins Haus holt. Natürlich kann man nicht genau wissen, was in einigen Jahren sein wird, aber man kann versuchen, Entwicklungen abzuschätzen.

Auch diese Welpen werden größer – und haben ein langes Hundeleben vor sich.

Das gilt zum Beispiel für Jugendliche, die sich einen Hund wünschen. Nicht nur Kinder, sondern auch Jugendliche suchen häufig einen Hund als treuen Freund. Solange die Jugendlichen noch zur Schule gehen und zu Hause wohnen, mag für den Hund gut gesorgt sein. Das kann sich ganz plötzlich ändern, wenn die Jugendlichen eine Ausbildung beginnen – dann sind sie den ganzen Tag außer Haus. Wer kümmert sich dann um den Hund? Nicht selten bleiben alle Pflichten an der Hausfrau, die den Hund vielleicht gar nicht haben wollte, hängen.

Hier wird ein Problem deutlich, das man am besten gar nicht erst entstehen lässt: Die Hausfrau will keinen Hund haben. Wenn das so ist, sollte die Familie keinen Hund anschaffen. Als Regel gilt: Haustiere nur, wenn alle Familienmitglieder einverstanden sind.

Eine weitere Überlegung sollte angestellt werden. Viele Jugendliche verlassen heute früh das Elternhaus. Oft besteht das erste eigene Domizil nur aus einem einzigen Zimmer oder einer sehr kleinen Wohnung. Da kann unter Umständen nicht nur eine artge-

Ein Hund braucht viel Zeit zum Schmusen und Spielen.

rechte Haltung unmöglich sein. Es wird in vielen Fällen vom Vermieter schlicht verboten, einen Hund zu halten. Wer zum Studium in die Großstadt zieht, kann große Probleme haben, den Vierbeiner artgerecht und erlaubterweise unterzubringen.
Einem Hund tut es nicht gut, wenn er mehrmals in fremde Hände gegeben wird. Das sollte schon vor der Anschaffung bedacht werden. Eine Entscheidung für einen Hund ist keine willkürliche, sondern eine bindende Entscheidung.

Regelmäßiges Gassigehen ist Pflicht.

Pflicht und Kür

Es ist eine Freude, von einem Vierbeiner schon an der Haustür begrüßt zu werden. Es macht Freude anzuschauen, wie niedlich Hunde an ihrem Lieblingsplatz liegen und schlafen. Es macht viel Spaß, mit ihnen herumzutollen. Aber Hundehaltung bedeutet nicht nur Spaß. Auch für die Hundehaltung gilt: Vor der Kür kommt die Pflicht.
Wer schon einen Hund hat, der weiß, wovon die Rede ist. Eine der ersten Pflichten sind die regelmäßigen Spaziergänge. Mit „Gassi gehen" ist nicht der kürzeste Weg zum nächsten Gebüsch gemeint. Hunde brauchen viel Auslauf. Mehrmals am Tag müssen sie ausgeführt werden. Frisches Wasser muss immer bereitstehen. Der Fressnapf muss regelmäßig gefüllt werden. Fertiges Futter einkaufen oder Futter zubereiten, den Napf füllen, den schmutzigen Napf säubern, das sind alles kleine zusätzliche Haushaltspflichten, die mit der Hundehaltung entstehen.
Ein Hund fühlt sich nur wohl, wenn man all die kleinen Pflichten übernimmt, die mit der Hundehaltung Tag für Tag anfallen.

Auslauf ist wichtig.

Verantwortung

Wer sich einen Hund als Haustier hält, der ist verantwortlich für alles, was sein Hund tut. Das schreibt das Gesetz so vor. Und diese Verantwortung kann nicht nur viel Ärger, sondern auch hohe Kosten mit sich bringen. Es lohnt sich, vor der Anschaffung des Hundes gut nachzudenken, ob man diese Verantwortung übernehmen kann und will.

Nicht nur das Futter kostet Geld.

Schon die ganz Kleinen müssen erzogen werden.

Info *Verantwortung für den Hund zu übernehmen bedeutet ganz grundsätzlich, so mit ihm umzugehen, dass andere Menschen und Tiere nicht in ihrem Wohlbefinden beeinträchtigt werden. Das heißt unter anderem, den Hund nicht heimlich im Dunkeln sein Geschäft in fremden Gärten erledigen zu lassen. Das heißt auch, den Hund dort bei Fuß oder – wenn nötig – auch an der Leine gehen zu lassen, wo Spaziergänger sich durch ihn bedroht oder einfach gestört fühlen könnten.*

Ist Grün in der Nähe?

Ein Hund richtet auch bei guter Erziehung schon einmal Dinge an, für die sein Halter gerade stehen muss. Er muss die finanzielle Verantwortung übernehmen. Es geht nicht nur darum, der Nachbarin einmal einen Blumenstrauß zu schenken, weil der Hund in ihrem Blumenbeet gegraben hat.
Hunde können unbeabsichtigt Schäden anrichten, die kaum ein Normalverdiener bezahlen kann. Forderungen in Millionenhöhe können auf den Hundehalter zukommen, wenn der Hund etwa einen Verkehrsunfall verursacht, durch den ein Mensch zu Schaden kommt. Damit solche Situationen erst gar nicht entstehen, ist es wichtig, viel Liebe und Geduld für die Erziehung des Hundes aufzuwenden. Dennoch können schlimme Situationen bei aller Vorsicht manchmal nicht vermieden werden. Deshalb empfiehlt es sich für jeden Hundehalter, eine Haftpflichtversicherung für das Tier abzuschließen.

Hundehaltung kostet Geld

Eine Haftpflichtversicherung bekommt man nicht geschenkt. Auch wenn manch einer vielleicht nicht gerne über Geld spricht: Hundehaltung kostet Geld, darüber muss man sich vor der Anschaffung eines Hundes klar sein. Zunächst einmal ist an den Anschaffungspreis zu denken. Es gibt teure und weniger teure Rassen. Für einen Mischling zahlt man in der Regel sehr viel weniger. Möglicherweise wird einem der Hund von einem Bekannten geschenkt. Dieser Vorbesitzer kann den Hund vielleicht nicht mehr halten, weil er krank geworden ist.

Der Anschaffungspreis ist aber längst nicht der einzige Punkt, über den nachgedacht werden sollte. Eine Reihe weiterer Ausgaben stehen dem Hundehalter bevor. Die laufenden Kosten sind zu bedenken. Der Hund hat, wie wir auch, Hunger, also muss Futter gekauft werden. Eine ausgewogene Hundeernährung ist über das Jahr gerechnet nicht ganz billig. Der Hund kann ansteckende Krankheiten bekommen, also muss er geimpft werden. Impfungen verursachen zwar kalkulierbare Kosten, aber umsonst gibt es sie auch nicht. Der Hund kann krank werden, also führt in vielen Fällen der Weg zum Tierarzt. Tierarztrechnungen können ein dickes Loch ins Portemonnaie reißen, wenn der Hund zum Beispiel mehrfach operiert werden muss. Der Hund ist dem Staat als Steuerobjekt aufgefallen; es muss Hundesteuer für ihn gezahlt werden.

Hinzu kommen noch eine Reihe kleinerer oder einmaliger Ausgaben, die man am Anfang möglicherweise unterschätzt: Ein Wassernapf muss her, ein Fressnapf, ein Halsband, eine Leine, später ein größeres Halsband und eine stärkere Leine. Der Hund reinigt sein Gebiss sehr gut, wenn er an einem Kauknochen nagt. Auch den bekommt man nicht geschenkt. Und meist ist er schnell verspeist. Eine Bürste muss her, eine Decke und ein Hundekorb.
Ein Hund macht viel Freude. Man muss aber auch in der Lage und bereit sein, für den Lebensunterhalt des Tieres aufzukommen. Das kann durchaus bedeuten, auf andere Dinge verzichten zu müssen.

Zeit für den Hund

Einen Hund holt man nicht wie ein Spielzeug hervor, wenn einem gerade danach ist. Ein Hund hat regelmäßige und dauernde Bedürfnisse, die zu erfüllen Zeit erfordert.
Dem Hund die Zuwendungen zu geben, die er braucht, heißt: auf andere Beschäftigungen das eine oder andere Mal zu verzichten. Eine erste Überlegung: Ein Hund kann nicht den ganzen Tag alleine zu Hause bleiben. Er braucht Gesellschaft, und er muss mehrmals am Tag ausgeführt werden. Spaziergänge nehmen Zeit in Anspruch. Ein Hundespaziergang führt, wie schon gesagt, nicht nur bis zum nächsten Gebüsch. Der Hund braucht Zuwendung. Auch dafür muss man sich Zeit nehmen können und wollen. Mit dem Hund herumtollen, ihn loben, ihn streicheln, das alles kostet Zeit.
Auch notwendige Erledigungen und Hundepflege brauchen Zeit. Der Einkauf des Hundefutters, der Anruf beim Tierarzt, die Fahrt dorthin, Wartezeit und Behandlung in der Praxis, das dauert schon eine Weile. Bürsten, vielleicht auch der Gang zum Hundefriseur, wenn das Fell zu lang geworden ist – all das ist zeitaufwändig. Gerade am Anfang mag einem das sehr gefallen – aber schenkt man dem Hund auch auf Dauer so viel Zeit, wie er braucht? Tut man es nicht, verkümmert der Hund.

Man muss sich Zeit nehmen für Spaziergänge.

Platz für den Hund

Genügend Platz für den Hund muss zunächst einmal in der Wohnung sein. Der Hund braucht ein Plätzchen, auf das er sich zurückziehen kann. Ein Hund muss, wenn ihm danach ist, auch ungestört sein können. Leben Hund und Mensch ganz ohne Ausweichmöglichkeit aufeinander, stört das schon nach ein paar Tagen auch den Menschen. Spannungen und Aggressionen sind die Folge.
Wer vor der Entscheidung steht, sich einen Hund anzuschaffen, sollte unbedingt überlegen, für welche Hundegröße und welches Hundetemperament er Raum bieten kann. Ein kleiner Hund in einer großen Wohnung – das ist kein Fehler. Ein großer Hund in einer kleinen Wohnung – das ist in der Regel Tierquälerei.

Unterwerfung im feuchten Gras

Stürmische Liebesbekundung

Manche Hunde brauchen sehr viel Auslauf und Platz zum spielerischen Austoben.

Nicht nur die Wohnungsgröße, sondern auch die Wohnungslage sollte bedacht werden. Häufiges Treppensteigen ist für viele Hunde schlecht, weil ihre Wirbelsäule dabei Schaden nimmt. In diesen Fällen kann man mit Glück vielleicht die bequeme Variante – den Aufzug – wählen. Aber gerade ältere Wohnhäuser haben meistens keinen Aufzug. Dann bleibt oft nur eines: den Hund die Treppen hochzutragen, und zwar auch, wenn es draußen geregnet hat und der Hund weder trocken noch sauber ist.

Mit der Frage nach der Wohnungslage ist auch gemeint, ob geeignete Grün- und Freiflächen in der Nähe sind. In einer Betonwüste ganz ohne Grün in erreichbarer Nähe kann es Probleme mit den regelmäßigen Spaziergängen geben. Es geht ja schließlich nicht darum, irgendein Eckchen zu finden, wo der Hund ein Häufchen macht. Es ist wichtig, schon vor der Hundeanschaffung auch die Interessen der Mitmenschen in der Umgebung miteinzubeziehen. Je geeigneter die Umgebung, desto freundlicher das Auskommen von Hundebesitzern und den Mitmenschen, die keinen Hund haben. In manchen Fällen kann es sehr klug sein, mit der Hundeanschaffung bis zum nächsten Umzug zu warten.

Gute Erziehung

Ein Hundewelpe kommt nicht wohlerzogen auf die Welt. Er weiß nicht, auf welche Kommandos er hören soll, er weiß nicht, wo er sein Geschäft erledigen soll. Er weiß auch nicht, welche Gegenstände sein Spielzeug sind und welche nicht. Der junge Hund muss diese und weitere Regeln erst langsam erlernen. Aber zunächst einmal gilt es für ihn zu akzeptieren, dass er einen neuen Anführer im Rudel hat, einen Menschen. Das bringt man dem Hund nicht durch Gewalt und Geschrei bei. Vertrauen und Respekt gehen Hand in Hand. Sie entstehen durch liebevolle und dennoch bestimmte Behandlung.

Hundeerziehung erfordert vom Menschen Geduld und Verständnis. Wer Freude an seinem Hund haben will, muss sich gerade in der Anfangsphase sehr viel Zeit für die Erziehung des Tieres nehmen. Aber diese Investition lohnt sich! In der ersten Zeit mit dem Tier werden die Grundlagen für ein langes, schönes Zusammenleben geschaffen. Ganz wichtig ist es auch, bei den einmal eingeübten Regeln zu bleiben, wenn sie zur Zufriedenheit von Hund und Mensch wirken. Nur ein Beispiel: Betteln bei Tisch sollte nicht erlaubt sein – auch nicht, wenn ein Stück Wurst übrig bleibt, weil man es nicht mehr mag.

Der zukünftige Hundehalter fragt sich also vor der Anschaffung: Bringe ich Zeit, Geduld, Nachsicht und Konsequenz auf?

Es sei einmal ganz ausdrücklich gesagt: Gewalt und Aggressivität, ungerechtes Schreien oder allgemein unfreundliche Behandlung – das alles ist beim Hund fehl am

Platze. Man kann das Tier mit solchem Verhalten vielleicht im Moment zum Gehorsam bringen, aber brutaler Zwang ist letztlich nur Quälerei – und hat dauerhafte Schäden zur Folge. Man bricht den Hund, man bricht ihm im übertragenen Sinne das Rückgrat, wenn man ihn zu hart behandelt. Damit soll keineswegs eine völlig antiautoritäre Hundeerziehung befürwortet werden. Der Hund muss bestimmte Regeln kennen und einhalten. Um zu diesem Ziel zu kommen, sind aber in der Vergangenheit nicht selten falsche Wege beschritten worden. Heute weiß man: Lob ist in den meisten Fällen eine geeignetere Erziehungsmethode als Strafe. Liebevolle, aber bestimmte Erziehung und Behandlung kosten mehr Zeit und Mühe. Sie sind aber der einzig angemessene Weg.

Ohne Einfühlungsvermögen geht es nicht

Ein Hund ist kein Mensch. Er hat seine eigene Wahrnehmung der Dinge. Man darf nicht den Fehler machen, in einem Hund so etwas wie einen dummen Zweibeiner zu sehen. Das führt nur zu Missverständnissen. Vielmehr sollte man sich auf das Experiment einlassen, die Dinge auch einmal so zu sehen, wie der Hund sie sieht. Das erleichtert die Verständigung.

Da mag zum Beispiel ein Hund sein, der große Angst vor dem Wasser hat. Es hat überhaupt keinen Sinn, diesem Hund mit vielen Worten die Angst vor dem Wasser nehmen zu wollen. Sinn macht es, die Angst des Hundes zu akzeptieren. Man kann dann versuchen, sie ihm abzugewöhnen. Vielleicht gelingt es. Man kann sich zum Beispiel im Sommer selbst mit den Füßen in ein flaches Gewässer stellen und den Hund rufen. Man lockt ihn mit einem Leckerbissen. Es wäre nicht das erste Mal, dass ein Hund der Versuchung, den Leckerbissen zu bekommen, nicht widerstehen kann und ins Wasser kommt. Das klappt nicht immer auf Anhieb, aber vielleicht nach einigen Versuchen. Hat der Hund in seinem Gedächtnis erst einmal die angenehme Erfahrung, einen Leckerbissen zu bekommen, mit dem Wasser verbunden, dann ist ihm schon ein Teil seiner Angst vor dem Wasser genommen.

Ein zweites Beispiel: Der Hund läuft auf einen anderen Hund zu. Er bellt und knurrt. Plötzlich wirft er sich auf den Rücken – und schon liegt er im Matsch, das Fell ist verschmiert. Der Hund denkt nicht an den Teppichboden zu Hause, wenn er sich auf den Rücken wirft. Das kann und darf man auch nicht von ihm erwarten. Es macht nicht den geringsten Sinn, den Hund von einem solchen Tun abhalten zu wollen. Der Hund wirft sich auf den Boden, weil er dem anderen Hund seine Unterlegenheit zu erkennen gibt. Eine Demutsgeste ist das, ein Kampf wird so vermieden. Wer weiß, was diese kleine Geste bedeutet, wird seinen Hund nicht schelten, auch wenn er nachher das Fell säubert. Wer sich einen Hund hält, muss sich auch fremde Weisen der Wahrnehmung zu eigen machen.

Herrchen und Frauchen sind für alles verantwortlich, was der Hund macht.

Info *Man sollte immer daran denken: Ein Hund bringt „seinem“ Menschen große Zuneigung entgegen – in diesem warmherzigen Gefühl sollte man ihn bestärken.*

Hunderassen von A bis Z

Der Saliuki, ein Windhund

Jeder der Welpen ist ein Individuum mit besonderen Eigenarten.

Vorbemerkungen zur Systematik

Es gibt etwa 340 weltweit anerkannte Hunderassen. Ein Teil von ihnen wird nachfolgend vorgestellt. Die einzelnen Rassen sind alphabetisch aufgeführt.
Da manche Rassen starke Gemeinsamkeiten haben, hat es sich als sinnvoll erwiesen, einige von ihnen zu Gruppen zusammenzufassen. Diese Gruppen mit den typischen gemeinsamen Merkmalen stehen an „ihrer“ Stelle in der alphabetischen Liste.
Einzelne Hunderassen, die dazugehören und in diesem Buch genannt werden, stehen ebenfalls an „ihrer“ Stelle im Alphabet. Bei manchen finden sich gesonderte Erläuterungen, bei anderen wird lediglich auf die Gruppe verwiesen. Ein Beispiel: Der „Afghanische Windhund“ ist mit einer Erläuterung unter „A“ zu finden. Außerdem wird auf die Gruppe der Windhunde verwiesen, die man unter „W“ findet. Ein anderes Beispiel: Der „Amerikanische Cockerspaniel“ wird nicht gesondert besprochen. Eine erste Information liefert die Beschreibung der Gruppe der Spaniel, zu der er gehört. Auch unter dem Begriff Cockerspaniel findet sich Wissenswertes.
Bei der Gruppeneinteilung der aufgeführten Rassen gibt es mehrere Möglichkeiten. Man könnte sie zum Beispiel nach den Aufgabengebieten ordnen, in denen sie eingesetzt werden. Dann hätte man eine Gruppe der Gebrauchs- und Arbeitshunde und mehrere andere Gruppen. Die Gruppennamen wären allerdings nicht unbedingt eindeutig. So ließe sich eine Wachhundrasse durchaus auch bei den Gebrauchshunden einordnen.
Eine ähnliche – gewissermaßen offizielle – Möglichkeit der Einteilung ist die von der internationalen Vereinigung Fédération Cynologique Internationale (FCI) verwendete. Dort werden die Rassen nach den Aufgabengebieten eingeteilt, für die sie gezüchtet werden.
Solche strengen Einteilungen sind in erster Linie für Fachleute interessant. Wer sich einen Einblick in die Vielfalt der Hunderassen verschaffen möchte, benötigt dazu keine vollständige Auflistung mit strengen Unterscheidungskriterien.

Bei der Zusammenstellung der folgenden Kurzportraits wurden eine Reihe von Rassen Gruppen gleicher Herkunft oder ähnlicher Verwendung zugeordnet. Es wurde Wert darauf gelegt, dass viele bekannte Hunderassen vertreten sind. Aber auch weniger bekannte Rassen werden vorgestellt.
Bei den Hundeportraits kann nicht immer auf den Zentimeter genau gesagt werden, wie groß die Tiere werden können. Die Größenangabe bezieht sich in der Regel auf die Schulterhöhe – nicht etwa auf die Höhe, an die der Hundekopf heranreicht. Rüden sind häufig ein sichtbares Stück größer als Hündinnen derselben Rasse. Besonderheiten, die nur für den Wissenschaftler interessant sind, werden nicht genannt. Angesprochen werden Eigenschaften, die den Hundefreund im Alltag interessieren.
Beim Nachlesen ist immer zu bedenken: Ein reinrassiger Hund von einem seriösen Züchter entspricht den Rassestandards. Und dennoch: Man kann sich nicht immer darauf verlassen, dass bei jedem einzelnen Hund alle Eigenschaften so ausgeprägt sind, wie sie es bestenfalls sein könnten. Um nur ein wichtiges Beispiel zu nennen: Ob der einzelne Hund kinderfreundlich ist, hängt nicht nur von der Rasse, sondern in starkem Maße auch davon ab, ob er zu freundlichem Umgang mit Kindern erzogen wurde.
Erlebnisse des Hundes spielen ebenfalls ein große Rolle. Hunde die von bestimmten Kindern geärgert worden sind, können eine starke, grundsätzliche Abneigung gegen Kinder entwickeln. Aber nicht nur negative, sondern auch positive Eigenschaften sind eine Sache der jeweiligen Hundepersönlichkeit. Jeder Hund ist ein Individuum mit ganz besonderen Eigenschaften, die ihn unverwechselbar und liebenswert machen. Das ist ja gerade das Schöne.

Affenpinscher

Größe, Körperbau
Ein Leichtgewicht und klein ist der Affenpinscher. Er wird bis zu 28 cm hoch und wiegt bis zu 4 kg. Sein Körper wirkt insgesamt eher gedrungen als besonders zierlich.

Fell
Schwarz ist die typische Farbe für diesen kleinen Pinschervertreter. Es gibt jedoch auch Tönungen und – zuchtstandardmäßig nicht erwünscht – andere Farben, zum Beispiel Gelb. Das Fell ist trocken, rau, lang und dicht mit flockiger Unterwolle.

Pflege
Ein Affenpinscher muss ganz bestimmt nicht immer gestriegelt aussehen. Gerade auch sein strubbeliges Fell macht viel von seinem Charme aus. Dennoch tut man gut daran, ihn oft zu bürsten.

Charakter und Temperament
Dieser kleine Pinscher ist wachsam. Mit ihm kommt keine Langeweile auf, denn er ist lebhaft und ungezwungen. Große Anhänglichkeit zeichnet ihn außerdem aus.

Geeignetes Umfeld
Man kann einen Affenpinscher in einer Stadtwohnung halten. Natürlich braucht er seinen regelmäßigen Auslauf. Als Familienhund ist er sehr gut geeignet. Er hat aber nicht zu allen Familienmitgliedern das gleiche Verhältnis. Er wird sich ganz besonders stark an eine Person binden.

Geschichte und Geschichten
Auffällige Ähnlichkeit hat der Affenpinscher mit dem Belgischen Griffon und dem Zwergschnauzer. Diese werden unter seinen Vorfahren vermutet. Der Name erklärt sich ganz einfach – das Gesicht erinnert an das Gesicht eines Affen. Affenpinscher haben sich als Mäuse- und Rattenjäger bewährt.

Affenpinscher

Afghanischer Windhund (Tazi, Afghan)
--> auch Windhunde

Afghanischer Windhund

Größe, Körperbau
Groß und elegant wirkt der Afghanische Windhund. Er erreicht eine Höhe von etwa 61 bis 74 cm – bei einem Gewicht von etwa bis zu 28 kg. Der Körper ist mittellang mit geradem, muskulösem Rücken.

Fell
Feines und langes seidenartiges Fell zeichnet den schnellen Vierbeiner aus. Im Gesicht und auf dem Rücken ist das Fell wesentlich kürzer als am übrigen Körper. Im Gesicht kann zur eigentlichen Farbe eine schwarze Maske hinzukommen. Sand- bis Goldgelb ist eine beliebte Farbe beim Afghanischen Windhund.

Pflege
Das lange, weiche Fell muss sehr gut gepflegt werden.

Charakter und Temperament
Der Afghanische Windhund ist stolz, mutig und nicht zuletzt sensibel. Man muss sich sehr um ihn kümmern. Er braucht echte Zuneigung. Zutrauen zu Fremden fasst er nicht sehr leicht. Behandelt ihn jemand schlecht, vergisst er das lange nicht.

Geeignetes Umfeld
Viel Pflege, extrem viel Auslauf und viel Futter, das sind drei Bedingungen, die den Afghanischen Windhund nicht zu einem Hund für jedermann machen. Dennoch ist er kein ganz komplizierter Hund. Mit Kindern kann er sich gut verstehen, mit anderen Hunden teilweise auch.

Geschichte und Geschichten
Die mehrere Jahrtausende alte Rasse wurde ursprünglich bei der Jagd und der Hatz eingesetzt. Ihre Heimat in jüngerer Zeit sind die afghanischen Berge. Afghanische Windhunde sind nicht nur schnell und wendig, sondern außerdem auch besonders ausdauernd. Nach Europa kamen die majestätischen Tiere erst am Ende des vorletzten Jahrhunderts.

Akita Inu

Airedaleterrier
--> auch Terrier

Größe, Körperbau

Er wird „König der Terrier" genannt und ist mit maximal 58 cm der größte unter ihnen. Dabei wiegt der „König" etwa 18 bis 25 kg. Er ist kräftig, ohne jedoch massig zu wirken.

Fell

Gelbbraun-schwarz soll das Fell sein. Typisch ist der sattelähnliche dunklere Teil des Fells auf dem Rücken. Das Deckhaar ist rau und dicht – und nicht lockig – über kurzer, weicher Unterwolle.

Pflege

Regelmäßig getrimmt, haart der Airedaleterrier kaum.

Charakter und Temperament

Ein heiterer, ruhiger Charakter zeichnet diesen größten Terrier aus. Er ist anhänglich, einfühlsam und unkompliziert. Trotz seiner Wachsamkeit bellt er nicht grundlos.

Geeignetes Umfeld

Der Airedaleterrier ist ausgesprochen gut als Familienhund geeignet. Mit Kindern versteht er sich ausgezeichnet. Man kann gut in einer großen Familie mit ihm zusammenleben. Viele Menschen und auch vergleichsweise enger Raum werden nicht zu einem großen Problem, wenn man dem Hund dafür sehr viel Auslauf gewährt, und zwar mehrere Kilometer pro Tag.

Geschichte und Geschichten

Die Heimat des Airedaleterriers ist Großbritannien. Besonders hervorgetan hat sich der Airedaleterrier bei der Jagd, gerade auch in sumpfigem Gelände. Darüber hinaus hat er sich als Wachhund, als Begleithund, als Diensthund und als Blindenhund bewährt. Unter seinen Vorfahren wird auch der Otterhund vermutet.

Airedaleterrier

Akita Inu

Größe, Körperbau

Dieser japanische Spitz erreicht eine Größe von etwa 57 bis 69 cm und ein Gewicht von 30 bis 45 kg.

Fell

Grob und kurz ist das Deckhaar, weich das Unterfell. Einfarbige Exemplare kommen häufig vor. Sind weiße Muster im Fell, so sollen sie nicht mehr als ein Drittel des Körpers bedecken.

Pflege

Durch Haarwechsel ist häufiges Bürsten angebracht.

Charakter und Temperament

Der Akita Inu ist unabhängig und dabei loyal zu „seinen" Menschen. Seine natürliche Aggressivität hat er insbesondere gegenüber Artgenossen nicht ganz verloren. Er ist sehr wachsam.

Geeignetes Umfeld

Eine energische, feste Hand braucht der Akita Inu auf jeden Fall. Er kann in einer kleineren Wohnung gehalten werden, wenn man ihm den nötigen Auslauf gewährt.

Geschichte und Geschichten

Vermutlich sahen die Hunde dieser Rasse schon vor dreihundert Jahren so aus wie heute. Der Akitu Inu ist im Laufe der Geschichte schon für viele Zwecke eingesetzt worden. In früherer Zeit diente er vor allem als Jagdhund, Zughund und Kampfhund. Heute übernimmt er auch andere Aufgaben.

Amerikanischer Cockerspaniel
--> Spaniel

Alaskan Malamute

Größe, Körperbau

Der Alaskan Malamute ist die kräftigste der nordischen Hunderassen. Die Tiere erreichen eine Höhe von etwa 56 bis 64 cm. Sie wie-

gen um 35 kg. Sie weisen alle körperlichen Merkmale auf, die sie für ihre schwere Arbeit als Schlittenhunde brauchen.

Fell
Die kräftigen Hunde aus dem Norden haben mittellanges, dichtes Deckhaar, das besonders dicht am Hals und an den Schultern ist. Als Farben kommen Weiß, Schwarz und Wolfsgrau vor. Weiß können Bauch, Teile des Gesichts, Beine und Pfoten sein.

Pflege
Wie viele Hunde mit dichtem Haar bedarf ein Alaskan Malamute regelmäßiger Fellpflege.

Charakter und Temperament
Der Alaskan Malamute gilt als anhänglich, fügsam und treu. Es wird ihm nachgesagt, dass er sich mit Artgenossen seines Geschlechts nicht unbedingt gut verträgt. Mit Kindern kommt der kräftige nordische Hund hingegen gut aus.

Geeignetes Umfeld
Man kann den Alaskan Malamute als urwüchsigen Burschen bezeichnen. In einem natürlichen Umfeld fühlt er sich am wohlsten. Wie so mancher andere große Hund kann er sich durchaus in nicht ganz so großzügigen Wohnverhältnissen wohl fühlen – aber nur, wenn er draußen nach Herzenslust Auslauf hat. Eine funktionierende Rangordnung ist für ihn sehr wichtig.

Geschichte und Geschichten
In seiner nordischen Heimat zieht der Alaskan Malamute als Schlittenhund besonders schwere Lasten. Die Bezeichnung für diese Hunderasse geht auf einen Inuitstamm in Alaska zurück. Auch ähnliche Hunde, die eigentlich nicht im strengen Sinn zur Rasse gehören, werden gelegentlich in Alaska als Malamutes bezeichnet.

Alaskan Malamute

Appenzeller Sennenhund
--> auch Sennenhunde

Größe, Körperbau
Der Appenzeller Sennenhund ist muskulös, wirkt aber nicht schwer. Er erreicht eine Größe von etwa 48 bis 58 cm und ein Gewicht von etwa 20 kg.

Fell
Dreifarbig ist dieser eidgenössische Hund: Auf schwarzem Grund ist eine rostbraune bis gelbe Zeichnung zu sehen. Vorderbrust, ein Teil des Gesichts, Pfoten und Rutenspitze haben weiße Abzeichen. Das Fell liegt eng an, ist kurz und glänzt.

Pflege
Die Haarpflege beim Appenzeller Sennenhund ist recht unkompliziert.

Charakter und Temperament
Mindestens fünf gute Eigenschaften sagt man ihm nach: Mut, Wendigkeit, Intelligenz, große Ausdauer und Wachsamkeit. Die letztere Eigenschaft führt dazu, dass er Fremde nachhaltig verbellt.

Geeignetes Umfeld
Der Appenzeller Sennenhund ist kein Stadthund. Am wohlsten fühlt er sich in ländlicher Umgebung – mit viel Freiraum und viel Beschäftigung. Er ist ein ausgesprochen kinderfreundliches Tier.

Geschichte und Geschichten
Der Name des Appenzeller Sennenhundes kommt aus seiner Geschichte. Er wurde zum Hüten unter anderem in der Appenzeller Landschaft eingesetzt. Bis heute ist er ein sehr guter Hirtenhund.

Appenzeller Sennenhund

Australischer Terrier (Australian Terrier)
--> auch Terrier

Größe, Körperbau
Kräftig und gut bemuskelt, kommt der Australian Terrier nur auf etwa 25 cm Körper-

Australischer Terrier

Barbet

größe. Er hat einen länglichen Körper und einen kräftigen Fang. Etwa 4 bis 5 kg bringt er auf die Waage.

Fell

Am Körper sind die Haare lang und hart. Am Hals und am Nacken bilden sie eine Art Mähne. Die Unterwolle ist kurz und weich. Blauschwarz oder Silberschwarz ist eine häufige Färbung, zu der lohfarbene Markierungen an den Läufen und am Kopf kommen.

Pflege

Der Australian Terrier muss nur sehr wenig getrimmt werden. Man kämmt und bürstet das Fell.

Charakter und Temperament

Bei seiner Größe vielleicht überraschend – der Australian Terrier ist ausgesprochen mutig. Er wird auch als ungestüm und keinem Streit aus dem Wege gehend bezeichnet. Andererseits gilt er als anhänglich. Lebhaft und fröhlich, wie er ist, wird es mit ihm nicht langweilig.

Geeignetes Umfeld

Aufgrund seiner Größe kann man den kleinen Terrier gut in einer Wohnung halten. Mit Kindern kommt er ausgezeichnet zurecht. Man könnte ihn als Familien- und Wohnungshund bezeichnen, der natürlich auch seinen geregelten Auslauf braucht.

Geschichte und Geschichten

Im 19. Jahrhundert sollen Siedler aus Großbritannien die Vorfahren des kleinen Terriers mit nach Australien gebracht haben. Ein Schoßhund ist er nicht gewesen. Der Australian Terrier hat Mäuse, Ratten, Kaninchen und sogar Schlangen gejagt und getötet.

Barbet

Größe, Körperbau

Der Barbet wird manchmal als etwas bäuerlich aussehend bezeichnet. Er ist kräftig und gedrungen. Bei einer Größe von mindestens 25 und bis etwa 55 cm hat er ein Gewicht von etwa 20 bis 30 kg. Der Rücken ist leicht gebogen, die Rute setzt weit unten an und geht in einer Krümmung nach oben.

Fell

Das Fell ist wollig gekräuselt und lang. Es kann zuweilen verfilzt sein. Verschiedene Farben kommen vor, unter anderem Schwarz, Grau, Kastanienbraun, Lehmgelb, Schmutzigweiß oder Braunweiß.

Pflege

Das wollige Fell bedarf guter Pflege. Vor allem muss der Hund sehr oft gebürstet werden.

Charakter und Temperament

Dem Barbet werden viele angenehme Eigenschaften nachgesagt. Er gilt als fröhlich, intelligent, anhänglich, gehorsam und treu.

Geeignetes Umfeld

Wer einen netten Familienhund sucht, liegt beim Barbet richtig. Er versteht sich ganz hervorragend mit Kindern. Damit es ihm gut geht, braucht er sehr viel Bewegung.

Geschichte und Geschichten

Traditionell gehört der Barbet zu der Gruppe der Jagdhunde. Innerhalb dieses Aufgabenbereichs hat er sich als Vorsteh- und Apportierhund bewährt. Er ist heute jedoch nicht mehr so verbreitet wie früher.

Barsoi (Borzoi, Russischer Windhund)

--> auch **Windhunde**

Größe, Körperbau

Der Barsoi ist ein großer Windhund. Er erreicht eine Höhe von bis zu 82 cm und wiegt 35 bis 45 kg. Er hat einen langen schmalen Kopf und eine zugespitzte Schnauze. Den Bauch kann man als stark eingezogen beschreiben. Die Pfoten sehen ein wenig aus wie Hasenpfoten. Der europäische Typ des Barsoi wird etwas größer als der russische Typ.

Fell

Einfarbig weiße Tiere und weiße Tiere mit farbigen Flecken (braun, grau, gelb, orangefarben) sind sehr verbreitet. Das Haar ist lang und wird oft gelockt bevorzugt, kann jedoch auch gewellt oder flach sein.

Pflege

Wie alle langhaarigen Tiere muss der Barsoi sehr häufig und gründlich gebürstet werden, wenn das Fell ansehnlich bleiben soll.

Charakter und Temperament

Man kann den Barsoi als stolz und zurückhaltend bezeichnen. Abweisend und zuwei-

Barsoi

len recht unfreundlich ist er gegenüber Fremden, anhänglich und gehorsam gegenüber den Menschen, die er kennt und mag.

Geeignetes Umfeld
Sehr viel Platz und sehr viel Auslauf sind gewissermaßen lebensnotwendig für diesen russischen Renner. Mit anderen Hunden versteht er sich nicht immer gut. Man sagt aber, dass er Artgenossen akzeptiert, wenn sie im selben Haushalt leben. Das Verhältnis zu Kindern ist recht unproblematisch.

Geschichte und Geschichten
Eigentlich ist der Barsoi ein schneller und ausdauernder Jagdhund. Er wurde in Russland gezüchtet, um Wölfe zu hetzen. Da er aber ausgesprochen harmonische Körperformen hat und sehr edel wirkt, wurde er schon früh zum Liebling der High Society.

Basenji (Basendschi)

Größe, Körperbau
Bis zu 48 cm groß wird dieser kleine Jagdhund. Dabei kann er ein Gewicht von etwa 11 kg erreichen. Er hat einen vergleichsweise kurzen und geraden Rücken mit einem langen Hals. Die Rute setzt weit oben an und ist ein- bis zweimal gerollt. Beim Aufrichten der Ohren entstehen auf der Stirn Falten.

Fell
Eine typische Farbe ist Fuchsbraun mit weißen Abzeichen. Es kommen aber auch Schwarz und Weiß mit roten Flecken vor. Gelb bis Cremefarben ist nicht erwünscht. Das Fell ist dicht und kurz und dabei sehr fein und glatt.

Pflege
Was die Pflege angeht, so macht der Basenji nur wenig Mühe.

Charakter und Temperament
Der Basenji gilt als ausgeglichen, geduldig und anhänglich.

Geeignetes Umfeld
Er kann in der Stadt gehalten werden. Als Laufhund braucht er aber natürlich seinen Auslauf. Für eine Familie mit Kindern eignet sich der Basenji sehr gut.

Geschichte und Geschichten
Außerhalb seiner afrikanischen Heimat ist der Basenji nur wenig bekannt. In Afrika hat man ihn vorwiegend zur Kleinwildjagd eingesetzt. Was ihn besonders auszeichnet, ist das fehlende typische Bellen. Stattdessen gibt er, und dies auch selten, eher brummende oder heulende Geräusche von sich.

Basenji

Basset

Der Basset ist französischen Ursprungs. „Bas“ bedeutet in der französischen Sprache „niedrig“. „Nieder-“ ist somit auch eine Silbe, die im Zusammenhang mit Bassets oft genannt wird. Die Bassets sind mit einer großen Zahl von Niederlaufhunden (das sind kleinere, vielseitig einsetzbare Laufhunde) verwandt. Ursprünglich wurden Bassets als Jagdhunde gezüchtet, um Niederwild aufzuspüren. Als Jagdhunde eignen sich die verschiedenen Rassen, die heute zur Gruppe der Bassets zählen, für verschiedenen Aufgaben: insbesondere zum Stöbern und zur Jagd auf Kleinwild.

Zur Gruppe der Bassets gehören heute mehrere Rassen. Zu den französischen Rassen zählen der Basset Artésien-Normand, der Basset d'Artois, der Basset Bleu de Gas-

Basset

Basset Hound

cogne, der Basset Fauve de Bretagne und der Basset Griffon Vendéen. In England und in den Vereinigten Staaten ist der Basset Hound verbreitet.

Bassets gehören, wie schon erwähnt, zu den kleineren Hunden. Je nach Rasse können sie etwa 40 cm groß werden. Typische Kennzeichen sind der lange Rücken und die kurzen Beine. Mit den kurzen Beinen unterscheiden sich die heutigen Bassetrassen ganz deutlich von einigen ihrer langbeinigen Vorfahren.

Die einzelnen Rassen weisen Unterschiede in der Fellfärbung auf. Der Basset Bleu de Gascogne etwa hat blau scheinendes oder weißes Haar, das mit schwarzen Flecken verschiedener Größe durchsetzt ist. An den Ohren und den Läufen können rötliche Flecken im Fell zu sehen sein. Der Basset Artésien-Normand ist meist dreifarbig, und zwar schwarz-weiß-orange, oder zweifarbig weiß-orange.

Das Fell der Bassetrassen ist typischerweise kurz, glatt, dicht und hart. Raues Haar kommt auch vor. Weiches, wolliges Fell ist nicht erwünscht. Glatthaarige Bassets werden gebürstet, rauhaarige Bassets kämmt man.

Den Bassets wird ein freundliches, treues und intelligentes Wesen nachgesagt. Werden sie als Meutehunde gehalten, gibt es untereinander weit weniger Streit als bei anderen Hunderassen. Obwohl sie eigentlich als Jagdhunde gezüchtet worden sind, erfreuen sich die Bassets auch großer Beliebtheit als Familienhunde.

Solche Entwicklungen sind für einen ganz großen Teil der Hunderassen zu verzeichnen: Sie werden im privaten Bereich als Haus- und Freizeithunde, zum Vergnügen oder zur Erledigung vergleichsweise leichter Aufgaben eingesetzt. Daneben gibt es aber immer noch eine nicht zu unterschätzende große Zahl von Artgenossen, die den angestammten Tätigkeiten nachgeht. Wenn Hunde nicht mehr in dem für sie typischen Aufgabengebiet eingesetzt werden, muss man in der neuen Situation neue Aufgaben für sie schaffen, die ihrer Veranlagung entgegenkommen. Dazu gehört zum Beispiel, Jagdhunden sehr viel Bewegung zu ermöglichen.

Basset Artésien-Normand
--> Basset

Basset Bleu de Gascogne
--> Basset

Basset Hound
--> auch Basset

Größe, Körperbau

Wenn man vom Basset im Allgemeinen spricht, denken viele gleich an den Basset Hound. Er ist der schwergewichtigste Vertreter aus der Gruppe der Bassets. Der Basset Hound wird bis zu 38 cm groß. Insgesamt ist er sehr lang und flach. Er hat kurze, schwere Gliedmaßen. Auch die Pfoten sind dick und schwer. Der amerikanische Typ des Basset Hound ist etwas kompakter und nicht ganz so massig wie der englische Typ.

Fell

Das Fell des Basset Hound ist glatt und dicht. Es soll weder zu rau noch zu fein sein. Mehrere Farben sind zugelassen.

Pflege

Die Haarpflege ist bei diesem Fell unkompliziert.

Charakter und Temperament

Dem Basset Hound wird Sanftmut, Ruhe und bisweilen auch ein wenig Eigensinn nachgesagt.

Geeignetes Umfeld

Von seiner Veranlagung her ist der Basset Hound ein Kleinwildjäger. Wenn man ihm genügend Auslauf ermöglicht, eignet er sich aber heute sehr gut als Familienhund, der auch in einer nicht allzu großräumigen Wohnung leben kann. Mit anderen Hunden und mit Kindern hat der Basset Hound einen meist unkomplizierten Umgang.

Geschichte und Geschichten
Durch seine niedrige Schulterhöhe hat dieser Jagdhund großes Geschick beim Aufstöbern von Kleinwild – wie zum Beispiel Kaninchen – im dichten Unterholz bewiesen. Die Zucht des Basset Hound wurde im 19. Jh. von Sir Everett Millais begonnen.

Bayerischer Gebirgs-Schweißhund

Größe, Körperbau
Dieser mittelgroße Hund erreicht eine Schulterhöhe von bis zu 50 cm.

Fell
Das Haar des Bayerischen Gebirgs-Schweißhundes ist dicht, glatt anliegend und eher matt als glänzend. Verschiedene rötliche und gelbliche Färbungen kommen vor, zum Teil und stellenweise mit hellerem Haar durchsetzt.

Pflege
Die Fellpflege beim Bayerischen Gebirgs-Schweißhund ist vergleichsweise unkompliziert, da das Haar an großen Teilen des Körpers kurz ist.

Charakter und Temperament
Zuverlässigkeit, Intelligenz und Munterkeit zeichnen diesen mittelgroßen Hund aus.

Bayerischer Gebirgs-Schweißhund

Geeignetes Umfeld
Auslauf kommt ihm sehr gelegen. Wenn man ihn zur Hochgebirgsjagd einsetzen möchte, muss man ihn sorgfältig ausbilden und seine Fertigkeiten durch regelmäßiges Training erhalten.

Geschichte und Geschichten
Die Vorfahren des Bayerischen Gebirgs-Schweißhundes waren bayerische Gebirgsbracken und Hannoversche Schweißhunde. Man hat den Bayerischen Gebirgs-Schweißhund als gewandten und schnellen Kletterer gezüchtet.

Beagle

Beagle

Größe, Körperbau
Der Beagle gehört zu den kleineren Laufhunden. Er wird bis zu 40 cm groß und erreicht dabei ein Gewicht von etwa 15 kg. Insgesamt wirkt er muskulös und kräftig. Es gibt auch noch einen kleineren Beagleschlag. Diese Hunde werden nur etwa 25 cm groß. Man nennt sie „Pocket Beagles“.

Fell
Dichtes und kurzes – aber nicht zu kurzes – Haar ist dem Beagle eigen. Typischerweise hat das Fell eine der Spürhundfarben oder weist eine Mischung dieser Farben auf. Zu den Farben gehören Weiß, Braun, Schwarz, Gelb.

Pflege
Wie bei allen recht kurzhaarigen Hunden bereitet die Fellpflege des Beagle wenig Mühe.

Charakter und Temperament
Der Beagle ist aufgeweckt, fröhlich und mutig. Zu seiner lieben Art kann gelegentlich eine gewisse Eigenwilligkeit kommen.

Geeignetes Umfeld
Der Beagle ist ein sehr guter Jagdhund. Wer ihn in der Stadt halten will, muss ihm Ersatz für die Wildbahn bieten. Was den Hund freut: so häufig wie möglich ausgedehnte Spaziergänge im Grünen. Mit anderen Hunden und mit Kindern kommt der Beagle gut zurecht.

Geschichte und Geschichten
Der Name der Rasse ist schon aus dem 16. Jh. bekannt. Er bezeichnet einen kleinen Hund, der sich in der Meute für die Hasenjagd eignet.

Bearded Collie

Bearded Collie

Größe, Körperbau
Dieser Schäferhund kann bis zu etwa 60 cm groß werden. Etwas kleinere Exemplare wiegen um 20 kg. Er hat einen langen Körper mit geradem Rücken und tief angesetzter Rute.

Fell
Weiches Unterfell wird von hartem Deckhaar überlagert. Verschiedene Farben kommen vor, unter anderem Grau, Sandfarben, Rötlichbraun und Schwarz.

Pflege
Das lange Fell muss sehr gut gebürstet werden. Das gilt vor allem für die ersten Lebensjahre.

Charakter und Temperament
Dem Bearded Collie wird ein sanftes, intelligentes Wesen nachgesagt. Er ist ein ausgesprochen freundliches Tier mit einer guten Auffassungsgabe.

Geeignetes Umfeld
Der Bearded Collie kann bei entsprechender Ausbildung natürlich als Schäferhund eingesetzt werden. Er eignet sich aber auch als Familienhund, wenn man ihm ausreichend Auslauf gewährt. Schöner als eine große Wohnung wäre für diesen Hund ein Haus mit Garten. Mit Kindern kommt der langhaarige Collie hervorragend aus.

Geschichte und Geschichten
Der Bearded Collie hat große Ähnlichkeit mit den frühen englischen Schäferhunden. Früher nannte man Bearded Collies auch Highland Collies. In der ersten Hälfte des 20. Jh. war die Zahl der Bearded Collies so klein geworden, dass man befürchten musste, sie würden aussterben.

Bedlington-Terrier
--> auch **Terrier**

Größe, Körperbau
Dieser ungewöhnlich aussehende Terrier erreicht eine Größe von etwa 40 cm bei einem Gewicht von etwa 10 kg. Die Kruppe ist abschüssig, der Bauch wie bei einem Windhund eingezogen.

Fell
Die Deckhaare sind wollig und dick. Die Unterwolle ist dicht und gekräuselt. In weißer Farbe sieht der Bedlington-Terrier einem Schaf nicht unähnlich. Aber es gibt ihn auch in anderen Farben, beispielsweise in Braun, in Blau und in Sandfarben.

Pflege
Solch ein Fell bedarf guter Pflege. Regelmäßiges Trimmen wird empfohlen. Zum Fellschneiden können eine Schere und ein Klipper verwendet werden.

Bedlington-Terrier

Charakter und Temperament
Den Bedlington-Terrier kann man als recht ruhigen Zeitgenossen bezeichnen, da er nicht viel bellt. Doch ist er alles andere als phlegmatisch. Er gibt sich mutig, unabhängig und verspielt und kann große Anhänglichkeit entwickeln.

Geeignetes Umfeld
Mit Kindern pflegt dieser Terrier einen sehr guten Umgang, weshalb er sich als Familienhund anbietet. Eine enge Wohnung ist nichts für ihn. Er braucht sehr viel Auslauf.

Lange Spaziergänge in der Natur tragen sehr zu seinem Wohlbefinden bei.

Geschichte und Geschichten
Man kennt den Bedlington-Terrier seit langer Zeit. Unter seinen Vorfahren werden unter anderem Otterhounds und Windhunde vermutet. Der Bedlington Terrier ist ein sehr geschickter Jäger. Man hat ihn zur Jagd auf verschiedene kleine Tiere, zum Beispiel Ratten und Mäuse, angesetzt.

Belgischer Griffon
--› Griffon

Belgischer Schäferhund

Größe, Körperbau
Zu den bekannten Belgischen Schäferhunden werden der Groenendael, der Laeken (er wird auch Lakenois genannt), der Malinois und der Tervueren gezählt. Alle sind etwa gleich groß und von schlanker Gestalt. Sie erreichen eine Höhe von etwa 70 cm und ein Gewicht von etwa 30 kg. Neben den genannten Schlägen gibt es noch weniger bekannte, zum Beispiel den Belgischen Herdershond.

Fell
Der Groenendael ist langhaarig und schwarz, der Laeken rauhaarig und gelb mit schwarzgrauer Stichelung, der Malinois ist kurzhaarig und gelb, wobei Teile des Körperfells und die Maske im Gesicht schwarz sind. Der Tervueren hat ebenfalls eine schwarze Maske und langes, ins Mahagonirote gehendes Fell. Groenendael und Tervueren haben im Nacken eine Art Mähne.

Pflege
Die langhaarigen Hunde bedürfen guter Fellpflege. Auch die rauhaarigen Tiere darf man nicht vernachlässigen. Unproblematisch in der Pflege ist das kurze Fell des Malinois.

Charakter und Temperament
Die Belgischen Schäferhunde sind sehr lebhaft. Sie geben Acht, was um sie herum passiert. Sie sind aber nicht nur impulsiv in ihrem Verhalten. Es sind auch sehr sensible und gelegentlich etwas nervös wirkende Tiere. Sie lernen gut und sind sehr anpassungsfähig.

Malinois, ein Belgischer Schäferhund

Geeignetes Umfeld
Ihr lebhaftes, empfindliches Wesen in Verbindung mit ihrer Lernbereitschaft gibt vor, wie sie am besten gehalten werden wollen: Sie brauchen jemanden, der ihnen mit viel Geduld und Liebe beibringt, was von ihnen verlangt wird. Ein Belgischer Schäferhund kann sich in viele Situationen einfinden, sollte aber nicht in einer kleinen Stadtwohnung ohne viel Auslauf gehalten werden. Man muss ihn vielmehr gut beschäftigen und sehr viel bewegen. Unter guten Haltungsbedingungen darf erwartet werden, dass sich dieser große Hund gut mit Kindern versteht.

Geschichte und Geschichten
Belgische Schäferhunde sind häufig als Wachhunde, als Begleithunde, als Schutzhunde und als Spürhunde eingesetzt worden. Aber sie haben sich auch als Hütehunde bewährt. Dass sie bereitwillig lernen, wird jeder spüren, der ihnen eine gute und liebevolle Ausbildung zukommen lässt.

Bergamasker Hirtenhund (Pastore Bergamasco)

Bergamasker Hirtenhund

Größe, Körperbau
Dieser urwüchsige und gut proportionierte Hirtenhund wird bis zu etwa 60 cm groß. Dabei ist er kein Leichtgewicht. Um die 30 bis 35 kg bringt er auf die Waage.

Fell
Der Bergamasker Hirtenhund ist sozusagen über und über mit reichlich Fell ausgestattet. Die Haare sind lang, struppig und teil-

Bernhardiner

weise auch wellig. Sie bilden an manchen Stellen zottige Büschel, zum Beispiel an den Beinen. Üblich ist bei den Farben eine große Bandbreite an Grautönen, zum Teil mit, zum Teil ohne Schattierungen.

Pflege

Gegen dieses Fell kämpft man nicht an. Der Bergamasker Hirtenhund wird typischerweise so beschrieben, dass das Fell gewellt ist und – insbesondere an den Beinen und dem hinteren Teil – zu Zotten und zum Verfilzen neigt.

Charakter und Temperament

Ein schlauer Bursche ist dieser Hirtenhund – er vereinigt Intelligenz und Nachgiebigkeit. Er ist außerdem mutig und lebhaft und fühlt sich in Gesellschaft wohl.

Geeignetes Umfeld

Der Bergamasker Hirtenhund ist alles andere als ein Wohnungshund. Sein Fell zeigt, was er ist: wetterfest. Das macht die ölige Unterwolle. Wenn man mit ihm in der Stadt wohnt, heißt es vor allem: Raus in die Natur! Der Bergamasker Hirtenhund gehört zu den Hunden, die sehr viel bewegt werden müssen.

Geschichte und Geschichten

Man kann diesem Hirtenhund ohne Probleme Wach- und Schutzaufgaben übertragen. Hält man ihn als Familienhund, kommt man in den Genuss seines Bewachungstriebes. Sorgsam passt er auch auf die Kinder auf. Mit anderen Hunden verträgt er sich im Allgemeinen gut.

Berner Sennenhund

Berner Sennenhund
--> auch Sennenhunde

Größe, Körperbau

Dieser beliebte eidgenössische Hund erreicht eine Größe von bis zu 70 cm. Er bringt es auf ein stolzes Gewicht von bis zu etwa 40 kg. Der Körper des Berner Sennenhundes ist wohl proportioniert und darf nicht zu lang gestreckt sein. Insgesamt wirkt er verhältnismäßig hoch. Der ausdrucksvolle Kopf weist einen kräftigen Fang mit nicht stark ausgebildeten Lefzen auf.

Fell

Das Fell dieses großen Tieres ist schwarz glänzend mit leuchtenden Abzeichen in gelbroter Färbung. Die Abzeichen sind am Kopf und an den vier Läufen vorhanden. Am Kopf schmücken sie die Backen und einen kleinen Bereich über den Augen. Der Griff ins Fell des Berner Sennenhundes ist angenehm. Die Haare sind lang und dicht, leicht gewellt, jedoch nicht kraus. Unter dem Deckhaar verbirgt sich dichte Unterwolle. Am Kopf ist der Haarwuchs deutlich kürzer.

Pflege

Ein solch prachtvolles Fell bedarf regelmäßiger und gründlicher Pflege. Durch häufiges Bürsten wird der Glanz erhalten.

Charakter und Temperament

Der Berner Sennenhund vereint in sich eine Reihe guter Eigenschaften. Sein Wesen ist geprägt von Gelassenheit und Ruhe. Er ist intelligent, eifrig und aufmerksam. Seine Wachsamkeit macht sich gegenüber Fremden zuverlässig bemerkbar. Zu übertriebenem Gebell neigt er aber nicht. Gegenüber „seinen“ Menschen entwickelt der Berner Sennenhund große Anhänglichkeit.

Geeignetes Umfeld

Ein Haus mit Garten sollte man diesem großen Tier schon bieten. Gegen die Wohnungshaltung spricht schon der Freiheitswille des Berner Sennenhundes. Freude bereiten ihm Spaziergänge, die nicht zu kurz sind. Wer diesen eidgenössischen Hund nicht als ausgebildeten Wach- oder Schutzhund einsetzen möchte, findet in ihm einen angenehmen Familienhund, der gerne über das Wohl „seiner“ Familie wacht. Auch Kinder schließt er in sein Herz und kommt hervorragend mit ihnen aus.

Geschichte und Geschichten

Der Berner Sennenhund war früher im Dürrbachgebiet südlich von Bern beheimatet.

Daher wurde er bis Anfang dieses Jahrhunderts „Dürrbächler“ genannt. Schon früh wurden dieser kraftvollen Hunderasse Aufgaben wie Karrenziehen und Viehtreiben übertragen. Später kamen neue Aufgaben hinzu. Unter anderem wurden Berner Sennenhunde als Wachhunde eingesetzt.

Bernhardiner (St.-Bernhardshund)

Größe, Körperbau
Ein Bernhardiner darf nicht klein sein. 65 bis 70 cm soll dieser mächtige Hund nicht unterschreiten. Bei Rüden gelten 70 cm als Minimum. Ein großer Bernhardiner wiegt bis zu 90 kg. Rücken und Brust sind breit, die Lenden muskulös.

Fell
Es gibt einen langhaarigen und einen stockhaarigen Schlag. Das Fell des langhaarigen Bernhardiners ist nicht extrem lang, sondern mittellang und kann leicht gewellt sein. Der stockhaarige Schlag hat deutlich kürzeres, derbes, aber nicht raues Fell, das eng anliegt. Typische Farbtöne sind Rot, Mahagoni und Orange mit Weiß. Weiße Abzeichen sollen wenigstens an der Nase, am Hals, an der Brust, an den Pfoten und der Rute vorhanden sein.

Pflege
Einmal pro Woche sollte der Bernhardiner gebürstet werden. Viel Bewegung kann einer Hinterhandschwäche entgegenwirken.

Charakter und Temperament
Der Bernhardiner hat ein freundliches und ruhiges Wesen. Doch damit ist die Palette seiner guten Eigenschaften noch nicht erschöpft. Es müssen auf jeden Fall seine Intelligenz, seine Zuverlässigkeit und seine Anhänglichkeit erwähnt werden.

Geeignetes Umfeld
Ein Bernhardiner ist kein Stubenhocker. Er liegt zwar gerne schon einmal herum, braucht aber viel Bewegung. Dann kann er zeigen, wie viel Kraft und Ausdauer in ihm stecken. Es bietet sich nicht an, ihn in einer kleinen Wohnung zu halten. Ein Gartengrundstück kommt diesem sehr großen Tier entgegen.

Geschichte und Geschichten
Es wird vermutet, dass römische Kampf-, Treib- und Hütehunde, die über die Alpen gebracht wurden, die Vorfahren dieses großen Hundes sind. Mönche des Großen St. Bernhard züchteten den Bernhardiner ab dem 17. Jh. gezielt. Der berühmteste Bernhardiner ist der Lawinenhund Barry, von dem berichtet wird, dass er in zwölf Jahren mehr als 40 Menschen das Leben gerettet hat.

Bichons

Dieser Name bezeichnet mehrere aus dem Mittelmeerraum stammende kleinwüchsige Hunderassen. Sie unterscheiden sich vor allem durch ihre Fellbeschaffenheit und weisen ansonsten recht große Ähnlichkeiten auf. Die Bichons erreichen eine Größe von etwa 25 bis etwa 35 cm. Ihr Gewicht liegt bei wenigen Kilogramm. Ihr Körper weist von der Seite betrachtet eine rechteckige Form auf. Der Kopf ist mittellang, der Schädel leicht gewölbt, der Fang kurz. Die Rute setzt hoch an. Das Fell ist, wie bereits angesprochen, jeweils von unterschiedlicher Beschaffenheit, soll bei den meisten Bichons jedoch weiß sein. Die Nase und die Lefzenränder sind schwarz gefärbt.
Zu den Bichons zählen der Bichon frisé, der Bichon havanais (Havaneser), der Bichon bolognais (Bologneser), der Bichon maltais (Malteser) sowie der Bichon petit chien-lion. Letzterer ist auch unter der Bezeichnung „Löwchen“ bekannt. Schon in früheren Jahrhunderten waren die Bichons sehr beliebte Schoßhunde.

Bichon frisé

Bichon frisé (Bichon à poil frisé, Teneriffahund)
--> auch Bichons

Größe, Körperbau
Dieser mit bis zu 30 cm nicht gerade große Mittelmeerhund wiegt etwa 4 kg. Er hat dunkle runde Augen und hängende Ohren.

Fell
Weiß ist die bevorzugte Farbe beim Bichon frisé. Die Tiere können auch schon einmal

braune und graue Flecken haben. Das Fell ist in der Regel lockig und seidig.

Pflege

Die Haarpracht dieses kleinen Tieres bedarf regelmäßiger Pflege.

Charakter und Temperament

Der Bichon ist wie auch seine Verwandten aufmerksam, gelehrig und lebhaft. Eine Eigenschaft, die ihn ebenfalls typischerweise auszeichnet, ist seine Anhänglichkeit.

Geeignetes Umfeld

Der Bichon frisé ist ein guter Familienhund. Mit Kindern versteht er sich ausgezeichnet. Aufgrund seiner geringen Größe kann er auch in einer kleineren Wohnung gehalten werden. Da er einen lebhaften Charakter hat, tut man gut daran, ihm ausreichend Auslauf zu gewähren.

Geschichte und Geschichten

Der Bichon frisé gehört zu der Gruppe der Bichons. Wer genau unter seinen Vorfahren war, darüber bestehen unterschiedliche Auffassungen. Genannt werden unter anderem der Barbet, der Wasserspaniel und der Malteser.

Billy

Billy

Größe, Körperbau

Der Billy ist groß und kräftig, er wirkt jedoch eher leicht. Er wird in der Regel 60 bis 70 cm groß und 25 bis 30 kg schwer. Der Rücken ist kräftig, die Kruppe ist geneigt. Die Hinterläufe wirken im Vergleich zu den Vorderläufen weniger stark.

Fell

Hartes kurzes Glatthaar zeichnet den Billy aus. Als Farben kommen Weiß, auch Hellbraun sowie Weiß mit Zeichnungen in heller orangefarbener und zitronengelber Tönung vor. Schwarze Flecken im Fell gelten als unerwünscht.

Pflege

Der Billy gehört zu den Hunden, deren Fellpflege sehr anspruchslos ist.

Charakter und Temperament

Dieser Jäger ist unermüdlich und ausgesprochen schnell. Bei der Jagd zeigt er großen Einsatz und Ausdauer.

Geeignetes Umfeld

Mit anderen Hunden und mit Kindern verträgt sich der Billy gut. Dennoch ist er aufgrund seiner Veranlagung zum Jagdhund in der Regel nicht als Familienhund geeignet. Er fühlt sich in einer Hundemeute wohl.

Geschichte und Geschichten

Der Billy ist eine recht neue Rasse. Es gibt ihn in dieser Form erst seit gut 50 Jahren. Der schnelle Jäger hat mehrere heute ausgestorbene Jagdhundrassen unter seinen Vorfahren. Er eignet sich für die Jagd auf Kleinwild und auf größeres Wild, insbesondere Rehe. Sein Vorzug liegt vor allem in seiner Schnelligkeit. Schweres, kräftiges Wild kann er nicht zur Strecke bringen.

Bloodhound (Bluthund, Hubertushund)

Größe, Körperbau

Der Bloodhound ist ein Laufhund mit kräftiger Gestalt. Er wird weit über 60 cm groß. Seinen massigen Körper – er erreicht ein Gewicht von etwa 40 bis 48 kg – bewegt er in majestätischer Gangart fort. Der Kopf ist groß, lang und schmal. Die tief angesetzten Ohren hängen weich herab.

Fell

Dieser kräftige Geselle hat kurzes, feines Haar, das am Kopf und den Ohren aber nicht hart, sondern seidig ist. Es ist nicht nur eine Färbung zugelassen. Das Fell kann unter anderem schwarz und lohfarben oder rot sein. Besonders auffallend sind die typischen Hautfalten auf der Stirn und den Wangen.

Pflege
Die Haarpflege ist bei diesem großen Hund nicht mit viel Aufwand verbunden.

Charakter und Temperament
Ungerechterweise hat der Bloodhound, vielleicht bedingt durch seinen Namen, bei manchen Menschen kein gutes Image. Zu Unrecht. Der Name verweist nicht etwa auf Blutrünstigkeit, sondern steht für die Reinblütigkeit des Tieres. Bei guter Behandlung – die allerdings bei allen Hunden Voraussetzung für gutes Verhalten ist – entwickelt der Bloodhound Gehorsam, Anhänglichkeit und Sanftmut. Behandelt man ihn schlecht, reagiert er ebenfalls unangenehm. Er kann dann zu aggressivem Verhalten und auch zu Beißlust neigen.

Geeignetes Umfeld
Der Bloodhound braucht viel Platz. Ein Haus mit Garten sollte ihm geboten werden. Ist genügend Platz vorhanden, kann darüber nachgedacht werden, den Bloodhound als Familienhund zu halten. Sein großer Pluspunkt: Er kommt gut mit Kindern zurecht. Es bietet sich an, den Bloodhound zum Gebrauchshund ausbilden zu lassen. Als Jagdhund muss er regelmäßig trainiert werden. Eine konsequente und gerechte Führung braucht er in jedem Fall.

Geschichte und Geschichten
Der große Jäger soll bereits im 11. Jh. mit den Normannen nach England gekommen sein. Er gehört zu den Jagdhunden, die einen ganz außerordentlich guten Geruchssinn haben. Besonders geeignet ist er als Schweißhund. Als Gebrauchshund wird er gern bei der Polizeiarbeit und als Rettungshund eingesetzt.

Bobtail

Größe, Körperbau
Dieser große Hirtenhund kann bis zu etwa 65 cm groß werden. Sein Gewicht liegt bei etwa 30 bis 35 kg. Der Bobtail ist kräftig und hat geschmeidige Bewegungen, in einzelnen Gangarten auch schaukelnde Bewegungen. Insgesamt kann man den Körper als kompakt bezeichnen. Die Pfoten sind klein und rund.

Fell
Das Fell ist das erste, was man üblicherweise am Bobtail wahrnimmt. Es ist reichlich vorhanden, lang, zottelig und eher rau. Darunter befindet sich die wasserdichte Unterwolle. Grau oder Blau und Weiß sind beliebte Farben.

Pflege
Wenn sich die Haare verheddern und man keinen verfilzt aussehenden Hund haben möchte, hat man viel Arbeit. Zum ersten Entwirren kann man einen grobzinkigen Kamm benutzen. Am besten ist es, man lässt das Problem dann erst gar nicht erneut aufkommen und verwendet viel Zeit auf das regelmäßige Bürsten.

Charakter und Temperament
Der Bobtail ist ein ruhiger Vierbeiner. Zudem zeichnet er sich durch Anhänglichkeit aus.

Geeignetes Umfeld
Viel Platz ist auch bei diesem Hirtenhund eine wichtige Bedingung. Sollte man ihn in einer Wohnung halten wollen, so ist unbedingt zu gewährleisten, dass er den Auslauf bekommt, den er braucht. Als Familienhund ist der Bobtail sehr gut geeignet. Kinder mag er gern, und Kinder mögen ihn, weil er sich nicht so schnell aus der Ruhe bringen lässt. Wichtig ist, dass man ihn sinnvoll beschäftigt. Nur Herumliegen und Nichtstun ist nicht angemessen für einen Hund, der als Hütehund gezüchtet worden ist.

Geschichte und Geschichten
Der Bobtail weist Ähnlichkeit mit dem Bearded Collie auf. Angenommen wird, dass er die gleichen Vorfahren wie der Bearded Collie hat. In seiner englischen Heimat nennt man ihn den „Altenglischen Schäferhund". Als der Bobtail noch nicht so häufig als Familienhund, sondern als Hirtenhund eingesetzt wurde, übernahm er die typischen Aufgaben des Viehbewachens und Viehtreibens.

Bologneser (Bichon bolognais) --> auch Bichons

Größe, Körperbau
Der Bologneser wird bis zu 30 cm groß. Sein Gewicht liegt bei etwa 3 bis 5 kg. Rumpf und Schulterhöhe entsprechen sich in etwa.

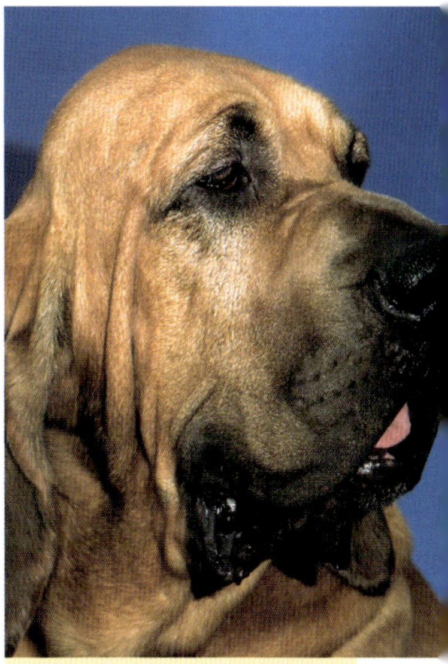

Bloodhound

Bobtail

Bologneser

Bordeaux-Dogge

Fell

Das Fell dieses kleinen Hundes erinnert an Pudelfell und ist von reinem Weiß. Es fühlt sich flockig und seidenartig an. An Rute und Ohren ist das Fell länger.

Pflege

Soll der Bologneser dauerhaft flockig und flauschig aussehen, muss man das Fell täglich pflegen. Es empfiehlt sich, zu kämmen und zu bürsten.

Charakter und Temperament

Der kleine weiße Hund ist nicht besonders lebhaft. Man könnte ihn eher als ruhig bezeichnen. Er entwickelt große Anhänglichkeit.

Geeignetes Umfeld

Man kann diesen Hund aufgrund seiner Größe und seines Temperaments gut in der Wohnung halten. Natürlich braucht auch er seinen Auslauf. Zu Kindern ist der Bologneser alles andere als unfreundlich. Es ist aber auch nicht zu erwarten, dass er mit ihnen herumtoben wird. Ganz wichtig ist für ihn eine ständige Bezugsperson. Wenn sie in der Nähe ist, fühlt er sich wohl.

Geschichte und Geschichten

Der Bologneser ist einer der beliebtesten Schoßhunde. Er gehört zur Familie der Bichons.

Bordeaux-Dogge (Dogue de Bordeaux)

Größe, Körperbau

Klein ist dieser Hund nicht. Er kann eine Größe von bis zu 70 cm erreichen. Dabei bringt er schon einmal gut 50 kg auf die Waage. Er wirkt insgesamt sehr massig und muskulös.

Fell

Seidig und kurz ist das Fell dieses schweren Tieres. Es kommen verschiedene Gelbschattierungen, Mahagoni und Braun vor.

Pflege

Sein kurzes, feines Haar ist unkompliziert zu pflegen.

Charakter und Temperament

Massig wie die Bordeaux-Dogge wirkt, unterstellt man ihr vielleicht Brutalität. Das ist aber heute in der Regel nicht mehr zutreffend. Wenn man einen Hund dieser Rasse sehr liebevoll und mit viel Geduld erzieht, kann er durchaus freundlich, sogar sanft und darüber hinaus anhänglich werden.

Geeignetes Umfeld

Ein kräftiger großer Hund braucht viel Platz. So ist es auch bei der Bordeaux-Dogge. Ohne Garten empfiehlt sich die Haltung einer Bordeaux-Dogge weniger. Gut erzogen, ist dieser kraftvolle Hund ein ausgezeichneter Wachhund. Sein bulliges Äußeres sollte nicht darüber hinwegtäuschen, dass er bei guter Erziehung zu Kindern ein inniges Verhältnis entwickeln kann und diese dann auch in seinen Schutz einbezieht.

Geschichte und Geschichten

Das kraftvolle Tier ist ein Hund mit langer Geschichte. Angeblich wurde schon im 1. Jh. v. Chr. von solchen Hunden berichtet. Über seine Vorfahren gibt es mehrere Auffassungen. Zum einen werden die Molosser, zum anderen spanische Doggen genannt. Als Kampfhund hat die Bordeaux-Dogge vor allem früher einen nicht geringen Bekanntheitsgrad erreicht. Tatsächlich ist sie körperlich dazu fähig, ein sehr gefährlicher Gegner zu sein.

Border-Collie

Größe, Körperbau

Dieser Hütehund wird in der Regel etwa gut 50 cm groß. Rücken und Brust sind recht kräftig. Sein Gewicht liegt normalerweise bei unter bis knapp über 20 kg.

Fell

Der Border-Collie kommt in verschiedenen Farben vor. Beim einzelnen Hund ist nicht erwünscht, dass Weiß überwiegt. Der langhaarige Schlag soll befederte Läufe, eine buschige Rute und eine Mähne aufweisen. Es gibt außerdem einen kurzhaarigen Schlag.

Pflege

Viel Arbeit bereitet die Fellpflege beim Fellwechsel. Aber auch während der übrigen Zeit empfiehlt es sich, die Hunde dieser Rasse regelmäßig und gründlich zu bürsten.

Charakter und Temperament

Der Border-Collie versteht rasch, was man von ihm möchte. Er reagiert auch schnell. Er

Border-Collie

ist sehr munter und zeigt große Anhänglichkeit.

Geeignetes Umfeld

Mit Kindern kommt der Border-Collie gut zurecht. Diese Eigenschaft sowie seine Gehorsamkeit und Anhänglichkeit lassen ihn als Familienhund geeignet erscheinen. Er sollte jedoch nicht im Haus gehalten werden – und schon gar nicht in einer beengten Wohnung.

Geschichte und Geschichten

Im schottischen Grenzgebiet hat der Border-Collie seine Hüteeigenschaften über Generationen ausgebaut. Man hat sich bei der Zucht primär auf die praktisch einsetzbaren Eigenschaften konzentriert. Das Aussehen stand weniger stark im Vordergrund. Dennoch ist er ein hübscher Hund.

Border-Terrier --> auch Terrier

Größe, Körperbau

Der Border-Terrier wird etwa 30 cm groß. Sein Gewicht liegt in der Regel deutlich unter 10 kg. Er hat einen schlanken Kopf und einen insgesamt eher rechteckigen, aber nicht lang gestreckten Körper. Die Läufe fallen nicht zu grob aus. Die dicke, lose Haut, wie sie ähnlich auch bei einigen anderen Hunderassen zu finden ist, gilt als ein typisches Merkmal.

Fell

Das raue, harte Kurzhaar über dichter Unterwolle schützt diesen Terrier gegen Wind, Wetter und Wasser. Der Border-Terrier kommt in mehreren Farben, zum Teil auch meliert, vor. Darunter sind Weizengelb, Rot, Braun und weitere Farben vertreten.

Pflege

Die Haarpflege ist bei diesem Terrier nicht aufwändig. Gelegentliches Bürsten kann, was die regelmäßige Pflege angeht, als ausreichend betrachtet werden. Teilweise wird empfohlen, ein- bis zweimal pro Jahr altes Haar mit der Hand zu zupfen.

Charakter und Temperament

Ein Border-Terrier gibt nicht so schnell auf. Er ist hartnäckig. Man könnte ihn als gelegentlich dickköpfig bezeichnen, wird ihm aber nicht gerecht, wenn man nicht auch seine Anpassungsfähigkeit erwähnt. Zudem ist dieser Terrier munter und mutig.

Geeignetes Umfeld

In einer Familie passt er sich gut an und begegnet auch den Kindern freundlich. Man sollte ihn aber nicht in eine unnatürliche Umgebung zwingen – unter keinen Umständen beengte Räumlichkeiten, wenn man ihm als Ausgleich dafür keine ausgedehnten Spaziergänge in Wald, Feld oder auf geeigneten Grünflächen anbietet.

Geschichte und Geschichten

Seit gut 100 Jahren genießt der Border-Terrier einen ausgezeichneten Ruf als Meutehund bei der Jagd. Seit 1920 ist die Rasse offiziell anerkannt. Über seine Herkunft ist wenig Genaues bekannt.

Border-Terrier

Boston-Terrier --> auch Terrier

Größe, Körperbau

Dieser Terrier erreicht eine Körpergröße von etwa 30 bis 35 cm. Es werden drei verschiedene Gewichtsklassen unterschieden. Sein mittleres Gewicht liegt bei etwa 7 bis 9 kg. Der Körperbau ist robust und kräftig, jedoch nicht massig. Der Schädel ist relativ breit und flach mit kurzem Fang.

Fell

Das kurze, glänzende Fell ist weich. Boston-Terrier sind schwarz mit weiß oder – was bevorzugt wird – dunkel gestromt mit weiß gefärbt.

Pflege

Den Glanz der feinen, weichen Haare zu erhalten ist nicht aufwändig. Man bürstet das Fell gelegentlich und kann es ab und an mit einem feuchten Ledertuch abreiben.

Boston-Terrier

Charakter und Temperament

Der Boston-Terrier vereint einige sehr angenehme Eigenschaften in sich. Er ist intelligent, munter und aufgeweckt. Zudem gehorcht er gut.

Geeignetes Umfeld

Als Familienhund eignet sich der Boston Terrier sehr gut. Sein aufgewecktes Wesen und seine Zuneigung zu Kindern sind in diesem Punkt von Vorteil. Er kann Kindern ein sehr guter Kamerad werden. Man kann diesen nicht sehr großen Hund in der Wohnung halten. Als Vorteil ist in diesem Zusammenhang noch zu nennen, dass er zwar wachsam ist, aber nicht übermäßig viel bellt. Selbstverständlich braucht auch er ausreichend Auslauf. Andere Hunde sind für ihn kein Problem. Er verträgt sich gut mit ihnen.

Geschichte und Geschichten

Der Boston Terrier ist in den Vereinigten Staaten von Amerika außerordentlich beliebt. Seine anders aussehenden Vorfahren kamen aus Europa über den Atlantik. Es waren Bulldoggen und Terrier. Auch heute noch erinnert der Boston-Terrier eher an eine Bulldogge als an einen Terrier.

Im Laufe der Züchtungsgeschichte gelang es, ein weniger aggressives Verhalten auszuprägen. Anders als viele andere Hunderassen hat der Boston-Terrier keine spezifische Geschichte als Arbeitshund. Man schätzt ihn seit mehr als 100 Jahren als Begleithund.

Boxer (Deutscher Boxer)

Boxer

Größe, Körperbau

Dieser schon fast jedem Kind bekannte Hund wird in der Regel bis zu etwa 60 cm groß. Mit ungefähr 25 bis 30 kg, die er auf die Waage bringen kann, ist er kein Leichtgewicht, aber für seine Größe ist er auch nicht übertrieben schwer. Er wirkt insgesamt sehr kraftvoll. Der Boxer hat einen auffallenden Kopf mit kurzem Fang, Vorbiss und einer wulstigen Oberlefze. Der Hals dieses Hundes ist kräftig, ohne dick zu sein, die Brust reicht tief herab, und der Rücken weist eine leicht nach hinten abfallende Gestalt auf.

Fell

Das Fell der bekannten und beliebten Hunderasse ist kurz, glatt und glänzend. Als Farben kommen bei dieser Rasse Rotbraun bis fast Gelb in einfarbiger oder gestromter Ausprägung vor. Die Streifen sollen nicht zu dick werden. Weiße Abzeichen können den Boxer schmücken. Sie sollen aber keine zu große Fläche einnehmen.

Pflege

Wie viele andere kurzhaarige Hunde bereitet der Boxer seinem Halter bei der Fellpflege keine große Mühe.

Charakter und Temperament

Der Boxer ist stürmisch. Mit liebevoller und geduldiger Erziehung bringt man ihm bei, seine Kraft da einzusetzen, wo sie den Halter nicht stören kann. Gute Zuchttiere zeichnen sich aber nicht nur durch ihr Temperament, sondern durch eine Reihe beliebter Eigenschaften aus. Mut, Verlässlichkeit und Treue gehören zu diesen Eigenschaften.

Geeignetes Umfeld

Der Boxer kann hervorragend als Schutzhund eingesetzt werden, denn sein großer Mut lässt ihn so schnell vor nichts zurückschrecken. Auch als Familienhund ist er sehr gut geeignet. Er kommt ausgesprochen gut mit Kindern aus. Sie können viel Spaß beim Herumtollen mit ihm haben. Man kann – viel Bewegung im Freien ohne Frage vorausgesetzt – einen Boxer trotz seiner nicht geringen Größe in einer Wohnung halten. Gelegenheit zum Austoben hat er dann auf ausgedehnten Spaziergängen. Gerade weil ein Boxer so aktiv ist, sollte man ihm genügend Beschäftigung bieten.

Geschichte und Geschichten

Diese Rasse ist noch recht jung. Vor noch nicht einmal 100 Jahren wurden erste Standards aufgestellt, die allerdings nicht unverändert blieben. Unter den Vorfahren der heutigen Boxer sollen Bullenbeißer des Mittelalters, Bulldoggen und weitere Hunde sein. Furchtlos, stürmisch und kräftig – so hat sich der Boxer vielfach als Polizei- und Wachhund bewährt.

Brabanter Griffon

--> Griffons

Bracken

Die Bracken gehören zu den Jagdhunden. Sie eignen sich aufgrund mehrerer Eigenschaften sehr gut für Jagdaufgaben. Insbesondere zeichnet sie ihr herausragendes Witterungsvermögen aus. Dadurch verlieren sie auch dann nicht die Fährte, wenn das Wild sich schon weit entfernt hat. Sie halten die Nase tief über die Wildfährte und geben beständig Laut. Dabei sind sowohl ein Ton als auch Doppellaute möglich.
Es gibt keine einheitliche Größe für alle Bracken. Man unterscheidet hochläufige Formen, die bis zu knapp unter 70 cm groß werden können, und kurzläufige Formen, die zwischen 20 und knapp 40 cm groß werden. Zu den hochläufigen Bracken gehören zum Beispiel der Schweizer Laufhund, der Bayerische Gebirgs-Schweißhund, die Brandl-Bracke und der Dalmatiner. Zu den kurzläufigen Formen zählen unter anderem der Basset und die Dachs-Bracke.
Die Bezeichnung „Bracke" hängt mit der Jagdtätigkeit zusammen. Es kann davon ausgegangen werden, dass damit das Brechen durch dichten Baum-, Busch- und Gestrüppbewuchs gemeint ist. Ein weiterer Begriff wurde geprägt: das Brackieren. So bezeichnet man das Jagen auf brackentypische Art.
Schon vor mehreren Jahrtausenden wurden Darstellungen mit brackenartigen Hunden angefertigt. Typische Züge der heute im mittel- und nordeuropäischen Raum verbreiteten Bracken lassen sich über keltische Vorfahren bis zu den Römern zurückverfolgen.

Brandl-Bracke
--> Bracken

Braque Français (Französische Bracke)

Größe, Körperbau
Vertreter dieser alten Rasse werden bis zu knapp unter 70 cm groß und können ein Gewicht von etwas über 30 kg erreichen. Diese Angaben beziehen sich auf den größeren Typ. Der kleinere Typ heißt Braque Français de petite taille und erreicht eine Größe von 60 cm bei einem Gewicht, das in der Regel um 20 kg liegt. Der Braque Français ist ein kräftiger Hund mit gerader Rückenlinie. Die Gliedmaßen sind muskulös und vergleichsweise lang.

Fell
Das Haar ist am ganzen Körper dicht und fein. Besonders feine Haare weist der Kopf auf. Es sind verschiedene Färbungen; unter anderem gibt es Braunschimmel sowie weiß und braun gesprenkelte Ausprägungen. Schwarze Flecken sind nicht erwünscht.

Pflege
Es macht keine Mühe, das feine, kurze Fell dieser Hunde zu pflegen.

Charakter und Temperament
Der Braque Français hat ein sanftes und gutmütiges Wesen. Dabei ist er durchaus sehr munter. Er ist ein Hund, der ohne Probleme zu Gehorsam erzogen werden kann. Diese Neigung macht sich bei der Abrichtung zum Jagdhund sehr positiv bemerkbar. Der Braque Francais ist außerdem sehr ausdauernd.

Geeignetes Umfeld
Durch ihre typischen Wesensmerkmale können sich diese Hunde gut anpassen. Das ist ein Vorteil im häuslichen Umfeld. Ihrem Bewegungsdrang kommt es entgegen, wenn sie zusätzlich zu Spaziergängen Auslauf in einen Garten haben. Mit anderen Hunden gibt es in der Regel so gut wie keine Probleme. Kinderlieb sind diese französischen Rassehunde ebenfalls.

Geschichte und Geschichten
Der Braque Français wird gewissermaßen als Prototyp der europäischen Vorstehhunde betrachtet. Man vermutet, dass die alteingesessenen französischen Vorstehhunde von ihm abstammen. Eine Ähnlichkeit zur Deutschen Bracke besteht ebenfalls. Zu den französischen Vorstehhunden gehören neben dem Braque Français unter anderem der Braque d'Auvergne und der Braque de l'Ariège.

Briard (Berger de Brie)

Größe, Körperbau
Der Briard ist ein recht großer Hütehund. Er erreicht eine Größe von rund 70 cm bei

Schweizer Laufhund

Braque Français

Briard

einem Gewicht von etwa 30 kg. Er hat einen geraden Rücken, muskulöse Gliedmaßen und einen kräftigen Kopf.

Fell
Trockenes und biegsames, etwa 7 cm langes Haar, das auf dem ganzen Körper gleichmäßig verteilt ist, ist typisch für den Briard. Der Briard soll einfarbig, jedoch nicht weiß sein.

Pflege
Das recht lange Fell bleibt besonders ansehnlich, wenn man es regelmäßig bürstet.

Charakter und Temperament
Sanft und sensibel ist der Briard, doch keineswegs verschreckt, sondern sehr mutig.

Geeignetes Umfeld
Eine kleine Wohnung ist nicht der geeignete Ort für einen Briard. Er kann zwar in einer größeren Wohnung gehalten werden, doch sollte man wie bei allen langhaarigen Hunden schon vor der Anschaffung überlegen, ob man die auch bei regelmäßiger Fellpflege gelegentlich ausfallenden Haare nicht als störend empfindet. Dem Briard kommt nicht nur viel Platz entgegen, er braucht auch viel Bewegung. Mit anderen Hunden und auch mit Kindern versteht er sich recht gut.

Geschichte und Geschichten
Der Name dieses Schäferhundes soll nicht auf eine Landschaft, sondern auf einen Personennamen zurückgehen. Es wird eine früher recht enge Verwandtschaft zum Bergamasker Hirtenhund vermutet.

Bullterrier

Brittany Spaniel (Bretonenspaniel) --> Spaniel

Brüsseler Griffon --> Griffon

Bullterrier --> auch Terrier

Größe, Körperbau
Diese Terrier gibt es in unterschiedlicher Größe und mit unterschiedlichem Gewicht. Ein kleinerer Schlag wird gesondert als Zwerg-Bullterrier bezeichnet. Diese kleineren Hunde erreichen eine Größe von bis zu 36 cm. Bullterrier sollen weder dünn noch schwer und unbeweglich wirken. Ein Bullterrier soll immer so gebaut sein, dass man seinem Äußeren schon ansieht, wie viel Kraft in ihm steckt. Die Tiere haben einen muskulösen Hals und eine tief angesetzte Brust.

Fell
Kurz und glatt ist das Fell dieser Terrier. Es gibt weiße Tiere, aber auch gestromte oder vielfarbige.

Pflege
Die Pflege des kurzen, glatten Fells ist unproblematisch. Es empfiehlt sich, den Hund gelegentlich zu bürsten und auch schon einmal mit einem feuchten Tuch abzureiben.

Charakter und Temperament
Bullterrier haben nicht den Ruf, zu den friedlichsten Tieren zu gehören. Dennoch ist ihre über Generationen gezüchtete Angriffslust längst nicht die einzige wichtige Eigenschaft. Bullterrier gelten als gute Wächter, sie zeichnen sich durch Nervenfestigkeit und Mut aus. Außerdem neigen sie zu großer Anhänglichkeit.

Geeignetes Umfeld
Der Bullterrier gehört zu den Hunden, bei denen besonders deutlich wird, welche Behandlung und Erziehung sie erfahren haben. Behandelt man ihn schlecht, wird er bösartig und gefährlich. Was er braucht, ist eine konsequente Erziehung mit viel Liebe. Jemand, der noch keine Erfahrung mit Hunden hat oder etwas unbeholfen im Umgang mit ihnen ist, sollte sich keinen Bullterrier halten. Wer liebevolle Konsequenz aufbringt, kann in einem Bullterrier einen sehr netten Familienhund finden. Gegenüber seinem Herrchen oder Frauchen kann der Hund eine geradezu rührende Anhänglichkeit entwickeln. Der Hund gilt auch als kinderlieb.

Mit anderen Hunden hingegen hat er nicht immer ein unkompliziertes Verhältnis. Was Hund und Mensch Stress erspart und für den Hund notwendig ist: lange Spaziergänge und überhaupt sehr viel Bewegung.

Geschichte und Geschichten
Kampfhunde des Römischen Reiches werden als Vorfahren dieser alten Rasse betrachtet. Auch in England mussten die Vorfahren der Bullterrier mit anderen Tieren kämpfen. Man setzte die aggressiven Hunde auch zum so genannten Bullenbeißen ein. Dabei wurden sie auf Bullen vor der Schlachtung gehetzt. Der Hintergrund: Man ging eine Zeit lang davon aus, das Bullenfleisch werde zarter, wenn die Tiere vor dem Schlachten gehetzt würden. Für diese Aufgabe wurden unter anderem Englische Bulldoggen eingesetzt. Durch Einkreuzung von Terriern entstanden beweglichere, gehorsamere Tiere. Sie waren die Vorfahren der heutigen Bullterrier.

Bulldogge (Bulldog, Englische Bulldogge)

Größe, Körperbau
Diese kräftigen kleinen Hunde werden in der Regel etwa 40 cm groß. Mit bis zu 25 kg sind sie für ihre Größe vergleichsweise schwer. Der Kopf ist groß, die Oberlefzen hängen über. Der Körper ist untersetzt. Er verjüngt sich nach hinten. Damit können sich für die Hündinnen Schwierigkeiten bei Geburten ergeben.

Fell
Kurz, weich und dicht ist das Fell der Bulldogge. Mehrere Farben sind erlaubt, unter anderem fahlgelbe und rötliche, auch gestromte Ausprägungen.

Pflege
Die Pflege des kurzen Fells der Bulldogge bereitet nur wenig Mühe.

Charakter und Temperament
Eher unverträglich sieht das Tier aus – doch muss das überhaupt nicht so sein. Heutige Bulldoggen können sich als geradezu sanft, freundlich und liebenswert erweisen. Sie zeigen Zuverlässigkeit, Anhänglichkeit und sind zudem sehr wachsam.

Geeignetes Umfeld
Sehr viel Auslauf braucht eine Bulldogge nicht unbedingt. Man sagt diesen Tieren ausgeprägte Kinderfreundlichkeit nach. Problematisch kann dagegen das Verhalten gegenüber anderen Tieren sein.

Geschichte und Geschichten
In früheren Zeiten wurden Bulldoggen dazu gezüchtet, Bullen zu beißen. Diese grausamen Schauspiele wurden in den dreißiger Jahren des 19. Jahrhunderts verboten. Bei den folgenden Hundegenerationen legten die Züchter weniger Wert auf Aggressivität und Kampfesmut. Heute gilt die Bulldogge als freundlicher und typisch britischer Hund. Die Englische Bulldogge hat auch noch einen kleineren Verwandten, die Französische Bulldogge.

Bulldogge

Cairn-Terrier
--> Terrier

Cavalier-King-Charles-Spaniel
--> auch Spaniel

Größe, Körperbau
Dieser Zwergspaniel erreicht eine Größe von bis zu etwa 35 cm. Mit seinem Gewicht liegt er in der Regel deutlich unter der 10-kg-Grenze. Er hat einen robusten Rumpf und nicht zu kurze Gliedmaßen.

Fell
Der kleine Spaniel hat seidigweiches, langes Fell, das gewellt sein kann. Den typischen Farbkombinationen, die beim Cavalier-King-Charles-Spaniel vorkommen, haben Fachleute besondere Namen gegeben. Unter anderem kommen folgende Kombinationen vor: Tiefschwarz mit bräunlich roten Flecken und einfarbig Mahagonibraun.

Pflege
Obwohl das Fell lang ist und sich seidig anfühlt, ist die Pflege nicht allzu aufwändig. Gelegentliches Kämmen und Bürsten reicht aus.

Charakter und Temperament
Der Cavalier-King-Charles-Spaniel ist kein Kind von Traurigkeit. Er spielt gerne und ist sehr munter und gesellig. Auch kann er sich gut in eine Situation einfügen und ist gehorsam.

King-Charles-Spaniel

Geeignetes Umfeld
Man kann diesen Zwergspaniel in einer Stadtwohnung halten. Natürlich braucht er genügend Bewegung. Einen Teil seiner Energie setzt er beim Herumtollen um. Zu Kindern entwickelt er ein sehr gutes Verhältnis. Man sagt ihm nach, dass er nicht gerne alleine bleibt.

Geschichte und Geschichten
Der Cavalier-King-Charles-Spaniel gehört zu den Toy-Spaniels. Er ist ein naher Verwandter des King-Charles-Spaniels. Beide Namen lassen sich auf König Charles I. zurückführen. Es gibt verschiedene Auffassungen darüber, wie das Verwandtschaftsverhältnis zwischen den beiden fast namensgleichen und auch äußerlich ähnlichen Rassen genau begründet ist. Der Cavalier-King-Charles-Spaniel ist einer der größten Toy-Spaniels.

Chesapeake-Bay-Retriever

Cesky-Terrier
--> Terrier

Chesapeake-Bay-Retriever
--> auch Retriever

Größe, Körperbau
Knapp unter 70 cm hoch kann dieser prachtvolle Jagdhund werden. Mit etwa 30 kg ist er für seine Größe nicht ungewöhnlich schwer. Er hat einen soliden, gut proportionierten Körperbau mit robusten Gliedmaßen. Der Kopf ist recht breit mit leicht gewölbtem Schädel. Der Chesapeake-Bay-Retriever weist eine für Wasserhunde typische Besonderheit auf: Er hat zwischen den Zehen Häute.

Fell
Wasserundurchlässige Unterwolle verbirgt sich unter dichtem, kurzem Deckhaar. Das Deckhaar kann auf dem Rücken leicht gewellt sein. Alle Braunschattierungen kommen vor, auch gelbliche Tönungen. Weiße Abzeichen an den Zehen und an der Brust gelten nicht als Fehler.

Pflege
Die Fellpflege ist beim Chesapeake-Bay-Retriever vollkommen unkompliziert.

Charakter und Temperament
Dieser Hund vereint eine Reihe sehr angenehmer Wesensmerkmale in sich. Er ist intelligent, mutig und schnell. Seinem Herrchen oder Frauchen gegenüber entwickelt er große Zuneigung und Treue.

Geeignetes Umfeld
Viel Platz braucht dieser kräftige Geselle, und viel Bewegung dazu. Bewegung im Wasser kommt ihm ebenfalls entgegen. Er versteht sich nicht mit jedem anderen Hund gut. Mit Kindern kommt er meist deutlich besser zurecht. Da der Chesapeake-Bay-Retriever lernwillig und aktiv ist, sollte man ihm sinnvolle Beschäftigungen geben.

Geschichte und Geschichten
Die Chesapeake Bay ist eine langgezogene Meeresbucht an der Ostküste der Vereinigten Staaten von Amerika. Dort ist die Rasse der Chesapeake-Bay-Retriever beheimatet. Sie haben sich als Jagdhunde in Gestrüpp, Schilf und sogar bei starkem Seegang bewährt. Man nimmt an, dass unter ihren Vorfahren nicht nur andere Retriever, sondern auch Neufundländer gewesen sind.

Chihuahua

Chihuahua

Größe, Körperbau
Ein kleiner und leichtgewichtiger Hund ist der Chihuahua. Er wird nur selten größer als 20 cm und wiegt in der Regel 1 bis 3 kg. Sein Körper hat eine längliche Form.

Fell
Es gibt einen langhaarigen und einen kurzhaarigen Schlag. Bei dieser Rasse sind alle Farben und Farbkombinationen erwünscht.

Pflege
Der kurzhaarige Schlag ist in der Fellpflege unproblematisch, der langhaarige muss gelegentlich gut gebürstet werden. Das Gebiss erfordert, wie dies auch bei einigen anderen Hunderassen der Fall ist, gute Pflege und besonders sorgsamen Schutz gegen Zahnsteinablagerungen, die sich schnell bilden.

Charakter und Temperament
Der Chihuahua ist trotz seiner geringen Größe wachsam, mutig und zudem sehr lebhaft. Er zeichnet sich durch Intelligenz und Fügsamkeit aus.

Geeignetes Umfeld
Aufgrund seiner geringen Größe kann dieser Hund auch in einer kleineren Wohnung ge-

halten werden. Gegenüber anderen Hunden zeigt er keine Angst. Mit Kindern kommt er sehr gut zurecht. Anders als manche andere Hunderasse passt er sich verschiedenen klimatischen Bedingungen gut an.

Geschichte und Geschichten
Mexiko ist die Heimat dieses Zwerghundes. Es gibt mehrere Theorien über die Abstammung der Chihuahuas. Eine davon besagt, dass sie auf die als geheiligt betrachteten Hunde der Azteken zurückgehen.

Chow-Chow

Größe, Körperbau
Dieser bekannte chinesische Hund wird in der Regel etwas mehr als 50 cm groß und erreicht ein Gewicht von etwa 25 bis 30 kg. Er hat einen kräftigen und eher kurz wirkenden Rumpf mit nicht zu kurzen Gliedmaßen, die in kleinen, rundlich geformten Pfoten enden. Der Kopf ist recht breit und weist einen mittellangen Fang auf.

Fell
Der Chow-Chow trägt einen dichten Pelz. Am Hals hat er eine Mähne, die Rute ist buschig. Die Hunde dieser Rasse sind einfarbig. Es kommen eine Reihe von Farben vor. An den Rückseiten der Hinterläufe und der unteren Rutenseite können die Haare heller sein.

Pflege
Wenn der Haarwechsel ansteht, heißt es: sehr oft und gründlich bürsten. Auch während der übrigen Zeit muss das Fell gepflegt werden.

Charakter und Temperament
Der Chow-Chow sucht engen Anschluss nur an sein Herrchen oder Frauchen. Man nennt ihn deswegen einen typischen „Ein-Mann-Hund“. Er ist sehr freiheitsliebend. Er ist unabhängig, ordnet sich nicht gern unter und lässt sich nur sehr ungern zu etwas zwingen. Darüber hinaus ist er im Allgemeinen ruhig, aber wachsam.

Geeignetes Umfeld
Man kann einen Hund dieser Rasse durchaus in einer nicht zu kleinen Wohnung halten. Viel Auslauf und Bewegung sind aber unbedingt empfehlenswert. Mit anderen Hunden verträgt sich der Chow-Chow nicht immer gut. Zu Kindern kann er ein besseres Verhältnis entwickeln.

Geschichte und Geschichten
Obwohl China als Heimat des Chow-Chow gilt, nimmt man an, dass seine Vorfahren frühe nordische Hunde gewesen sind. Dafür sprechen sowohl Aussehen als auch Charakter. In den nördlichen Regionen Chinas diente er unter anderem als Schlitten- und Hirtenhund.

Chow-Chow

Clumber-Spaniel --> auch Spaniel

Cocker-Spaniel --> auch Spaniel

Größe, Körperbau
Diese sehr bekannten Hunde haben einen kompakten und kräftigen Rücken, der ganz leicht nach hinten abfällt, und sie weisen eine robuste Muskulatur auf. Der Englische Cocker-Spaniel ist im Allgemeinen größer als der Amerikanische Cocker-Spaniel. Etwa 40 cm groß werden die Hunde. Dabei wird ein Gewicht von ungefähr 12 bis 14 kg erreicht. Der Englische Cocker-Spaniel hat einen gerundeteren Kopf und einen etwas längeren Fang als sein amerikanischer Artgenosse.

Fell
Beim Englischen Cocker-Spaniel ist das Fell flach und seidig, manchmal leicht gewellt. Die Beine sind befedert. Am Kopf ist das Fell kürzer und besonders fein. Das Fell des Amerikanischen Cocker-Spaniels ist länger. Es sind bei beiden mehrere Farbstellungen möglich. Sowohl Ein- als auch Mehrfarbigkeit kommen vor.

Pflege
Auf die Fellpflege muss man einige Zeit verwenden. Regelmäßiges Bürsten kann als absolutes Minimum betrachtet werden. Je üppiger die Haarpracht beim Cocker-Spaniel ausfällt, um so mehr Wert wird im Allgemeinen auf Trimmen gelegt.

Charakter und Temperament
Ein ausgesprochen ruhiger Hund ist der Cocker-Spaniel in der Regel nicht. Er ist angenehm lebhaft, intelligent und aufgeweckt. Er kann sehr große Verbundenheit zu seinem Herrchen oder Frauchen entwickeln.

Cocker-Spaniel

Geeignetes Umfeld

Um dieses lernfähige Temperamentsbündel zu erziehen, bedarf es einer geduldigen und konsequenten, dabei sehr liebevollen Hand. Ein gut erzogener Cocker ist ein sehr angenehmer Haushund, der sich sowohl mit anderen Hunden als auch mit Kindern ausgesprochen gut verstehen kann. Man muss einem Cocker nicht unbedingt ein Haus mit Garten bieten, aber viel Bewegung und Auslauf braucht er auf jeden Fall.

Geschichte und Geschichten

Cocker-Spaniel haben unter ihren Vorfahren Jagdhunde und Toy-Spaniel. Die Cocker-Spaniel wurden in Großbritannien zur Jagd auf Kleinwild eingesetzt. Sie sind seit Beginn des letzten Jahrhunderts als Rasse anerkannt. Der Amerikanische Cocker-Spaniel hat britische Vorfahren. Während in Großbritannien Cocker-Spaniel im Laufe der Zeit durchaus immer wieder bei der Jagd eingesetzt wurden, züchtete man ihre amerikanischen Verwandten vorrangig mit dem Ziel, schöne Ausstellungstiere zu bekommen.

Collie (Schottischer Schäferhund, Schottischer Hirtenhund)

Größe, Körperbau

Diese beliebte Hunderasse erreicht eine Größe von ungefähr 60 cm. Das Gewicht liegt um etwa 20 kg. Der kurzhaarige und der langhaarige Schlag unterscheiden sich im Körperbau nicht, sehen wegen der unterschiedlichen Behaarung aber auf den ersten Blick recht unterschiedlich aus. Collies sind im Vergleich zu anderen Hirtenhundrassen schlank und wirken nicht massig.

Collie

Fell

Beim langhaarigen Schlag fühlen sich die dichten Haare zur Spitze hin weicher an als am Ansatz. Am Hals und an der Brust sind sie besonders lang. Beim kurzhaarigen Schlag sind die Haare am ganzen Körper kurz, glatt und dicht. Sie liegen eng an. Collies sind unter anderem dreifarbig (lohfarben, schwarz, weiß) und sandfarben mit weiß.

Pflege

Der langhaarige Schlag bedarf einer regelmäßigen und gründlichen Fellpflege.

Charakter und Temperament

Der Collie ist ein fröhlicher, ungekünstelter und ruhiger Naturbursche. Er besitzt eine sehr gute Lernfähigkeit. Seine Vorzüge kommen allerdings nicht zum Tragen, wenn man ihn unsensibel behandelt.

Geeignetes Umfeld

Der Collie kann problemlos als Haushund gehalten werden. Mit anderen Hunden versteht er sich gelegentlich nicht ganz so gut wie mit Kindern. Wer sich einen Collie anschafft, sollte bedenken, dass die ursprüngliche Aufgabe dieses Hirtenhundes mit sehr viel Bewegung verbunden gewesen ist. Auch als Haushund muss der Collie viel Auslauf bekommen.

Geschichte und Geschichten

Der Collie ist ein schlanker, fast elegant zu nennender Hirtenhund. Unter seinen Vorfahren sollen auch Windhunde gewesen sein. Durch diese Einkreuzungen und durch Selektion hat sich die typische Gestalt über Generationen herausgebildet. Über die Entstehung des Namens „Collie" gibt es mehrere Vermutungen. Man nimmt unter anderem an, der Name gehe auf eine alte, kohlschwarze Fellfarbe zurück. Eine weitere Überlegung ist, der Name sei von einer schwarzköpfigen Schafsrasse abgeleitet worden.

Coton de Tuléar

Größe, Körperbau

Dieser kleine Haushund sieht dem Malteser ähnlich. Er wird etwa 30 cm groß und erreicht ein Gewicht von in der Regel knapp 4 kg.

Fell

Das meist rein weiße lange Fell fühlt sich an wie Baumwolle.

Pflege

Soll das Fell flauschig sein, muss man es unbedingt regelmäßig bürsten.

Charakter und Temperament

Der Coton de Tuléar ist munter und intelligent. Er kann sich recht temperamentvoll verhalten. Das Entwickeln von Zuneigung und Treue gehören ebenfalls zu den Stärken dieses Hundes.

Geeignetes Umfeld

Obwohl der Hund klein ist und sich grundsätzlich als Wohnungshund eignet, wäre ein Grundstück mit Garten noch schöner für ihn. Mit anderen Hunden und mit Kindern verträgt er sich gut. Im Übrigen hat er es gern gesellig. In einem Haushalt mit viel Trubel und vielleicht auch noch anderen Tieren kann er sich bei guter und konsequenter Erziehung sehr wohl fühlen.

Geschichte und Geschichten

Der Coton de Tuléar kommt aus Madagaskar. Diese Hunderasse ist erst in den siebziger Jahren des letzten Jahrhunderts international anerkannt worden.

Curley Coated Retriever --> Retriever

Dachshund --> Teckel

Dackel --> Teckel

Dalmatiner --> auch Bracken

Größe, Körperbau

Diese hochläufigen Hunde erreichen eine Größe von etwa 50 bis 60 cm. Dabei sind sie zirka 20 bis 25 kg schwer. Der Körper hat eine insgesamt wohl proportionierte, muskulöse und elegante Form. Der Kopf ist mäßig lang mit langem Fang.

Fell

Das Fell ist kurz, hart und wächst dicht. Es ist zwar fein, aber nicht besonders weich. Reinweiß ist die Grundfarbe dieser Hunde. Darauf verteilen sich die charakteristischen dunklen Flecken unterschiedlicher Größe. Diese entwickeln sich erst allmählich bei den jungen Hunden und haben in der Regel ihre volle Gestalt angenommen, wenn die Tiere anderthalb Jahre alt sind.

Pflege

Die Pflege des kurzen Glatthaares bereitet keine Probleme. Gelegentliches Bürsten sowie Abreiben mit einem feuchten Tuch können als ausreichend betrachtet werden.

Charakter und Temperament

Der Dalmatiner ist aufgeweckt und lebhaft. Er hat ein fröhliches Wesen und ist leicht erziehbar – wenn man liebevoll mit ihm umgeht.

Geeignetes Umfeld

Der Dalmatiner ist sehr gut als Familienhund geeignet. Obwohl es sein kann, dass er ein Familienmitglied bevorzugt, ist er den anderen auch zugetan. Er ist ein Hund, der ganz besonders vorsichtig und gut mit Kindern umgeht. Man kann ihn in einer Stadtwohnung halten, wenn man ihm sehr viel Gelegenheit gibt, beim Rennen Energie loszuwerden.

Geschichte und Geschichten

Das offizielle Heimatland des Dalmatiners ist das ehemalige Jugoslawien. Dennoch gibt es verschiedene Vermutungen über seine ursprüngliche Heimat. So wird zum Beispiel eine heute ausgestorbene asiatische Hunderasse unter den Vorfahren vermutet. Schon früh wurde der Dalmatiner nicht nur als Jagdhund, sondern auch als dekorativer Begleithund fürstlicher Kutschen eingesetzt.

Dandie-Dinmont-Terrier --> auch Terrier

Größe, Körperbau

Die Größe dieser Terrier liegt bei etwas über 20 bis etwas unter 30 cm. Das Gewicht beträgt in der Regel 8 kg oder mehr. Die Dandie-Dinmont-Terrier haben einen langen Rumpf mit sehr kurzen Beinen.

Fell

Nicht „Pfeffer und Salz“, sondern „Pfeffer“ und „Senf“ sind die beiden Farbtypen, die

Coton de Tuléar

Dalmatiner

Dandie-Dinmont-Terrier

Deerhound

Deutsch Drahthaar

man bei dieser Rasse unterscheidet. Zu jedem Typ gehören mehrere Tönungen. Zu „Senf" gehört zum Beispiel eine hellgelbe Tönung, zu „Pfeffer" unter anderem graue Tönungen. Das Fell ist etwa 5 cm lang und eine Mischung aus harten und weichen Haaren.

Pflege
Mindestens einmal pro Woche muss das Fell schon gründlich gebürstet werden, wenn der Dandie-Dinmont-Terrier ordentlich aussehen soll.

Charakter und Temperament
Mutig und ausdauernd ist dieser kleine Terrier. Zudem ist er gesellig und fröhlich. Wie so mancher andere kleine Hund überrascht er durch ein ausgeprägtes Selbstbewusstsein.

Geeignetes Umfeld
Der Dandie-Dinmont-Terrier ist ein wachsamer Haushund. Fremden gegenüber kann er recht misstrauisch sein. Kinder mag er, und mit anderen Hunden versteht er sich in der Regel gut. Wenn man viel mit ihm spazieren geht, kann man den kleinen Gesellen gut in einer Wohnung halten.

Geschichte und Geschichten
Wie bei vielen Terriern ist die Herkunft des Dandie-Dinmont-Terrier nicht ganz eindeutig geklärt. Es wird vermutet, dass die Vorfahren Jagdhunde im englisch-schottischen Grenzgebiet waren. Der Name des Dandie-Dinmont-Terriers geht auf einen Roman des schottischen Dichters Walter Scott zurück.

Deerhound (Schottischer Hirschhund)

Größe, Körperbau
Dieser vergleichsweise seltene Hund kann bis zu etwa 80 cm groß werden und ein Gewicht von etwa 50 kg erreichen. Der Deerhound ist ein robust gebautes und doch nicht unelegant wirkendes Tier. Seine Knochen sind kräftiger als die anderer Windhunde.

Fell
Das raue, trockene Haar ist etwa 8 bis 10 cm lang und kann verschiedene Farben haben, zum Beispiel Schiefergrau, Gelb oder Rotgrau.

Pflege
Besonders anspruchsvoll ist die Fellpflege beim Deerhound nicht. Gelegentliches Kämmen und Bürsten reicht in der Regel aus. Zuweilen kann man auch Trimmen empfehlen.

Charakter und Temperament
Dieser große Windhund ist sanftmütig und geduldig. Er kann große Anhänglichkeit entwickeln. Zudem ist er intelligent.

Geeignetes Umfeld
Ein großer Windhund wie dieser braucht sehr viel Bewegung. Man kann ihn in einem Haus mit Garten besser halten als in einer Wohnung. Der Deerhound kann sowohl zu anderen Hunden als auch zu Kindern ein sehr gutes Verhältnis entwickeln. Das Haus bewacht er aufmerksam.

Geschichte und Geschichten
In Schottland hat sich die alte Rasse schon früh den Ruf eines Luxustieres erworben. Wie der Name Deerhound schon erahnen lässt, wurde dieser Hund zur Jagd auf Hirsche eingesetzt. Im späten 18. Jh. achtete man bei der Zucht verstärkt darauf, umgänglichere und folgsamere Tiere heranzuziehen.

Deutsch Drahthaar

Größe, Körperbau
Hunde dieser Jagdhundrasse werden in der Regel zwischen 55 und knapp unter 70 cm groß. Ihr Gewicht kann 30 kg erreichen. Sie haben einen vergleichsweise kurzen und geraden Rücken mit langer, leicht schräger Kruppe. Der Kopf ist nicht zu lang und hat einen ausgeprägten Fang.

Fell
Das Fell ist drahtig-rau und liegt recht eng an. Unauffällige Färbungen wie beispielsweise Mittelbraun oder Braun mit Weiß sind üblich.

Pflege
Wer den Deutsch Drahthaar regelmäßig bürstet, kann sich an gepflegtem Fell erfreuen.

Charakter und Temperament
Diesem Jagdhund entgeht, wenn er ausgebildet ist, so leicht nichts. Er eignet sich für viele Bereiche der Jagd und ist besonders

gut im Apportieren. Er ist sehr treu und zudem wachsam.

Geeignetes Umfeld

Wenn man einen Deutsch Drahthaar als Haushund hält, sollte schon ein Garten zum Haus gehören. Mit anderen Hunden und mit Kindern gibt es beim Deutsch Drahthaar in der Regel keine Probleme.

Geschichte und Geschichten

Als Zuchtziel beim Deutsch Drahthaar wurde ein in vielen Bereichen ausgesprochen leistungsfähiger und zudem wetterfester Hund festgelegt. Der Deutsch Drahthaar ist eine relativ junge Jagdhundrasse. Er gehört zur Gruppe der Deutschen Vorstehhunde. Vorstehhunde haben bei der Jagd die Aufgabe, vor dem Wild stehen zu bleiben und dem Jäger so zu signalisieren, wo das Wild sich befindet. Dabei heben die Hunde typischerweise eine Pfote und recken den Kopf nach vorn. Zu den Deutschen Vorstehhunden gehören neben dem Deutsch Drahthaar unter anderem der Deutsch Kurzhaar, der Deutsch Langhaar und der Deutsch Stichelhaar.

Deutsch Langhaar

Größe, Körperbau

Exemplare dieser alten Jagdhundrasse können über 60 cm groß werden. Ihr Gewicht liegt in der Regel bei etwa 25 bis 30 kg. Sie haben einen edlen, lang gestreckten Kopf und von der Gestalt her viel Ähnlichkeit mit dem Deutsch Drahthaar.

Fell

Die Haare werden etwa 3 bis 5 cm lang. An Brust und Bauch können sie länger sein. Mehrere Farben und Färbungen kommen vor, zum Beispiel einfarbig Braun und einige Schimmelfarben.

Pflege

Dieses Fell hält man durch regelmäßiges Bürsten in gutem Zustand.

Charakter und Temperament

Der Deutsch Langhaar ist ein folgsamer und – bei guter Abrichtung – äußerst zuverlässiger Jagdhund. Er hat ein sanftes Gemüt und entwickelt die notwendige Schärfe, wenn es darauf ankommt.

Deutsch Langhaar

Geeignetes Umfeld

Mit Kindern und mit anderen Hunden gibt es beim Deutsch Langhaar im Allgemeinen keine Probleme. Im Gegenteil, er kommt gut mit anderen Hunden zurecht und entwickelt besonders Kindern gegenüber Geduld. Durch seine angenehme Art eignet er sich als Familienhund. Er braucht in jedem Fall sehr viel Bewegung. Man sollte nicht vergessen, dass er ein Jagdhund ist.

Geschichte und Geschichten

Der Deutsch Langhaar ist ein in Westfalen beheimateter vielseitiger Jagdhund. Er wurde im Laufe seiner Zuchtgeschichte durch Einkreuzung englischer Jagdhunde zu einem schnelleren Hund. Bereits mittelalterliche Darstellungen zeigen den Deutsch Langhaar oder zumindest einen solchen Typ.

Deutsche Bracke
--> auch Bracken

Größe, Körperbau

Die Deutsche Bracke erreicht in der Regel eine Größe von etwas unter 50 cm und ein Gewicht von ungefähr 15 kg. Diese Hunde haben einen lang gestreckten Kopf, einen ausgeprägten Fang und sind kräftig gebaut.

Fell

Dichtes kurzes und hartes Haar ist der Deutschen Bracke eigen. Das Fell ist rot bis gelb, mit dunklem Sattel und weißen Abzeichen.

Pflege
Bei diesem kurzen Fell ist die Pflege nicht aufwändig.

Charakter und Temperament
Dieser Hund ist ein leidenschaftlicher Jäger und bringt die Eigenschaften dafür mit. Mit Kindern und mit anderen Hunden versteht er sich im Allgemeinen sehr gut.

Geeignetes Umfeld
Die Deutsche Bracke will jagen. Sie gehört zu den Hunden, die man nicht in die Stadt holen sollte. Gut geht es ihr bei einem Jäger.

Geschichte und Geschichten
Die Deutsche Bracke hat Mitte des letzten Jahrhunderts eine züchterische Umorganisation erfahren. 1955 wurden gewissermaßen die Restbestände einer Vielzahl alter deutscher Brackentypen zur so genannten Olper Bracke zusammengefasst.

Deutsche Dogge

Deutsche Dogge

Größe, Körperbau
Diese imposanten Hunde dürfen und sollen groß sein. Eine Höhe von über 80 cm ist überhaupt keine Seltenheit. Die Deutsche Dogge hat einen kräftigen Rücken, starke Läufe und einen eher langen Kopf.

Fell
Das Fell der Deutschen Dogge ist dicht und kurz. Es glänzt und liegt eng am Körper an. Es gibt verschiedene Färbungen, nach denen teilweise einzelne Schläge unterschieden werden. Folgt man einer solchen Unterteilung, dann sind die Harlekindogge mit weißer Grundfarbe und unregelmäßigen schwarzen Flecken, einfarbige und gestromte Doggen zu unterscheiden.

Pflege
Da das Fell kurz ist, bereitet die Pflege wenig Mühe.

Charakter und Temperament
Die Deutsche Dogge ist ihrem Halter treu ergeben, gegenüber Fremden aber misstrauisch. Sie zeichnet sich durch ihre Wachsamkeit aus und ist im Allgemeinen ein recht ruhiges Tier.

Geeignetes Umfeld
Ein Haus mit Garten ist gewissermaßen das Minimum an Platz, den man diesem großen Tier bieten sollte. Teilweise wird bei dieser wie auch bei einigen anderen Rassen empfohlen, die Tiere im Garten zu halten. Die schnellen Tier brauchen viel Bewegung. Erzieht man sie liebevoll und konsequent, wird man feststellen, dass diese großen Hunde ein sehr gutes Verhältnis zu Kindern entwickeln können.

Geschichte und Geschichten
Die Deutsche Dogge hat britische Urahnen. Der Mastiff und der Irish Wolfshound sollen unter ihnen sein. Vorläufer der heutigen Deutschen Dogge wurden bei der Jagd auf mittleres und größeres Wild gehetzt. Die Hunde waren wertvoll und wurden deshalb teilweise mit Panzern gegen Verletzungen geschützt. In jüngerer Zeit wird die Deutsche Dogge als Wach- und Schutzhund eingesetzt.

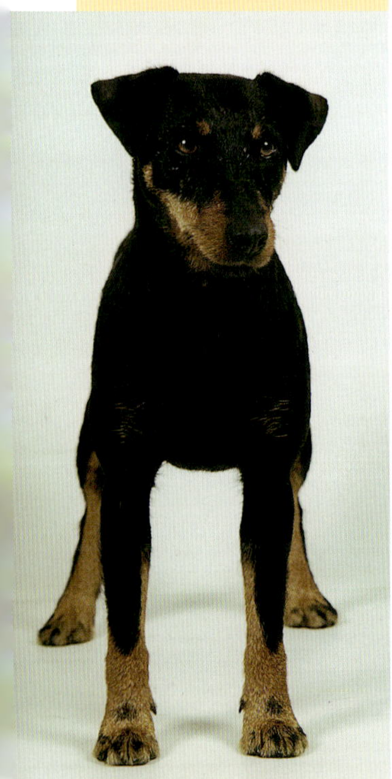

Deutscher Jagdterrier

Deutscher Jagdterrier
--> auch Terrier

Größe, Körperbau
Hunde dieser Rasse werden in der Regel bis zu 40 cm groß und erreichen ein Gewicht von ungefähr 7 bis 10 kg. Sie wirken nicht kurz, doch etwas gedrungen.

Fell
Das Fell ist dicht, hart und rau. Es kommt in einer kurzen und einer etwas längeren Variante vor. Dunkle Farben mit Abzeichen und Tönungen sind typisch.

Pflege
Die Fellpflege bereitet kaum Mühe.

Charakter und Temperament
Der Deutsche Jagdterrier ist ein leidenschaftlicher Jäger. Er ist entschlossen, zäh und mutig. Zudem ist er sehr temperamentvoll.

Geeignetes Umfeld
Der Deutsche Jagdterrier gehört in Jägerhand. Man sagt von ihm, dass er zu den wenigen Hunderassen gehört, die bis heute ungeeignet als Begleit- oder einfache Haushunde sind.

Geschichte und Geschichten
Dieser mutige Jäger ist, wie der Name sagt, in Deutschland beheimatet. Er stammt von britischen Terriern ab. Bei der Jagd ist er für vielfältige Aufgaben einsetzbar.

Deutscher Schäferhund

Größe, Körperbau

Der Deutsche Schäferhund erreicht eine Größe von etwa 60 bis 65 cm und ein Gewicht von bis zu etwa 40 kg.

Er wirkt insgesamt etwas gestreckt und hat dabei einen muskulösen, harmonischen Körperbau. Der Hals ist kräftig. Der Kopf ist recht schmal und hat eine verlängerte Form mit einem länglichen, kräftigen Fang. Die Lefzen liegen dicht an.

Deutscher Schäferhund

Fell

Es gibt den Deutschen Schäferhund in einer kurzhaarigen, einer stockhaarigen und einer langhaarigen Variante. Das Fell kann verschiedene Farben und Tönungen, teilweise mit Abzeichen, aufweisen. Verbreitet sind unter anderem folgende Kombinationen: Rotgelb, Rotbraun, Gelb mit schwarzem Sattel, Schwarz, Aschgrau und Eisengrau. Von einer so genannten Wolfsfärbung spricht man, wenn das Fell insgesamt dunkel gewölkt erscheint.

Pflege

Die Haarpflege ist recht unproblematisch.

Charakter und Temperament

Dieser beliebte Hund vereinigt eine Reihe guter Eigenschaften in sich. Er ist temperamentvoll, sehr lernfähig und lernwillig, mutig und wachsam.

Er kann Schärfe und Härte entwickeln.

Geeignetes Umfeld

Eine gute Ausbildung, viel Beschäftigung und viel Platz, das sind drei Punkte, die einen Deutschen Schäferhund zu einem sehr wertvollen und zufriedenen Partner des Menschen machen. Ein Haus mit Garten bietet gute räumliche Voraussetzungen. Da er nicht übertrieben viel bellt, kann man ihn auch in einer geeigneten Wohnung halten – wenn man ihm Ausgleich durch Beschäftigung und Bewegung bieten kann. Zu anderen Hunden kann der Deutsche Schäferhund ein gutes Verhältnis entwickeln. Auch mit Kindern kann er gut zurechtkommen. Dabei gilt, was auch für viele andere Rassen zutrifft: Je früher er sich an Kinder gewöhnt, um so besser wird das Verhältnis in der Regel sein.

Geschichte und Geschichten

Diese Rasse ist vergleichsweise jung. Mit der Zucht des Deutschen Schäferhundes begann man Ende des 19. Jahrhunderts. Die Vorfahren waren solide Hirten- und Hütehunde. Der Deutsche Schäferhund hat sich seitdem gewissermaßen zum Markenzeichen für einen Gebrauchshund in vielerlei Einsatzbereichen entwickelt. Auch als Familienhund ist er sehr beliebt.

Dobermann

Größe, Körperbau

In der Regel werden die Tiere dieser Rasse zwischen 60 und 70 cm groß. Sie können ein Gewicht von etwa 40 kg erreichen. Der Dobermann hat eine kurze, feste Rückenpartie mit abgerundeter Kuppe. Die Brust ist tief. Die Vorderläufe sind gerade, die Hinterläufe haben gewinkelte Sprunggelenke. Insgesamt wirkt ein Dobermann kraftvoll und weder massig noch leicht.

Dobermann

Fell
Das Fell des Dobermann soll nicht weich sein. Es ist glatt, hart, dicht und kurz. Schwarz, Braun und Blau mit braunen Abzeichen kommen vor.

Pflege
Da das Haar sehr kurz und glatt ist, ist Fellpflege kaum notwendig.

Charakter und Temperament
Fremden gegenüber können sich Wachsamkeit und Misstrauen durchsetzen. Seinem Herrchen oder Frauchen ist der Dobermann aber durchaus sehr zugetan und treu. Lebhaftigkeit, Intelligenz, insbesondere eine rasche Auffassungsgabe, Mut und Ausdauer zeichnen diese Rasse zusätzlich aus.

English Setter

Geeignetes Umfeld
Eine kleine Wohnung ist nicht der geeignete Ort, um einen Dobermann zu halten. Er braucht Platz, um sich bewegen zu können. Ein Haus mit Garten wäre ein geeigneter Ort. Der Dobermann eignet sich ausgesprochen gut als Diensthund, Wachhund und Schutzhund. Dafür muss er aber sorgsam ausgebildet werden. Setzt man ihn nicht für eine dieser Aufgaben ein, so braucht er doch eine gute und konsequente Erziehung, womit allerdings nicht unnötige Strenge, sondern Fachkunde gemeint ist. In der Regel ist das Verhältnis zu Kindern recht gut. Anderen Hunden gegenüber ist er nicht immer freundlich.

Geschichte und Geschichten
Der Dobermann hat seinen Namen von dem Mann, der mit der Zucht in der zweiten Hälfte des 19. Jahrhunderts begann. Apolda ist der Ursprungsort der Zucht. Es gibt verschiedene Auffassungen darüber, wer genau zu den Vorfahren des Dobermann gezählt hat. Unter den ersten bewusst zur Zucht eingesetzten Hunden werden der Pinscher, Jagdhunde, der Rottweiler und die Deutsche Dogge vermutet. Später sollen ein Terrier und Windhund eingekreuzt worden sein. Der Dobermann hat im Laufe der Zeit einen Ruf als scharfer, schneller und gefürchteter Wach-, Schutz- und Diensthund erworben.

English Setter (Englischer Setter)

Größe, Körperbau
Die Hunde dieser Rasse wirken kräftig und harmonisch und dabei eher leicht. Sie können eine Größe um 60 cm erreichen und wiegen etwa 25 bis 30 kg. Sie haben einen länglichen Kopf mit langem Fang. Die Rute ist lang und mit weichem langem Haar besetzt.

Fell
Das Fell des English Setter ist seidigweich und mittellang. Auf dem Kopf ist es deutlich kürzer. Es kommen mehrere Farben vor, insbesondere Weiß in Kombination mit anderen Farben.

Pflege
Seidiges längeres Fell muss häufig gekämmt und gebürstet werden, wenn es sein schönes Aussehen behalten soll.

Charakter und Temperament
Der English Setter zeichnet sich durch eine Reihe guter Eigenschaften aus, darunter Intelligenz, angenehme Sanftmut, Anhänglichkeit und Bewegungsfreude.

Geeignetes Umfeld
Dieser Jagdhund ist vielseitig bei der jagdlichen Feld- und Wasserarbeit einzusetzen. Wenn man ihn als Haushund hält, sollte man ihm Auslauf in den Garten ermöglichen können; er braucht viel Bewegung. Bei liebevoller Erziehung wird man einen unproblematischen, angenehmen vierbeinigen Begleiter haben, der sich mit anderen Hunden und mit Kindern gut versteht.

Geschichte und Geschichten
Der English Setter ist nicht die einzige, aber wohl die älteste Setter-Rasse. Seine Ver-

wandten sind der Gordon-Setter und der Irish Setter. Alle drei sind Vorstehhunde. Die Bezeichnung „Setter“ ist von dem Begriff „setting“, ein Ausdruck für das Anzeigen des Wildverstecks, abgeleitet.

English Springer Spaniel --> Spaniel

Entlebucher Sennenhund --> auch Sennenhunde

Größe, Körperbau
Der Entlebucher Sennenhund ist der kleinste eidgenössische Sennenhund. Er erreicht eine Größe von 40 bis zu gut 50 cm und ein Gewicht von etwa 25 kg oder mehr. Er hat einen leicht länglichen Körper mit einem eher gedrungenen Hals. Sein Kopf weist einen kräftigen Fang auf.

Fell
Das glänzende Kurzhaar liegt fest an. Es weist die typischen Farben der Sennenhunde auf. Gelbbraun bis Rotbraun fügt sich gut in die schwarze Grundfarbe ein. Hinzu kommen weiße Abzeichen.

Pflege
Das kurze, fest anliegende Fell ist in der Pflege nicht aufwändig. Gelegentliches Bürsten und Abreiben mit einem feuchten Tuch reichen in der Regel vollkommen aus.

Charakter und Temperament
Dieser Sennenhund ist sehr wachsam. Darüber hinaus zeichnet er sich durch ein angenehmes, temperamentvolles Wesen aus. Er ist lernfähig und lernwillig. Er kann große Anhänglichkeit entwickeln.

Geeignetes Umfeld
Der Entlebucher Sennenhund kann aufgrund seiner relativ geringen Größe eher in einer geräumigen Stadtwohnung gehalten werden als seine eidgenössischen Kollegen. Bedingung ist dann aber, dass er genügend Auslauf bekommt. Weiter empfiehlt es sich, den Hund nicht zu sehr sich selbst zu überlassen. Mit Kindern und mit anderen Hunden versteht sich diese Hütehundrasse gut.

Geschichte und Geschichten
Vieh hüten und Vieh begleiten, das sind die typischen Aufgaben des Entlebucher Sennenhundes. Er ist in den Tälern der Kantone Luzern und Bern beheimatet. Nach dem Schärlibachtal wurde er auch Schärlig genannt.

Eurasier

Größe, Körperbau
Diese neuere Hunderasse erreicht eine Größe von etwa 50 bis 60 cm bei einem Gewicht von etwa 30 kg. In seiner gesamten Erscheinung erinnert der Eurasier an einen urwüchsigen Schlittenhund.

Fell
Das Deckhaar ist mittellang, die Unterwolle dicht. Als Farben kommt gleich eine ganze Palette vor: Rot bis Falben, Wolfsgrau, Schwarz und Schwarz mit Abzeichen, unter anderem über den Augen.

Pflege
Wer einen hübsch gepflegt aussehenden Hund dieser Rasse haben möchte, muss ihn regelmäßig und gründlich bürsten.

Charakter und Temperament
Der Eurasier ist längst nicht so wild, wie er aussieht. Man könnte sagen, es ist gelungen, die guten Eigenschaften seiner Vorfahren in ihm zu vereinen. Er ist offen, einfühlsam, aufmerksam und wachsam.

Geeignetes Umfeld
Man kann einen Eurasier gut in einer Wohnung halten – ausreichend viel Auslauf vorausgesetzt. Er eignet sich als Familienhund, da er anders als einer seiner Vorfahren kein „Ein-Mann-Hund“ ist. Mit Kindern und anderen Hunden kommt er sehr gut zurecht.

Geschichte und Geschichten
Erst in den fünfziger Jahren des letzten Jahrhunderts begann man mit der Züchtung dieser Rasse. Unter den Vorfahren sind der Chow-Chow, der Wolfsspitz und spitzartige asiatische Hunde vertreten.

Field-Spaniel --> auch Spaniel

Größe, Körperbau
Dieser Jagdspaniel wird um 45 cm groß und erreicht ein Gewicht zwischen 15 und 25 kg.

Entlebucher Sennenhund

Eurasier

Field-Spaniel

Fell
Das Fell des Field-Spaniel soll nicht zu kurz sein. Es ist glatt oder auch leicht gewellt, dabei dicht und glänzend. Häufige Farben sind unter anderem Mahagoni und Schwarz.

Pflege
Gelegentlich sollte man den Field-Spaniel kämmen. Bürsten sollte man ihn jeden Tag, wenn man möchte, dass das Fell seidig und nicht struppig wirkt.

Charakter und Temperament
Hunde dieser Rasse haben ein liebes Wesen. Sie sind empfindsam, munter und unternehmungslustig. Für die Jagd begeistern sie sich besonders.

Geeignetes Umfeld
Der Field-Spaniel ist ein Jagdhund. Man kann ihn aber durchaus auch als Haushund halten, wobei ein Haus mit Garten tatsächlich einer Wohnung ohne direkte Auslaufmöglichkeit vorzuziehen ist. Viel Bewegung ist eine ganz entscheidende Voraussetzung dafür, dass der agile Vierbeiner sich wohl fühlt. Ansonsten ist er recht unkompliziert. Kinder und seine Artgenossen mag er.

Geschichte und Geschichten
Dieser Vertreter aus der recht großen Gruppe der Spaniel soll unter seinen Vorfahren den Cocker-Spaniel, den Sussex-Spaniel und den Springer-Spaniel haben. Er ist ein leidenschaftlicher Stöberer bei der Jagd.

Fila Brasiliero

Größe, Körperbau
Dieser Hund ist weder klein noch ein Leichtgewicht. Er erreicht eine Größe von etwa 75 cm und kann über 50 kg wiegen. Er wirkt ausgesprochen kraftvoll. Sein Rücken ist kräftig mit leicht ansteigender Kruppe. Die Gliedmaßen sind stark, kräftig auch die Zehen. Der Kopf ist recht groß mit stumpfem Fang.

Fila Brasiliero

Fell
Das Fell des Fila Brasiliero ist dicht, kurz und weich. Die typischen Farbtönungen bewegen sich im Bereich Gelbbraun und können einfarbig oder auch gestromt sein. Weiße Abzeichen kommen vor.

Pflege
Das kurze Glatthaar erfordert keine anspruchsvolle oder aufwändige Pflege.

Charakter und Temperament
Mit diesem Hund ist nicht zu spaßen, wenn er einen nicht kennt. Der Fila Brasiliero kann seinem Herrchen oder Frauchen gegenüber große Sensibilität entwickeln. Doch gerade Fremden gegenüber kann er aber seine ganze natürliche Schärfe zeigen.

Geeignetes Umfeld
Der Fila Brasiliero ist nicht als geeigneter Haushund im üblichen Sinn zu bezeichnen. Dazu kann er zu scharf werden. Man kommt seiner Veranlagung weitaus mehr entgegen, wenn man ihn als Jagd- oder Wachhund einsetzt. In den Händen eines fachkundigen Menschen kann er sich dann zu einem sehr liebevollen und unersetzlichen Freund entwickeln. Es liegt zu einem großen Teil am Menschen, was er aus diesem Hund macht. Kindern gegenüber ist unbedingt Vorsicht geboten. Das gilt in ganz besonderem Maße für fremde Kinder. Auch mit anderen Hunden verträgt der Fila Brasiliero sich nicht unbedingt gut.

Geschichte und Geschichten
Die Heimat dieses großen Hundes ist Brasilien. Seine Vorfahren werden unter den Molossern vermutet. Er wird als Wach- und Schutzhund, als Jagd- und auch als Hütehund eingesetzt. Bei der Jagd ist die Spezialität des Fila Brasiliero das Großwild.

Finnenspitz

Größe, Körperbau
Dieser in Finnland sehr beliebte Hund wird bis zu einem halben Meter groß. Sein Ge-

wicht liegt bei etwa 15 kg. Der Finnenspitz hat einen soliden, doch keinesfalls schwer zu nennenden Körperbau. Der Kopf ist im Verhältnis zum Körper nicht allzu groß, der Fang ist zugespitzt.

Fell

Fuchsrot, Kastanienrot und Gelbrot sind typische Farben für diesen finnischen Hund. Bestimmte weiße Abzeichen und schwarzes Stichelhaar sind erlaubt. Das Fell steht vom Körper recht lang ab. Die Unterwolle ist dicht und liegt eng an.

Pflege

Will man einen gepflegten Finnenspitz um sich haben, muss man das Fell regelmäßig gut bürsten.

Charakter und Temperament

Ein ausgesprochener Leisetreter ist der Finnenspitz nicht. Im Gegenteil: Er bellt laut und gerne. Bei der Jagd ist das unerlässlich für ihn. Der Finnenspitz gilt als widerstandsfähiger, wachsamer und liebenswürdiger Hund.

Geeignetes Umfeld

Kinder mag dieser finnische Hund. Auch mit anderen Hunden dürfte es in der Regel kaum unangenehme Situationen geben. Wenn man den Finnenspitz nicht als Jagdhund, sondern als Haushund hält, sollte man einen Garten haben. Auf einem Bauernhof fühlt er sich auch sehr wohl.

Geschichte und Geschichten

Die Finnen lieben diesen Hund. Wenn der Finnenspitz jagt – häufig jagt er große Vögel –, soll er bellen, und zwar möglichst lange und laut. Schon viele Finnenspitze haben sich auf Wettbewerben im Bellen gemessen. Die Tiere sehen recht urwüchsig aus, sind aber durchgezüchtet. Sie gehören zu den nordischen Hunderassen.

Flat coated Retriever
--> auch Retriever

Größe, Körperbau

Dieser wohl proportionierte Hund erreicht eine Größe von etwa 60 cm. Dabei wiegt er in der Regel um 30 kg. Er hat einen länglichen Hals, der in einen nicht zu kurzen, muskulösen Rücken mit gerader, kurzer Kruppe übergeht, und starke Gliedmaßen. Der Kopf ist recht lang mit einem kräftigen, langen Fang.

Fell

Das glatte Fell des Flat coated Retriever liegt eng an. Es glänzt, ist eher lang und dabei dicht und fein. Die Unterwolle ist dicht.

Pflege

Soll das Fell schön gepflegt aussehen, muss man auch etwas dafür tun. Es empfiehlt sich, das Tier nicht zu selten zu kämmen und zu bürsten.

Charakter und Temperament

Der Flat coated Retriever hat viele angenehme Eigenschaften: Er ist intelligent und lernwillig, lässt sich gut erziehen und ausbilden. Außerdem ist er lebhaft, reaktionsschnell und zudem von eher sanftem Gemüt. Er kann große Zuneigung und Treue entwickeln.

Finnenspitz

Flat coated Retriever

Geeignetes Umfeld

Als Jagdhunde eignen sich diese Tiere besonders beim Apportieren von Federwild. Man kann Flat coated Retriever auch als Haushunde halten, muss dann aber viel Platz haben und sehr lange mit dem Hund laufen. Diese Tiere haben einen starken Bewegungsdrang, dem man nachkommen muss. Mit Kindern und mit anderen Hunden verstehen sich die harmonisch gebauten Tiere in der Regel gut.

Geschichte und Geschichten

Unter den Vorfahren des in Großbritannien beheimateten Flat coated Retriever waren Neufundländer. Die Flat coated Retriever

Foxterrier

Französische Bulldogge

eignen sich bei der Jagd besonders zum Apportieren. Das ist in der starken Ausprägung der Kiefer begründet. Der Flat coated Retriever ist dem Curly coated Retriever in vielem – bis auf das Fell – so ähnlich, dass gelegentlich angenommen wird, es handle sich möglicherweise nicht um zwei verschiedene Rassen, sondern um zwei Schläge einer Rasse.

Foxterrier --> auch Terrier

Größe, Körperbau
Dieser populäre Haushund erreicht eine Größe von etwa 35 bis knapp unter 40 cm. Mit in der Regel etwa 8 kg ist er nicht gerade schwer für seine Größe. Er hat einen robusten, doch leicht wirkenden Körperbau. Der Kopf ist lang mit flachem Schädel. Fang und Oberkopf haben etwa die gleiche Länge.

Fell
Es gibt glatthaarige und drahthaarige Foxterrier. Das harte, etwas längere Drahthaar liegt über weicher, dichter Unterwolle. Das Glatthaar ist anliegend und kürzer als das Drahthaar. Weiß ist die Grundfarbe des Foxterriers. Hinzu kommen rotbraune und schwarze Markierungen.

Pflege
Das Drahthaar ist in der Pflege aufwändiger als das Glatthaar. Tägliches Bürsten und regelmäßiges Trimmen empfiehlt sich, um ein rassegerechtes Aussehen zu erhalten. Das Glatthaar ist in der Pflege recht unproblematisch. Bürsten und Abreiben mit einem feuchten Tuch erhalten die Schönheit des Fells. Einmal pro Tag sollte man allerdings schon zur Bürste greifen.

Charakter und Temperament
Der Foxterrier ist ein mutiger und wachsamer Hund. Zudem zeichnet er sich durch Intelligenz, Lernfähigkeit und Anhänglichkeit aus.

Geeignetes Umfeld
Der Foxterrier wird heute noch als Jagdhund eingesetzt. Er erfreut sich aber auch als Haus- und Familienhund großer Beliebtheit. Ein Haus mit Garten kommt seiner Bewegungslust mehr entgegen als eine Wohnung. So oder so – man kommt um lange Spaziergänge nicht herum, wenn man einen zufriedenen Foxterrier haben möchte. Man sagt den Hunden dieser Rasse nach, sie verstünden sich mit Kindern unter Umständen besser als mit anderen Hunden.

Geschichte und Geschichten
Der Foxterrier ist in England beheimatet. Er hatte in früheren Jahrhunderten nicht immer einen guten Ruf. Eine Zeit lang war er bei angesehenen Bürgern verpönt und wurde mit Abfällen ernährt, da man ihn für nicht so wertvoll hielt wie andere Hunde. Allerdings stieg das Ansehen des Foxterriers mit seinem verstärkten Einsatz bei der Jagd. Wie der Name schon erkennen lässt, wurde dieser Hund zur Fuchsjagd eingesetzt. Dabei fand man ihn mit seinem vorwiegend weißen Fell besonders geeignet: Er wurde nicht so leicht mit dem Fuchs verwechselt, wenn er in schnellem Tempo hinter ihm herlief. Beliebtheit erlangte der Foxterrier auch als Jäger von Ratten, Wieseln und anderen kleineren Tieren.

Französische Bulldogge

Größe, Körperbau
Dieser kleine Hund mit dem kräftigen, annähernd quadratisch wirkenden Kopf erreicht eine Größe von etwa 30 bis 40 cm. Er wiegt zirka 7 bis 14 kg. Der Hals ist stark und kurz, der Rücken breit und muskulös. Er steigt zur Kruppe hin leicht an.

Fell
Das dichte Fell ist kurz, weich und glänzend. Es kann verschiedene Kombinationen in den Farben Weiß, Schwarz und Dunkelrot haben, und zwar sowohl gestromt als auch gescheckt.

Pflege
Bei diesem kurzen Fell ist keine aufwändige Pflege notwendig.

Charakter und Temperament
Eine Reihe angenehmer Eigenschaften macht die Französische Bulldogge zu einem beliebten Begleithund. Die Tiere sind von sanftem Gemüt, anhänglich und gehorsam, doch keineswegs unangenehm ruhig. Sie sind im Gegenteil recht unternehmungslus-

tig, aufgeweckt und schlau. Fremden gegenüber können sie nicht nur wachsam, sondern auch bissig sein.

Geeignetes Umfeld
Die Französische Bulldogge verträgt sich im Allgemeinen ausgesprochen gut mit Kindern. Mit anderen Hunden pflegt sie dagegen nicht unbedingt ein gleichermaßen freundliches Verhältnis. Man kann den Hund in einer Wohnung halten. Selbstverständlich braucht auch die Französische Bulldogge Auslauf und Beschäftigung.

Geschichte und Geschichten
Die Hunde dieser Rasse sehen fast aus wie kleine Ausgaben der Englischen Bulldogge. Zu den Vorfahren der Französischen Bulldogge sollen englische Zwergbulldoggen und die alte französische Bulldogge gehören.

Galgo Español (Segoviano)
--> auch Windhunde

Größe, Körperbau
Dieser große, schlanke Windhund wird in der Regel bis zu 70 cm groß. Er erreicht ein Gewicht von ungefähr 25 kg. Sein Körper erscheint leicht und gleichzeitig kraftvoll. Er hat einen langen, Spitz zulaufenden Fang. Die vorderen Läufe sind gerade geformt, die hinteren Läufe weisen deutlich gewinkelte Sprunggelenke auf. Insgesamt ist der Galgo Español in seiner äußeren Erscheinung dem Greyhound recht ähnlich.

Fell
Das Fell des Galgo Español kann unterschiedliche Färbungen haben, zum Beispiel kann es ähnlich wie das eines Löwen getönt sein. Es ist kurz, fein und dicht.

Pflege
Bei diesem kurzen Fell hat man mit der Pflege keine Mühe.

Charakter und Temperament
Dem Galgo Español wird nachgesagt, er sei recht stürmisch, insbesondere bei Rennen. Andererseits heißt es auch, er sei folgsam und könne sich überdies geradezu distanziert verhalten. Er ist ein begeisterter Jäger.

Geeignetes Umfeld
Dieser spanische Windhund kommt mit Kindern in der Regel gut aus. Über sein Verhältnis zu anderen Hunden gibt es unterschiedliche Auffassungen. So wird gesagt, er könne bei Rennen durchaus streitlustig sein. Traditionelle Einsatzgebiete für den Galgo Español sind Rennen und Jagden. Die Stadt ist nicht geeignet als Umfeld für diesen schnellen Gesellen.

Geschichte und Geschichten
Der in Spanien beheimatete Galgo Español hat deutliche Ähnlichkeit mit dem Greyhound. Man vermutet daher, dass beide gleiche Vorfahren haben. Teilweise wird auch die Auffassung vertreten, der Greyhound sei mehrfach eingekreuzt worden.

Glen of Imaal Terrier --> Terrier

Golden Retriever
--> auch Retriever

Golden Retriever

Größe, Körperbau
Dieser prächtige Hund wird bis zu 60 cm groß und erreicht ein Gewicht um 30 kg. Er weist einen harmonischen rechteckigen Körperbau auf. Er hat einen breiten Schädel mit kräftigem Fang und deutlichem Stopp. Die Pfoten sind abgerundet.

Fell
Goldfarben ist das Stichwort. Das Fell des Golden Retriever kann goldhellbraun bis goldgelb und cremefarben bis weizengelb getönt sein. Abzeichen sind nicht erwünscht, einzelne weiße Haare können vorhanden sein. Das Fell ist mittellang und kann leicht gewellt oder glatt sein. Es liegt über dichter Unterwolle recht eng an. Längere Haare finden sich auf der Rute, unter dem Bauch, an der Brust sowie an der Rückseite der Vorderbeine.

Pflege
Dieses Haarkleid verlangt Pflege, wenn es schön aussehen soll. Der Aufwand ist nicht allzu groß, aber man sollte einen Golden Retriever unbedingt regelmäßig und gründlich bürsten.

Charakter und Temperament
Der Golden Retriever gilt als sanfter, geduldiger vierbeiniger Kamerad. Er lässt sich gut erziehen und kann ausgesprochen anhänglich sein. Er gilt als eifriger Arbeiter bei der

Gordon-Setter

Greyhound

Jagd, der ganz besonders gerne und gut Wild apportiert.

Geeignetes Umfeld

Der Golden Retriever gehört zu den vielseitig einsetzbaren Hunden. Von Jägerseite hört man gelegentlich Klagen, dieser Hund sei zu stark in Mode gekommen und man werde seiner Veranlagung nicht immer gerecht. Ähnliche Klagen sind auch im Zusammenhang mit anderen Hunderassen zu hören, und sie haben sicher ihre Berechtigung. Ein Hund ist kein Dekorationsstück. Tatsächlich sollte stets bedacht werden, ob man ein Tier artgerecht halten kann. Der Golden Retriever ist sehr gerne beschäftigt und bewegt sich viel. Ein Haus mit möglichst großem Grundstück ist ein gutes Umfeld. Mit Kindern versteht er sich ausgesprochen gut. Auch als Gebrauchshund, zum Beispiel bei Rettungsaufgaben, kann der Golden Retriever sehr wertvolle Dienste leisten.

Geschichte und Geschichten

Es gibt, wie das auch bei anderen Rassen vorkommt, mehrere Vermutungen über die Vorfahren des Golden Retriever. Man nimmt unter anderem an, der russische Schäferhund, der Bloodhound und der Labrador-Setter-Spaniel gehörten zu den Ahnen. Das Heimatland des Golden Retriever ist Großbritannien.

Gordon-Setter

Größe, Körperbau

Die Hunde dieser Rasse haben eine nicht zu übersehende Ähnlichkeit mit dem English Setter. Insgesamt wirken sie aber etwas kräftiger, wenngleich sie sich in Größe und Gewicht nicht sonderlich unterscheiden. Der Gordon-Setter wird bis zu etwa 65 cm hoch und erreicht ein Gewicht von zirka 30 kg.

Fell

Seidiges, langes Fell zeichnet diese Hunde aus. Das Fell ist glatt oder auch leicht gewellt. An den Ohren, an der Brust und an der Rute sind die Haare etwas länger. Der Gordon-Setter hat eine kräftige schwarze Fellfarbe mit mahagonifarbenen Abzeichen. Die Abzeichen sind am Fang, oberhalb der Augen und an den Läufen zu sehen.

Pflege

Wer einen gut gepflegt aussehenden Gordon-Setter haben möchte, muss das Fell des Vierbeiners regelmäßig gründlich kämmen und bürsten.

Charakter und Temperament

Der erhaben wirkende Hund ist mit einer Reihe angenehmer Eigenschaften ausgestattet. Er gilt als liebevoll, einfügsam und anhänglich und dabei nicht als unangenehm unterwürfig.

Geeignetes Umfeld

Als Jagdhund kann dieser Hund bei entsprechender Ausbildung sehr vielseitig eingesetzt werden, insbesondere auch für die Arbeit nach dem Schuss. Hält man ihn als Haushund, sollte ihm sehr großzügiger Auslauf gewährt werden. Wie bei vielen größeren und lauffreudigen Hunden ist ein Haus mit großem Grundstück eine gute Voraussetzung dafür, dass sich der Hund wohl fühlt. Mit Kindern kann er aufgrund seiner Geduld sehr gut auskommen.

Geschichte und Geschichten

Den Namen hat der Gordon-Setter dem Herzog von Gordon zu verdanken. Mit der Zucht begann man in der ersten Hälfte des 19. Jahrhunderts. Die Heimat des Gordon-Setter ist Großbritannien. Man vermutet unter den Vorfahren des auffallend schönen Hundes unter anderem Bloodhounds.

Greyhound
--> auch Windhunde

Größe, Körperbau

Dieser bekannte englische Windhund erreicht eine Größe von etwa 70 bis 76 cm. Er ist dabei mit ungefähr 30 bis 35 kg nicht gerade schwer. Die schlanke und doch kraftvolle Rechteckgestalt weist den typisch hochgezogenen Bauch der Windhunde auf. Der Kopf ist ausgesprochen länglich, der Fang ist kräftig und läuft nach vorn Spitz zu.

Fell

Der Greyhound hat feines, kurzes Fell, das dicht und glänzend ist. Es sind sehr viele verschiedene Farben und Farbkombinationen möglich.

Pflege
Ein solch kurzes, glattes Haarkleid erfordert nicht viel Pflege.

Charakter und Temperament
Beim Rennen legt sich der Greyhound so richtig ins Zeug. Er kann bis zu 70 km/h schnell werden. Zu Hause ist er dagegen vor allem zurückhaltend, ruhig und sensibel. Er braucht sehr viel Liebe. Seine guten Eigenschaften werden durch Wachsamkeit ergänzt.

Geeignetes Umfeld
Wenn man einen solchen Windhund in einer Wohnung halten möchte, muss man ihm schon sehr viel Auslauf und Beschäftigung bieten. Es wird beim Greyhound wie auch bei einigen anderen Rassen teilweise davon abgeraten, ihn überhaupt als Luxushund zu halten. Er braucht ausgesprochen viel Bewegung und Platz, um sich wohl fühlen zu können. Mit Kindern versteht sich der Greyhound nicht in jedem Fall gut. Das hängt damit zusammen, dass dieser elegante Windhund immer dann seine Ruhe haben möchte, wenn ihm danach zumute ist.

Geschichte und Geschichten
Diese Hunde gehören einer Rasse mit sehr langer Tradition an. Schon die auf altägyptischen Darstellungen gezeigten Windhunde weisen große Ähnlichkeit mit heutigen Greyhounds auf. Man geht davon aus, dass der Greyhound schon 600 Jahre vor Christi Geburt auf die Britischen Inseln gebracht wurde. Der Greyhound wurde in früheren Jahrhunderten zur Jagd, insbesondere auf Hirsche, Bären und Wölfe, aber auch auf Kleinwild, eingesetzt. Dabei kam ihm weniger sein Witterungsvermögen als vielmehr sein, wie bei allen Windhunden, ausgesprochen gut ausgebildetes Sehvermögen zugute. Erst später wurde der Greyhound als Rennhund sehr bekannt.

Griffon

Mit diesem französischen Begriff werden verschiedene rauhaarige Jagdhundrassen zusammengefasst. Sie stellen aber nicht etwa alle denselben Typ dar. Vielmehr weisen sie eine Reihe unterschiedlicher Merkmalsausprägungen auf. Nicht unüblich ist es, dass die Bezeichnungen der Griffon-Rassen eine regionale Bezeichnung enthalten. Unter anderem gehören der Griffon à poil dur, der Griffon Bleu de Gascogne de petite taille und der Grand Griffon Vendéen zu den Griffon-Rassen. Die Bezeichnung Griffon geht auf ein Fabelwesen zurück.

Griffon Fauve de Bretagne
--> auch Griffon

Größe, Körperbau
Dieser kraftvolle Hund kann bis zu etwa 55 cm groß werden. Er erreicht ein Gewicht von etwa 25 kg. Der Griffon Fauve de Bretagne hat ein leicht rechteckiges Format und eine mittellange, zugespitzte Rute. Die Ohren hängen herab, die Augen sind dunkel.

Fell
Die Hunde dieser Rasse haben mittellanges, sehr hartes Fell. An den Ohren ist das Fell weicher. Als Farben kommen rotbraune, fahlrote und weizengelbe Tönungen vor. Dabei sind leuchtende Farbtöne besonders beliebt.

Pflege
Will man, dass der Hund gepflegt ist, muss man ihn regelmäßig gut bürsten.

Charakter und Temperament
Der Griffon Fauve de Bretagne ist ein leidenschaftlicher Jagdhund. Er ist sehr munter und temperamentvoll. Der Hund hat überdies einen freundlichen Charakter und ist anhänglich.

Geeignetes Umfeld
Ein solcher Hund wird sich in Jägerhand am wohlsten fühlen. Da kann er sich seiner Veranlagung entsprechend bewegen und nützlich machen, indem er zum Beispiel seinen hervorragenden Geruchssinn einsetzt. Eine Wohnung ist kein geeignetes Umfeld für ihn, da er sich nicht ausreichend bewegen kann. Mit anderen Hunden verträgt er sich recht gut.

Geschichte und Geschichten
Dieser Jagdhund wird gerne in Hasenmeuten eingesetzt. Im Laufe der Geschichte waren Hasen aber nicht das einzige Wild, das vom

Griffon Fauve de Bretagne

Ein kleinerer Vertreter aus der Gruppe der Griffon

Griffon Fauve de Bretagne gejagt worden ist. Auch deutlich größerem Wild sind diese Hunde schon auf der Spur gewesen.

Groenendael --> Belgischer Schäferhund

Grönlandhund

Größe, Körperbau

Diese Hunde erreichen eine Größe von gut 60 cm. Das Gewicht kann 30 kg überschreiten. Der Grönlandhund wirkt mit seinem gut bemuskelten Körper kraftvoll, doch keineswegs zu schwer. Er hat einen breiten Kopf mit einem kräftigen Fang. Der Hals ist ebenfalls kräftig und nicht sehr lang. Der Rücken ist gerade, die Kruppe fällt leicht ab.

Grönlandhund

Fell

Grönlandhunde haben ein dichtes Fell mit kräftigem geraden Deckhaar. Die Unterwolle ist im Gegensatz zum Deckhaar weich. Bezüglich der Farbenvielfalt sind kaum Grenzen gesetzt.

Pflege

Allzu selten sollte das Fell nicht gebürstet werden. Jedoch ist die Pflege insgesamt nicht übermäßig aufwändig.

Charakter und Temperament

Ein Grönlandhund ist gegen vieles gewappnet. Man kann ihn als unabhängigen Naturburschen bezeichnen. Er hat ein impulsives, freundliches Wesen und ist der Jagd nicht abgeneigt.

Geeignetes Umfeld

Als reines Luxustier ist der Grönlandhund sicherlich nicht gerade gut geeignet. Alles in allem handelt es sich beim Grönlandhund um einen typischen Gebrauchshund, der seinem Herrchen oder Frauchen sehr ergeben ist. Er braucht eine Aufgabe, die seinem Naturell entspricht, und er braucht ausgesprochen viel Auslauf. Zu anderen Tieren pflegt er nicht immer ein freundliches Verhältnis. Er wird sich eher etwas unberechenbar verhalten. Mit Kindern dagegen kann er sich gut verstehen.

Geschichte und Geschichten

Der Grönlandhund gehört zu den Schlittenhunden. Er stammt von nordischen Rassen ab und wurde in gemäßigtere europäische Klimazonen eingeführt. Die Vorfahren der heutigen Grönlandhunde waren Schlittenhunde in der Antarktis. Bis in die Gegenwart hinein sind Schlittenhunde bei vielen Aufgaben unverzichtbar.

Großer Münsterländer --> Münsterländer

Großer Schweizer Sennenhund --> auch Sennenhunde

Größe, Körperbau

Wie der Name schon erahnen lässt, sind diese eidgenössischen Tiere nicht klein. Der Große Schweizer Sennenhund kann über 70 cm groß werden. Mit etwa 40 bis 50 kg ist er auch kein Leichtgewicht. Der Große Schweizer Sennenhund hat einen mächtigen, wohl proportionierten Kopf mit kräftigem Fang. Er ist von kräftiger rechteckiger Statur und harmonisch gebaut. Der Rücken ist nicht übermäßig lang, die Kruppe sanft gerundet abfallend. Die starken Läufe enden in rundlichen Pfoten.

Fell

Das Deckhaar ist relativ kurz und hart, die Unterwolle dicht. Zu der typischen Fellzeichnung gehören die schwarze Grundfarbe mit rostbraunen und weißen Abzeichen. Auffällig und einprägsam sind insbesondere die symmetrischen rostfarbenen Abzeichen über den Augen und die gleichfalls symmetrisch verteilten weißen Abzeichen am Kopf, an der Brust und an den Läufen.

Pflege
Die Fellpflege ist nicht übermäßig aufwändig. Aber auch beim Großen Schweizer Sennenhund gilt: Gelegentliches gründliches Bürsten trägt zur Schönheit des Haarkleids bei.

Charakter und Temperament
Dieser große Hund ist ruhig und freundlich. Er hat ein offenes Wesen und ist intelligent. Der Große Schweizer Sennenhund gilt als ausgesprochen verlässlich und sogar als aufopferungsvoll. Wachsam und mutig ist er überdies.

Geeignetes Umfeld
Heute wird der Große Schweizer Sennenhund auch als Begleithund gehalten. Als Familienhund kann er sich anpassen, und zu Kindern kann er ein sehr gutes Verhältnis entwickeln. Man macht diesen Hund allerdings unglücklich, wenn man ihn in seiner Betätigung und Bewegung einzuschränken versucht. Er braucht unbedingt viel Bewegung und auch eine Aufgabe. Von daher sollte man ihm möglichst ein größeres Grundstück bieten.

Geschichte und Geschichten
Die vorrangige Aufgabe dieser schönen Hunde ist lange das Bewachen von schweizerischen Bauernhöfen gewesen. Auch setzte man sie als Zugtiere ein. Sie haben sich außerdem als Hütehunde und in früherer Zeit als Treibhunde verdient gemacht. Als Vorfahren der Großen Schweizer Sennenhunde gelten römische Kampf- und Treibhunde.

Groß-Spitz --> Spitz

Hannoverscher Schweißhund

Größe, Körperbau
Dieser kräftige, massige Jagdhund erreicht eine Größe von etwa 60 cm und ein Gewicht von ungefähr 30 kg oder auch mehr. Er hat einen mittelgroßen Kopf und einen kräftigen, langen Hals mit lockerer Kehlhaut. Die Brust ist tief angesetzt. Die Kruppe fällt schräg ab. Die Vorderläufe des Hannoverschen Schweißhundes sind stärker als seine Hinterläufe. Der Hund ist nicht besonders hochbeinig und hat kräftige, runde Pfoten.

Fell
Das glänzende glatte Haarkleid bei den Hunden dieser Rasse ist vergleichsweise kurz und weich. Das Fell kann verschiedene Tönungen mit Abzeichen haben – unter anderem Graubraun, Rotbraun, Rotgelb und Dunkelgelb. Auch kann es gestromt sein.

Pflege
Die Pflege ist bei diesem vergleichsweise kurzen Fell nicht sehr aufwändig.

Charakter und Temperament
Dieser Jagdhund ist intelligent und lässt sich gut abrichten. Er kann zudem große Anhänglichkeit und Treue zeigen. Bei der Jagd entwickelt er ausgesprochen große Ausdauer.

Geeignetes Umfeld
Viel Bewegung und eine Aufgabe sollte man dem Hannoverschen Schweißhund schon bieten. Insofern ist es gut für ihn, wenn er in Jägerhand kommt. Er fühlt sich in einer Familie wohl, da er sich gut anpassen kann.

Geschichte und Geschichten
Als Vorfahren dieses mittelgroßen Jagdhundes gelten verschiedene Brackenrassen. Bei der Jagd hat sich der Hannoversche Schweißhund als Rehwildjäger sehr bewährt. Wenn er einmal eine Fährte hat, gibt er nicht auf, auch wenn die Verfolgung sehr lange dauert.

Harrier

Größe, Körperbau
Dieser Jagdhund hat eine nicht zu verkennende Ähnlichkeit mit dem Beagle. Er wird aber größer: in der Regel bis etwa 55 cm. Der Körper wirkt insgesamt ein wenig gedrungen, was auch durch die relativ kurzen Läufe und die tiefe Brust mit einer ausgeprägten Rippenwölbung kommt. Der Kopf ist mittelgroß, der Hals recht lang.

Fell
Harrier haben vergleichsweise kurzes und grobes Haar. Es liegt eng am Körper an. Typische Grundfarbe ist Weiß. Hinzu kommen große farbige Flecken, häufig sind sie orange, schwarz und braun.

Hannoverscher Schweißhund

Harrier

Pflege
Die Pflege dieses kurzen, groben Haarkleides ist nicht mit viel Mühe verbunden.

Charakter und Temperament
Der Harrier ist ein begeisterter Jäger. Dabei zeigt er sowohl Durchsetzungsvermögen als auch große Ausdauer. Er ist intelligent und lernfähig.

Geeignetes Umfeld
In einer Meute mit Jagdhunden ist dieser Hund bestens aufgehoben, denn er verträgt sich gut mit seinen Artgenossen. Er wird zur Jagd vor allem im flachen Gelände eingesetzt.

Geschichte und Geschichten
Der Name dieses Hundes ist gewissermaßen Programm. Der Name stammt aus der normannischen Sprache und bedeutet tatsächlich Jagdhund. Die Vorfahren des Harriers wurden nicht nur zur Fuchs- und Hasenjagd, sondern auch zur Jagd auf Hirsche eingesetzt.

Havaneser

Havaneser (Bichon Havanais)
--> auch **Bichon**

Größe, Körperbau
Dieser kleine Mittelmeerhund wird etwa 25 bis 35 cm groß und erreicht ein Gewicht von ungefähr 6 kg. Er ist von eher länglicher Gestalt mit recht kurzen Beinen. Die Kruppe fällt leicht ab. Die tiefe Brust weist breite Rippen auf. Der Havaneser hat einen recht breiten, flachen Oberkopf und einen schmalen Fang.

Fell
Langes, weiches Fell zeichnet den Havaneser aus. Es ist überwiegend glatt, nur an den Spitzen können sich leichte Locken bilden. Eher hellere Farben sind typisch für die Hunde dieser Rasse, zum Beispiel Grau, Goldfarben, Beige, seltener Weiß. Aber auch dunklere Töne wie beispielsweise Braun können manchmal vorkommen. Das Fell ist bei einigen dieser kleinen Hunde auch schon einmal gefleckt.

Pflege
Ein solches Fell macht vergleichsweise viel Arbeit, wenn es gepflegt aussehen soll. Man muss es recht oft kämmen und auch bürsten.

Charakter und Temperament
Klein, aber oho, könnte man über den Havaneser sagen. Er ist sehr munter und spielt gern. Er kann auch ausgesprochen anhänglich und treu sein.

Geeignetes Umfeld
Man braucht diesem Hund kein großes Grundstück zu bieten. Natürlich muss man ihm dennoch genügend Bewegung und Auslauf geben. Grundsätzlich gehört der Havaneser aber zu den Hunderassen, die sich sehr gut als Wohnungshund eignen. Es erweist sich dabei auch als günstig, dass der Havaneser in der Regel nicht übermäßig viel kläfft. Mit anderen Hunden versteht er sich gut, mit Kindern mindestens genauso gut.

Geschichte und Geschichten
Havaneser gehören zur Gruppe der Bichons. Diese Hunde waren schon in der Antike als Schoßhunde beliebt.

Hovawart

Größe, Körperbau
Diese schon im Mittelalter bekannten Hunde können bis zu 70 cm groß werden und ein Gewicht von etwa 40 kg erreichen. Hovawarts haben einen harmonischen, kraftvoll wirkenden Körperbau im eher länglichen Rechteckformat. Der Kopf ist kräftig mit starkem Fang. Der mittellange Hals ist ebenfalls kräftig und geht in einen fest wirkenden Rücken über. Die Vorderläufe sind stark, die Hinterläufe gut bemuskelt. Die Läufe enden in kräftigen Pfoten.

Fell
Der Hovawart hat glattes oder auch leicht gewelltes, nie lockiges, etwas grobes Deckhaar. Die Unterwolle ist wenig dicht. Stärke-

Hovawart

re und längere Behaarung kommt am Hals, an der Rückseite der Läufe und auf der Rute vor. Schwarze und gelbe Haarfärbung ist typisch für den Hovawart.

Pflege
Wer einen gepflegt aussehenden Hovawart haben möchte, muss etwas dafür tun. Man sollte ihn regelmäßig kämmen und täglich bürsten.

Charakter und Temperament
Der Hovawart ist mutig und verlässlich, dabei von ruhigem und geduldigem Wesen. Er zeichnet sich weiter durch Intelligenz und durch Lernfähigkeit aus und kann seinem Herrchen oder Frauchen gegenüber durchaus sehr große Anhänglichkeit entwickeln. Der Hovawart bewahrt sich recht lange Zeit seine jugendliche Verspieltheit.

Geeignetes Umfeld
Ein Haus, vielleicht sogar ein Bauernhaus mit großem Grundstück, ist ein gutes Umfeld für den Hovawart. Viel Bewegung im Freien tut ihm gut, und schlechtes Wetter macht ihm sehr wenig aus. Er ist ein ausgezeichneter Läufer, der auch in unwegsamem Gelände sehr gut zurechtkommt. Es bietet sich bei dieser Rasse – wie auch bei vielen anderen Hunderassen – an, die Fähigkeiten der Tiere zu nutzen. Daher ist es sinnvoll, den Hovawart auf einem großen Grundstück als Wachhund einzusetzen. Erkennt er eine Gefahr, wird er das durch ausdauerndes Bellen vermelden. In seiner ruhigen, geduldigen Art kommt der Hovawart gut mit Kindern und auch mit anderen Hunden zurecht.

Geschichte und Geschichten
Auch bei diesem Hund sagt der Name etwas über seine Fähigkeiten aus. Die Bezeichnung Hovawart geht auf mittelalterliche Ausdrücke für wachsame Hofhunde, unter anderem auf den Ausdruck Hofwarth, zurück. Die Vorfahren des heutigen Hovawarts wurden aber nicht nur als Wachhunde, sondern auch als Hütehunde eingesetzt.

Irish Setter (Irischer Setter)

Größe, Körperbau
Dieser elegante Jagdhund wird in der Regel bis zu etwas über 60 cm groß. Sein Gewicht liegt bei ungefähr 20 bis 25 kg. Irish Setter haben im Vergleich zu den anderen Settern einen etwas schlankeren und wendiger wirkenden Körperbau. Dieser tendenzielle Unterschied zeigt sich auch in der leicht schmalen Brust.

Fell
Lang, seidig und glatt ist das Haarkleid des Irish Setter. Längere Fransen finden sich an der Rückseite der Läufe, an der Rute, an der Kehle und an der Brust. Mahagonibraun ist die Fellfarbe dieser schönen Tiere.

Pflege
Schönes Haar braucht Pflege. Das gilt auch für das Fell des Irish Setters. Dennoch erfordert die Fellpflege bei dieser Rasse nicht allzu viel Mühe. Regelmäßiges Kämmen und Bürsten in üblichem Umfang ist ausreichend, um ein schönes Ergebnis zu erzielen.

Charakter und Temperament
Dieser Hund hat Temperament. Es wird ihm gelegentlich eine gewisse Unbändigkeit nachgesagt. Dennoch lässt sich der Irish Setter durchaus abrichten. Mit einer geduldigen Ausbildung kann man aus ihm einen Jagdhund mit ganz hervorragenden Gebrauchseigenschaften machen. Doch Temperament und ein energisches Wesen sind nicht die einzigen Eigenschaften, die diesen Setter auszeichnen. Er ist zudem sehr anhänglich und treu.

Geeignetes Umfeld
Bei der Jagd setzt man einen Irish Setter im Feld und im Wasser ein. Wenn man ihn als Haushund halten möchte, geht man die Verpflichtung ein, ihm sehr viel Auslauf zu bieten. Sonst wird man dem Wesen des Irish Setters nicht gerecht. Mit Kindern kommt dieser wendige, schlanke Hund in der Regel sehr gut zurecht. Man sagt den Hunden dieser Rasse gelegentlich nach, sie könnten gegenüber Fremden und manchmal auch gegenüber anderen Hunden zu einem nicht immer vorhersehbaren und eher launenhaften Verhalten neigen.

Geschichte und Geschichten
Der Irish Setter ist, wie der Name schon andeutet, mit dem Englischen Setter und dem Gordon-Setter verwandt. Unter den gemeinsamen Vorfahren sollen der Springer-Spaniel und der Pointer gewesen sein.

Irish Setter

Irish Terrier --> auch Terrier

Größe, Körperbau

Die Hunde dieser Rasse werden etwa 45 cm groß und wiegen ungefähr 11 kg. Sie wirken insgesamt schlank, aber nicht ausgesprochen leicht. Der Kopf ist von langer Form, der Hals mittellang, der Rücken ist gerade und kräftig. Die Läufe enden in runden Pfoten mit kräftigen Ballen.

Fell

Drahtig und hart und dabei nicht ausgesprochen kurz ist das Deckhaar des Irish Terrier, eher weich und kurz ist dagegen die Unterwolle. Typisch für diese Rasse sind verschiedene rotbraune, rotgelbe oder gelbliche einfarbige Töne.

Pflege

Bei der Fellpflege wird nicht nur regelmäßiges Kämmen und Bürsten, sondern auch Trimmen empfohlen.

Charakter und Temperament

Der Irish Terrier hat ein selbstbewusstes, stolzes Gemüt. Wer das erkennt und sich entsprechend verhält, ihm also mit Respekt und Liebe begegnet, kann sich einen sehr ergebenen vierbeinigen Freund schaffen. Diese Terrier zeichnen sich außerdem durch großen Mut und Verwegenheit und nicht zuletzt durch ihre aufmerksame Art und Wachsamkeit aus.

Geeignetes Umfeld

Wer diesen Jagdhund als Haushund halten will, muss ihm sehr viel Auslauf als Ausgleich bieten. Den Bedarf an Bewegung sollte man nicht unterschätzen. Daher bietet es sich auch an, ihn eher in einem Haus mit Grundstück zu halten als in einer kleinen Wohnung. Im Umgang mit anderen Hunden gilt der Irish Terrier nicht immer als ausgesprochen freundlich. Mit Kindern soll er sich dagegen ganz besonders gut verstehen.

Geschichte und Geschichten

Eine Reihe von Geschichten und Mythen rankt sich um diese alte irische Rasse. Über die Herkunft gibt es unterschiedliche Auffassungen. Unter anderem wird vermutet, dass der Irish Wolfhound unter den Vorfahren gewesen sein könnte.

Irish Terrier

Irish Water Spaniel --> Spaniel

Irish Wolfhound (Irischer Wolfshund)

Irish Wolfhound

Größe, Körperbau

Wer einmal einen solchen Hund gesehen hat, der vergisst ihn nicht so schnell, denn der Irish Wolfhound ist ungewöhnlich groß. Die Exemplare dieser Rasse können weit über 80 cm groß werden. Der Kopf ist lang, der Schädel nicht breit. Insgesamt wirkt der Körper kräftig, ohne massig zu sein. Die nicht übermäßig großen Pfoten haben eine runde Form und starke Krallen.

Fell

Das Fell dieser vierbeinigen Riesen ist hart und rau. Besonders lang wächst es über den Augen und unter dem Kinn. Typische Farbtöne sind unter anderem Grau, Rot, Rehbraun, Weiß und Schwarz.

Pflege

Besonders anspruchsvoll ist das Fell in der Pflege nicht. Man muss den Hund regelmäßig bürsten. Aber auch einfaches Bürsten nimmt bei einem Tier dieser Größe mehr

Zeit in Anspruch als bei einem kleinen Hund.

Charakter und Temperament
Der Irish Wolfhound ist sanft und ruhig. So schnell bringt ihn nichts aus der Fassung. Dennoch ist er keinesfalls unaufmerksam, sondern im Gegenteil sehr wachsam. Zudem ist er außerordentlich mutig.

Geeignetes Umfeld
Dass eine kleine Wohnung nicht der geeignete Ort ist, an dem man einen solchen Hund halten kann, steht außer Zweifel. Für den Irish Wolfhound ist es ausgesprochen wichtig, dass er sich ungestört bewegen kann und viel Auslauf bekommt. Mit Kindern versteht er sich in der Regel sehr gut. Man kann ihn als Familienhund halten. Es wird ihm aber gelegentlich nachgesagt, dass er eine besonders enge Bindung bevorzugt zu einem Menschen aufbaut.

Geschichte und Geschichten
In früheren Jahrhunderten soll der Irish Wolfhound dem Menschen ein wichtiger Helfer bei der Wolfsjagd gewesen sein. Diese großen Hunde gehören zur Gruppe der Windhunde. Die Verwandtschaft wird deutlich, wenn man einmal den Irish Wolfhound und den Deerhound nebeneinander betrachtet.

Italienisches Windspiel
--> auch Windhunde

Größe, Körperbau
Diese südliche Windhundrasse wird bis zu 38 cm groß. Die graziösen Tiere sind ausgesprochen leicht. Sie wiegen normalerweise bis zu 3,5 kg. Alles in allem wirkt das Italienische Windspiel wie eine Miniaturausgabe des Greyhound. Ganz typisch sind unter anderem die langen, dünnen Gliedmaßen und der eingezogene Bauch.

Fell
Fein, kurz und eng anliegend ist das Fell dieses schnellen kleinen Hundes. Ganz typisch sind graue, schwarze, beige und weiße Farbtönungen.

Pflege
Kurzes, glattes Haar wie dieses macht wenig Mühe.

Charakter und Temperament
Das Italienische Windspiel hat ein freundliches, empfindsames und lebhaftes Wesen. Die Tiere lassen sich gut erziehen und fügen sich ein.

Geeignetes Umfeld
Wenn man den kleinen Windhund als Haushund hält, ist es keine Frage, dass man ihm sehr viel Auslauf bieten muss. Aufgrund seiner geringen Größe eignet er sich auch als Wohnungshund. Geht man liebevoll und gelassen mit ihm um, dann wird man Freude an ihm haben. Mit Kindern und auch mit seinen eigenen Artgenossen entwickelt das Italienische Windspiel in der Regel einen unkomplizierten Umgang.

Geschichte und Geschichten
Bereits im alten Ägypten soll es solche Hunde gegeben haben, darauf deuten Ausgrabungen hin. Im Rokoko sollen die Vorfahren des heutigen Italienischen Windspiels zur Hasenjagd verwendet worden sein. Auch wurden größere Tiere zur Falkenjagd eingesetzt.

Jack-Russel-Terrier
--> auch Terrier

Größe, Körperbau
Der Jack-Russel-Terrier kann bis zu knapp unter 40 cm groß werden. Kurzbeinige Tiere bleiben in der Regel kleiner als 30 cm. Das Gewicht variiert. 8 kg kann als ein Richtwert betrachtet werden.

Fell
Die Jack-Russel-Terrier haben eine ganz charakteristische Fellzeichnung. Auf weißer Grundfarbe sind schwarze, gelbe oder lohfarbene Abzeichen zu sehen. Das Fell kann glatt und kurz, oder etwas länger und rau sein.

Pflege
Das kurze Glatthaar ist ausgesprochen unkompliziert in der Pflege, das Rauhaar dagegen schon aufwändiger. Bei rauhaarigen Tieren wird teilweise nicht nur Bürsten, sondern auch Trimmen empfohlen.

Charakter und Temperament
Intelligent und temperamentvoll sind diese kleinen Jäger. Sie haben ein selbstbewuss-

Jack-Russel-Terrier

tes, fröhliches Wesen und sind oft sehr verspielt. Zudem zeichnen sie sich durch Aufmerksamkeit, Wachsamkeit und Mut aus.

Geeignetes Umfeld
Obwohl der Hund recht klein ist, darf man seinen Bewegungsdrang nicht unterschätzen. Ein Jack-Russel-Terrier braucht sehr viel Auslauf. Mit Kindern versteht er sich sehr gut, und mit anderen Hunden gibt es in der Regel auch keine Probleme.

Geschichte und Geschichten
Diese Terrier sind eng mit den Foxterriern verwandt. Drahthaarterrier sollen ihre Vorfahren gewesen sein. Den Namen haben diese Hunde von dem britischen Geistlichen Jack Russel, der im 19. Jahrhundert eine Jagdhundzucht begonnen hat.

Japan Chin

Japan Chin (Tchin)

Größe, Körperbau
Die Vertreter dieser alten asiatischen Hunderasse sind ausgesprochen klein. Sie erreichen eine Größe von etwa 20 bis 25 cm. Ein Japan Chin wiegt auch nur wenig: Das Gewicht liegt bei ungefähr 3 kg. Der gedrungene, doch graziöse Körper hat eine eher rechteckige Gestalt. Der Kopf ist im Verhältnis recht groß und weist einen ausgesprochen kurzen Fang auf. Hals und gerader Rücken sind nicht lang. Die Läufe sind von eher zarter Konstitution.

Fell
Üppiges, seidiges Fell ist ein ganz typisches Merkmal des Japan Chin. Das Fell steht ein wenig ab. Besonders auffällig ist die Haarfülle am Hals. Typischerweise ist das Fell weiß mit schwarzer oder auch roter bis rötlichgelber Zeichnung. Die vordere Schnauzenpartie soll stets weiß sein.

Pflege
Das seidige Fell muss regelmäßig gepflegt werden.

Charakter und Temperament
Dieser kleine Hund ist mit einem munteren, freundlichen und aufgeweckten Wesen ausgestattet. Er spielt gern und ist sehr anhänglich. Man sollte ihn aber nicht nur für einen verspielten Gesellen halten. Er ist nämlich auch wachsam.

Geeignetes Umfeld
Einen Japan Chin kann man gut in einer Wohnung halten. Dort kann er sehr glücklich werden, wenn man sich mit ihm ausreichend beschäftigt und er auch genügend Auslauf hat. Mit Kindern und mit anderen Hunden versteht er sich normalerweise sehr gut.

Geschichte und Geschichten
Bei dieser asiatischen Hunderasse gehen die Meinungen über die Frage, ob die Vorfahren ursprünglich aus Japan oder aus China stammen, auseinander. Der Japan Chin gilt heute als japanischer Hund. Als Schoßhund war er schon sehr früh beliebt. Daher kommt auch ein alter Name des Japan Chin: Man hat ihn Ärmelhündchen genannt, weil er von Damen mit weiten Kleidern auf dem Arm getragen wurde.

Karelischer Bärenhund

Karelischer Bärenhund (Karjalankarhukoira)

Größe, Körperbau
Der Karelische Bärenhund wird in der Regel bis zu 60 cm groß und erreicht ein Gewicht von etwa 25 bis 28 kg. Er hat einen kräftigen Rumpf, einen nicht allzu langen, muskulösen und gewölbten Hals und einen leicht länglichen Kopf mit sich verjüngendem Fang. Die Gliedmaßen sind im Verhältnis zur Körperlänge nicht übermäßig lang.

Fell
Diese nordischen Hunde haben gerades, steifes Deckhaar. Die Unterwolle ist dagegen weich. An der Kehle, auf der Brust, im Nacken und auch an den Schenkelrückseiten sowie teilweise auf dem Rücken ist das Deckhaar etwas länger. Die typische Fellfärbung ist ein nicht zu tiefes Schwarz mit weißen Abzeichen. Der Karelische Bärenhund hat spitze Zähne und einen starken Kiefer.

Pflege
Wer einen gut gepflegt aussehenden Karelischen Bärenhund haben möchte, muss das Fell regelmäßig bürsten.

Charakter und Temperament
Ungestüme Lebhaftigkeit ist ein Wesensmerkmal dieses Hundes. Er ist nicht gerade

zurückhaltend, und er lässt sich nichts gefallen. Der Karelische Bärenhund jagt auch ausgesprochen gern. All diese Eigenschaften halten ihn aber nicht davon ab, Gehorsam zu entwickeln. Seinem Herrchen oder Frauchen gegenüber ist er sehr loyal und anhänglich.

Geeignetes Umfeld
Ein Begleithund für die Stadt ist dieser nordische Hund nicht. Er braucht sehr viel Auslauf und eine Aufgabe. Man kann ihn als Wachhund einsetzen und sich so sein mutiges Wesen zunutze machen. Er kann Haus und Hof besonders gut verteidigen.

Geschichte und Geschichten
Traditionell hat aber für diesen Hund eine andere Aufgabe im Mittelpunkt gestanden: Er ist ein Jagdhund. In sein Aufgabengebiet fällt die Jagd von Bären, Elchen, Hirschen, Luchsen und anderen Tieren. Über die Herkunft des Karelischen Bärenhundes gibt es mehrere Auffassungen. Eine Theorie sagt, dass er vom arktischen Wolf abstammt.

Kerry-Blue-Terrier --> auch Terrier

Größe, Körperbau
Dieser Terrier gehört nicht zu den Kleinsten. Er wird ungefähr 45 bis knapp 50 cm groß und erreicht ein Gewicht von etwa 16 kg. Er wirkt robust und kompakt, jedoch keineswegs zu schwer. Der lange, kräftige Kopf hat einen eckigen Fang. Der starke, lange Hals geht in einen geraden, eher kurzen Rücken über. Die Brust ist tief. Die Vorderläufe sind ausgesprochen gerade, die Hinterläufe stark gewinkelt.

Fell
Blau in allen Schattierungen ist typisch für den Kerry-Blue-Terrier. Er hat eine üppige, seidigweiche und gewellte Haartracht.

Pflege
Soll dieser Terrier rassetypisch aussehen, muss man ihm das Fell in spezifischer Manier kürzen. Auch die sonstige Pflege ist mit etwas Aufwand verbunden. Regelmäßiges Kämmen und Bürsten gehört dazu.

Charakter und Temperament
Dem Kerry-Blue-Terrier wird eine gewisse Schärfe nachgesagt. Doch ist dies längst

Kerry-Blue-Terrier

nicht die einzige Eigenschaft, die ihn auszeichnet. Er ist intelligent, munter und mutig. Außerdem kann er auch sehr anhänglich sein.

Geeignetes Umfeld
Eine liebevolle, konsequente Erziehung ist bei diesem Hund ganz besonders wichtig. Wer ihn geduldig und fair behandelt, wird durch sehr angenehmes Verhalten des Vierbeiners belohnt. Der Kerry-Blue-Terrier kann sich sehr gut mit Kindern verstehen. Das Verhältnis zu anderen Hunden ist möglicherweise schon einmal etwas gespannt. Aber auch hier lässt sich nicht für jeden einzelnen Hund eine genaue Vorhersage treffen. Wo man diesen Terrier auch halten möchte: Man sollte stets bedenken, dass er sehr viel Auslauf braucht, um sich wohl zu fühlen.

Geschichte und Geschichten
Über die Herkunft dieser Terrier gibt es mehrere Vermutungen. Einer Geschichte zufolge sollen Vorfahren dieser Hunde schwimmend nach einem Schiffbruch an die irische Küste gelangt sein. Verwandtschaft wird unter anderem mit dem Dandie-Dinmont-Terrier und dem Bedlington-Terrier vermutet.

King-Charles-Spaniel

King-Charles-Spaniel --> auch Spaniel

Größe, Körperbau
Dieser kleine Spaniel ist, wie die beiden Namen unschwer erahnen lassen, dem Cavalier-King-Charles-Spaniel sehr ähnlich. Der King-Charles-Spaniel ist von den beiden derjenige, der insgesamt ein wenig robuster wirkt.

Fell
Wie auch beim Cavalier-King-Charles-Spaniel gibt es mehrere typische Farben oder Farb-

Komondor

kombinationen, nach denen sich einzelne Schläge unterscheiden lassen. Einfarbiges Rotbraun sowie ein warmer Weißton mit verschiedenen farbigen Abzeichen kommen vor. Das recht lange, dichte Fell ist seidig und leicht gewellt.

Pflege

Einmal am Tag muss man das Fell schon bürsten, wenn es stets schön gepflegt aussehen soll. Zusätzlich ist es empfehlenswert, das Haarkleid regelmäßig und gründlich zu kämmen.

Charakter und Temperament

Mit einem King-Charles-Spaniel holt man sich sicher keinen Ärger ins Haus. Er ist ein sehr umgänglicher Hund, lieb, sanft und anhänglich. Aber langweilig ist er keinesfalls. Er kann sehr verspielt sein.

Geeignetes Umfeld

Der King-Charles-Spaniel gehört zu den Jagdhunden, erfreut sich aber auch als Haushund großer Beliebtheit. Aufgrund seiner vergleichsweise geringen Körpergröße kann man ihn auch in einer Stadtwohnung halten. Es ist aber eine Selbstverständlichkeit, dass er genügend Bewegung und Auslauf bekommt. Ein Hund, der eingeengt und zum Nichtstun verurteilt wird, kann nicht zufrieden sein und wird seiner Umwelt auch keine Freude machen. Mit anderen Hunden pflegt der King-Charles-Spaniel in der Regel einen äußerst freundlichen Umgang, und auch mit Kindern versteht er sich sehr gut.

Geschichte und Geschichten

Der King-Charles-Spaniel gehört zur Gruppe der Toy-Spaniels. Wie auch sein enger Verwandter, der Cavalier-King-Charles-Spaniel, wurde er am Hofe gehalten und zur Niederjagd eingesetzt.

Kleiner Münsterländer --> Münsterländer

Kleinspitz --> Spitz

Komondor

Größe, Körperbau

Dieser auffällige ungarische Vierbeiner ist kein kleiner Hund: Er kann etwa 80 cm groß und ungefähr 50 kg schwer werden. Er hat einen mittelgroßen Kopf mit einem eher breiten Fang. Der Hals ist mittellang und geht in einen vergleichsweise kurzen Rücken über. Der Komondor hat starke Gliedmaßen, die in großen, kräftigen Pfoten enden.

Fell

Wer einmal bewusst einen Komondor angeschaut hat, wird sich diesen Anblick merken. Der Komondor hat ein ganz charakteristisches Fell. Es ist ausgesprochen lang und sehr stark verzottelt und verfilzt. Bis sich das Fell voll entwickelt hat, ist der Hund drei bis vier Jahre alt. Weiß ist die Farbe des Komondors, allerdings häufig kein ganz helles Reinweiß, sondern eher ein etwas wärmer schimmernder Ton.

Pflege

Dieses Zottelhaar wird weder durchgekämmt noch durchgebürstet. Man muss es nur ab und zu einmal grob reinigen und ein wenig auflockern. Bei der Pflege gibt es verschiedene Methoden. Zum Beispiel wird empfohlen, das Fell mit einem Holzstäbchen aufzulockern.

Charakter und Temperament

Mit dem Komondor ist nicht unbedingt zu spaßen. Wachsamkeit ist eine sehr dominierende Eigenschaft von ihm. Er ist meist recht distanziert. Der Komondor ist ein Hund, der seine Unabhängigkeit behält. Er wird sich ungerechte Behandlung nicht einfach gefallen lassen. Bei fairer Behandlung aber kann er seinem Herrchen oder Frauchen gegenüber ausgesprochen anhänglich sein.

Geeignetes Umfeld

Wer einen Familienhund zum Kuscheln und Herumtollen in der Wohnung sucht, wird mit einem anderen Hund in der Regel besser zurechtkommen. Das gilt insbesondere, wenn sehr muntere Kinder im Haushalt sind, denn man sagt dem Komondor keine sehr große Kinderfreundlichkeit nach. Diesem großen Hund geht es gut, wenn er eine Aufgabe hat. Als Wachhund eignet er sich ausgesprochen gut. Große Bewegungsfreiheit ist für einen Komondor ebenfalls eine ganz wichtige Voraussetzung für Zufriedenheit. Daher bietet es sich an, ihn nur zu halten, wenn man ihm Auslauf im Haus und auf einem größeren Grundstück bieten kann.

Geschichte und Geschichten

Dieser ungarische Hirtenhund wird, insbesondere in seiner Heimat, bis in die heutige Zeit in seiner ursprünglichen Funktion eingesetzt. Die Rasse wurde in den zwanziger Jahren des letzten Jahrhunderts offiziell vorgestellt und dann auch in anderen Ländern bekannt. Aber man hatte schon viel früher von den Vorfahren des heutigen Komondors gehört. Bereits in der ersten Hälfte des 15. Jh. wurden solche Hunde in einer Schrift erwähnt.

Kromfohrländer

Größe, Körperbau

Dieser beliebte Hund erreicht eine Größe von bis zu etwa 46 cm. Er hat einen harmonischen Körperbau mit geradem, kräftigen Rücken. Der Fang verjüngt sich nach vorn ein wenig, läuft jedoch nicht Spitz zu. Die Läufe sind im Verhältnis zum Körper sehr schlank und enden in rundlichen Pfoten.

Fell

Kurzes, gerades und raues Fell ist dem Kromfohrländer eigen. Es ist an der Brust und am Fang etwas länger. Am Kopf ist das Fell weiß mit verschieden getönten braunen Flecken; dieselben Farben wiederholen sich am Körper. Typisch ist eine Teilung der dunklen Fellflecke durch einen weißen Streifen.

Pflege

Dieses Haarkleid erfordert keine besonders aufwändige Pflege. Wer einen rassetypisch aussehenden Kromfohrländer haben möchte, verzichtet auf das Trimmen.

Charakter und Temperament

Der Kromfohrländer weist eine Reihe von Eigenschaften auf, die ihn zu einem sehr angenehmen vierbeinigen Kameraden machen. Er ist temperamentvoll, aktiv und aufmerksam. Zugleich liegt Ausgeglichenheit in seinem Wesen. Intelligent und wachsam schützt er sein Umfeld.

Geeignetes Umfeld

Genügend Bewegung ist auch beim Kromfohrländer das Zauberwort – und genügend Beschäftigung ebenso. Bietet man ihm beides, dann kann man ihn in einer Wohnung halten. Als Familienhund ist er gut geeignet.

Geschichte und Geschichten

Der Kromfohrländer gilt als die zweitjüngste deutsche Hunderasse. Die Rasse wurde in den fünfziger Jahren des letzten Jahreshunderts im Siegerland begründet. Der Name geht auf die Flurbezeichnung „krom Fohr“, hochdeutsch „krumme Furche“, zurück. Unmittelbare Vorfahren der Kromfohrländer sind ein weiblicher Foxterrier und ein männlicher Griffon.

Kuvasz

Größe, Körperbau

Dieser ungarische Hirtenhund wird bis zu ungefähr 75 cm groß und kann über 50 kg wiegen. Er hat einen harmonischen Körperbau, der kraftvoll bis wuchtig und doch nicht unelegant wirkt. Der Schädel hat eine längliche Form, der Fang läuft leicht nach vorn zu, ohne jedoch Spitz zu werden. Der Kuvasz hat muskulöse Gliedmaßen.

Fell

Weiß bis elfenbeinfarben soll dieser Hund sein. Das Fell ist mittellang und sehr üppig. Es ist glatt oder auch gewellt und fühlt sich etwas grob und rau an. An den Pfoten, am Kopf und an den Ohren ist es kürzer.

Pflege

Besonders viel Arbeit hat man mit dem Fell dieses großen Vierbeiners während des Haarwechsels. In der übrigen Zeit muss man jedoch nicht täglich zur Bürste greifen.

Charakter und Temperament

Der Kuvasz passt auf. Er zeigt nur ganz selten Angst. Fremden gegenüber verhält er

Kromfohrländer

Kuvasz

sich häufig zurückhaltend bis skeptisch. Er ist zudem munter, intelligent und anpassungsfähig.

Geeignetes Umfeld
Man kann die Anpassungsfähigkeit dieses großen Hundes nutzen und ihn als Begleithund statt als Hirtenhund halten. Aber ein Wohnungs- und Stadthund ist er nicht. Ein geräumiges Haus mit großem Garten oder ein Bauernhof – das ist ein Umfeld, in dem sich der Kuvasz wohl fühlen kann. Dort kann er sich gut als Wachhund betätigen. Viel Auslauf und viel Bewegung sind unerlässliche Bedingungen dafür, dass es ihm gut geht. Mit Kindern versteht er sich in der Regel gut, und mit anderen Hunden gibt es normalerweise auch keine Probleme.

Geschichte und Geschichten
Diese Rasse hat eine lange Tradition. Allerdings ist man sich nicht ganz einig, wie die Vorgeschichte des Kuvasz genau ausgesehen hat. Einer Meinung zufolge wurden die Vorfahren des heutigen Kuvasz im 15. Jh. als Jagdhunde gezüchtet. Andere gehen davon aus, dass er schon früh als Wachhund in ungarischen Gefilden eingesetzt wurde. Man nimmt an, dass die Urahnen des Kuvasz aus dem Orient stammen.

Labrador-Retriever

Labrador-Retriever
--> auch Retriever

Größe, Körperbau
Der Labrador-Retriever kann bis zu gut 60 cm groß werden und ein Gewicht von ungefähr 30 bis 35 kg erreichen. Er ist insgesamt kräftig, muskulös und harmonisch gebaut. Der Kopf ist von rechteckiger Gestalt, relativ breit und hat einen langen, kräftigen Fang. Der Hals ist ebenfalls kräftig. Der Labrador-Retriever hat starke Gliedmaßen und kompakte, runde Pfoten.

Fell
Dicht, glatt, kurz und etwas hart ist das Haarkleid der Hunde dieser Rasse. Das Fell schützt den Hundekörper vor Wasser. Ein Labrador-Retriever hat üblicherweise einfarbiges Fell. Schwarz und helle Brauntöne sind sehr verbreitet.

Pflege
Wer sich gerne vor dem Bürsten drückt, hat beim Labrador-Retriever Glück: Diesen Hund braucht man nicht jeden Tag zu bürsten. Ganz ohne Fellpflege kommt er allerdings auch nicht aus.

Charakter und Temperament
Zusammenarbeit und Zusammenleben mit diesem Hund sind für den Menschen angenehm. Der Labrador-Retriever ist ausgesprochen intelligent und reaktionsschnell. Er ist sehr fleißig und fügsam. Er zeichnet sich weiter durch große Anhänglichkeit aus.

Geeignetes Umfeld
Bei der Jagd wird dieser Hund vorwiegend zum Apportieren eingesetzt. Wer sich diesen Jagdhund aber als Begleithund hält, muss ihm viel Gelegenheit zu Beschäftigung und Bewegung geben. Der Labrador-Retriever ist weder ein Stubenhocker noch ein Langweiler. Mit Kindern versteht er sich in der Regel ausgesprochen gut, und auch zu anderen Hunden hat er meist ein sehr gutes Verhältnis.

Geschichte und Geschichten
Ein recht naher Verwandter des Labrador-Retriever ist der Neufundländer. Neufundland ist auch die frühere Heimat des Labrador-Retriever. Die Rasse wurde dann schon Anfang des 20. Jahrhunderts in England anerkannt. Bei der Jagd kann man den Labrador-Retriever vielseitig einsetzen. Besonders gut eignet er sich zum Apportieren von Wild aus Gewässern.

Lakenois
--> Belgischer Schäferhund

Lakeland-Terrier
--> auch Terrier

Größe, Körperbau
Dieser Terrier wird bis zu etwa 37 cm groß. Dabei ist er mit einem Gewicht bis zu 8 kg noch ein Leichtgewicht. Ein Lakeland-Terrier wirkt insgesamt dynamisch und ist meist schmal gebaut. Er weist einen nicht zu langen Kopf mit ausgeprägtem Fang auf. Der Hals ist lang, der Rücken kurz und gerade. Die Gliedmaßen sind solide gebaut und gerade.

Fell
Die Unterwolle ist dicht und weich, das Deckhaar dicht und hart. Es kommt eine Reihe verschiedener Farben und Farbkombinationen vor. Eine der ausgesprochen typischen Kombinationen ist Lohfarben mit Schwarz.

Pflege
Regelmäßiges Bürsten trägt zur Schönheit des Haarkleids bei. Wer das Fell des Lakeland-Terrier in rassetypischer Manier trimmen lassen will, macht das in der Regel zweimal jährlich.

Charakter und Temperament
Der Lakeland-Terrier steht in dem Ruf, ein ausgesprochen scharfer Hund zu sein. Aber Schärfe ist nicht sein einziges Wesensmerkmal. Er kann sehr verspielt und vergnügt und außerdem sehr gehorsam und auch besonders anhänglich sein.

Geeignetes Umfeld
Vom Jagdhund zum Haushund, das ist die Entwicklung des Lakeland-Terriers. Aber ein Schoßhund ist er durchaus nicht geworden. Im Gegenteil, er muss besonders viel Bewegung haben. Darüber sollte man sich klar sein, wenn man ihn anschafft. Mit anderen Hunden verträgt er sich in der Regel recht gut. Sein Verhältnis zu Kindern gilt als unproblematisch.

Geschichte und Geschichten
Als Fuchsjäger haben sich Lakeland-Terrier im Seengebiet einen Namen gemacht. Sie verfolgten Füchse in Gesteinsspalten. Bei der Verfolgung half ihnen ihr schmaler Körperbau, durch enge Durchlässe zu schlüpfen. Als nahe Verwandte der Lakeland-Terrier gelten der Border-Terrier und der Bedlington-Terrier, nicht aber der Welsh-Terrier – trotz des recht ähnlichen Aussehens.

Leonberger

Größe, Körperbau
Eine unbestreitbar imposante Erscheinung ist dieser Hund. Der Leonberger wird bis zirka 80 cm groß und kann gut 60 kg wiegen. Sein Kopf ist dem eines Bernhardiners nicht unähnlich, aber deutlich schmaler und weitaus weniger hoch. Der Hals ist leicht gewölbt, der Rücken mäßig lang. Die starken Gliedmaßen enden in runden, geschlossenen Pfoten. Häufig sind die Zehen durch Schwimmhäute verbunden.

Fell
Diese Hunde haben dichtes, recht langes Deckhaar, das in der Regel anliegt, aber auch ein wenig abstehen kann. Die Unterwolle ist ebenfalls dicht. Eine typische und besonders beliebte Farbkombination des Leonbergers ist Gelblichbraun bis Rötlichbraun mit einer schwarzen Maske. Aber auch andere Farbtönungen kommen häufig vor. Die Haarspitzen können bei den verschiedenen Grundtönungen dunkel bis schwarz sein.

Pflege
Wer regelmäßig zur Bürste greift, unterstützt die Schönheit dieses Haarkleids.

Charakter und Temperament
Der Leonberger ist ein zuverlässiger, gutmütiger Hund. Er zeichnet sich durch Intelligenz, Lernfähigkeit und ein ruhiges Wesen aus. „Seiner" Familie gegenüber ist er sehr freundlich und anhänglich; er gibt sich als Beschützer. Fremden gegenüber zeigt er sich reserviert.

Geeignetes Umfeld
Als Gebrauchshund gibt es viele Einsatzmöglichkeiten für den Leonberger, zum Beispiel als Rettungshund. Wenn man ihn als Haushund halten möchte, sollte man ihm viel Platz bieten. Er ist zwar kein ausgesprochener Läufer oder Renner, doch braucht auch er regelmäßige lange Spaziergänge – und schon aufgrund seiner Größe viel Platz. Man sagt dem Leonberger Kinderfreundlichkeit nach.

Geschichte und Geschichten
Diese Rasse wurde im 19. Jahrhundert im süddeutschen Leonberg begründet. Unter den Vorfahren des Leonberger sind der Bernhardiner und der Landser, der sehr eng mit dem Neufundländer verwandt ist.

Lhasa Apso

Größe, Körperbau
Dieser kleine Vierbeiner wird in der Regel nicht größer als etwa 25 cm. Er wiegt unge-

Lakeland-Terrier

Leonberger

Lhasa Apso

Lundehund

fähr 5 bis 7 kg. Sein Körper hat eine längliche Gestalt. Der Hals ist kräftig und nicht zu kurz. Der Kopf hat eine sehr schlanke Form, der Fang ist von mittlerer Länge. Die Pfoten sind deutlich rund geformt.

Fell
Üppiges, recht langes Fell ist dem Lhasa Apso eigen. Die Haare sind aber nicht weich, sondern hart und gerade. Es gibt mehr als nur eine typische Fellfärbung. Recht häufig kommen vor allem löwen- und goldfarbene Tiere vor, aber auch grau getönte. Das Fell kann auch zweifarbig sein.

Pflege
Soll der Lhasa Apso gepflegt aussehen, dann heißt es, oft und gründlich zu Kamm und Bürste zu greifen.

Charakter und Temperament
Anhänglichkeit zeichnet diesen Hund aus. Sie verbindet sich mit einer ruhigen, selbstbewussten Art. Zudem ist der Lhasa Apso wachsam.

Geeignetes Umfeld
Seine ruhige Art und seine geringe Größe machen den asiatischen Vierbeiner zu einem idealen Wohnungshund, der natürlich auch seinen Auslauf und seine Bewegung braucht. Man sagt ihm ein gutes Verhältnis zu anderen Hunden und Kindern nach.

Geschichte und Geschichten
Diese tibetanische Rasse ist gut 800 Jahre alt. Ob der Lhasa Apso mit dem ähnlich aussehenden Shih tzu verwandt ist, ist umstritten. Als Vorfahren des Lhasa Apso gelten unter anderem der Tibet-Terrier und der Tibet-Spaniel. In seiner Heimat hat dieser Hund eine mystische Bedeutung.

Löwchen (Bichon Petit Chien Lion)
--> auch **Bichons**

Größe, Körperbau
Dieser kleine Hund wird etwa 30 cm groß und zirka 4 kg schwer. Er weist typische Bichon-Merkmale auf und hat zudem eine fast quadratisch wirkende Gestalt.

Fell
Ziemlich lang und gewellt ist das Fell. Es kann alle Farben haben. Als besonders typisch gelten jedoch unter anderem Weiß, Schwarz und ein helles Gelb.

Pflege
Das Fell dieses kleinen Vierbeiners verlangt gründliche und regelmäßige Pflege.

Charakter und Temperament
Lebhaftigkeit und Anhänglichkeit gehören zu den angenehmen Eigenschaften, die diesen Hund auszeichnen.

Geeignetes Umfeld
Aufgrund der geringen Größe kann man ein Löwchen problemlos in der Wohnung halten. An Beschäftigung und Bewegung sollte es ihm aber nicht mangeln.

Geschichte und Geschichten
Das Löwchen gehört zur Gruppe der Bichons. Sein Name hängt mit dem löwenähnlichen Aussehen zusammen, das sich ergibt, wenn das Fell in einer speziellen Weise geschoren wird.

Lundehund

Größe, Körperbau
Der Lundehund wird etwa zwischen 30 und 36 cm groß. Er wiegt nur 6 bis 7 kg. Sein Kopf hat einen fuchsartigen Ausdruck. Der Körper ist zierlich und wirkt dabei dynamisch und wendig. Die Gliedmaßen sind nicht besonders lang.

Fell
Das dichte, grobe Deckhaar liegt eng an. Die Unterwolle ist dicht und weich. Das Fell kann mehrere Tönungen und Farbkombinationen annehmen. Typisch sind Weiß, Grau, Braun und Schwarz.

Pflege
Durch regelmäßiges Bürsten fördert man die Schönheit des Fells.

Charakter und Temperament
Temperamentvoll, aufmerksam und dabei sehr freundlich ist der Lundehund. Er geht gern auf die Jagd.

Geeignetes Umfeld
Wer diesen Hund nicht als Jagdhund einsetzen, sondern als Haushund halten möchte, muss für Platz und Auslauf sorgen. Ein Haus mit Garten wäre gut geeignet. Andernfalls bietet es sich an, die Spaziergänge auszudehnen. Der Lundehund gilt als unproble-

matisch im Umgang mit Kindern und mit anderen Hunden.

Geschichte und Geschichten
Die traditionelle Aufgabe dieser nordischen Hunderasse besteht in der Jagd bestimmter Vögel, der Papageientaucher, an schwer zugänglichen Stellen in Küstennähe. Der Lundehund ist bei der Jagd auf die Vögel durch zwei körperliche Merkmale begünstigt: Er hat eine größere Zahl von Zehen und Afterklauen als andere Hunde, und er kann den Gehörgang gegen Wasser und Schmutz verschließen.

Magyar Agar
--> auch Windhunde

Größe, Körperbau
Dieser ungarische Windhund ist mit in der Regel 60 bis 70 cm Schulterhöhe recht groß und hat deutliche Ähnlichkeit mit dem Greyhound. Sein Gewicht liegt zwischen 20 und etwas über 30 kg.

Fell
Das Haarkleid des Magyar Agar ist kurz und glatt. Es kommen verschiedene Farben und Farbkombinationen vor, zum Beispiel Kaffeebraun, Schwarz und Gelb, häufig mit weißen Abzeichen.

Pflege
Solch kurzes Glatthaar ist ausgesprochen unproblematisch in der Pflege.

Charakter und Temperament
Dieser Windhund hat ein freundliches Wesen. Er ist aufmerksam und aktiv.

Geeignetes Umfeld
Dass diese Hunde sehr viel Auslauf brauchen, steht außer Frage. Regelmäßiges Training und ein großes Grundstück bieten gute Voraussetzungen für ein zufriedenes Leben des Magyar Agar. Er gilt als kinderfreundlich, und es wird ihm ein recht unproblematisches Verhältnis zu anderen Hunden nachgesagt.

Geschichte und Geschichten
Die Vorfahren des Magyar Agar waren schon vor über 1000 Jahren als Jagdhunde bekannt. Als Vorfahren gelten nicht nur ungarische Windhunde, sondern auch der Greyhound. Der Magyar Agar ist im Allgemeinen nicht ganz so schnell wie der Greyhound, kann aber größere Ausdauer an den Tag legen.

Magyar Agar

Malinois
--> Belgischer Schäferhund

Malteser (Bichon maltais)
--> auch Bichons

Größe, Körperbau
Malteser können eine Größe von etwa 25 cm und ein Gewicht von ungefähr 3 bis 4 kg erreichen. Sie haben einen lang gestreckten, nicht besonders zarten Körper, einen schlanken, mittellangen Hals und einen breiten, rundlichen Kopf mit relativ Spitz zulaufendem Fang.

Fell
Das Fell des Maltesers ist ein echter Blickfang: Es ist dicht, lang und weich und wächst üppig. Bevorzugte Farbe ist ein reines Weiß.

Pflege
Wenn dieses Fell stets gepflegt aussehen soll, muss man einige Zeit in regelmäßiges Kämmen und Bürsten investieren.

Charakter und Temperament
Der kleine Vierbeiner ist munter, aufgeweckt und verspielt. Er ist zudem ausgesprochen anschmiegsam.

Geeignetes Umfeld
Diesen Hund kann man durchaus in einer kleineren Wohnung halten. Natürlich braucht auch er regelmäßige Bewegung. Er gilt als verträglich, was andere Hunde angeht, und als kinderfreundlich.

Geschichte und Geschichten
Der Malteser gehört zu den Bichons. Diese Hunde waren bereits in der Antike als Schoßhunde beliebt.

Malteser

Manchester-Terrier --> Terrier

Mastiff

Größe, Körperbau
Dieser ausgesprochen massige und sehr kräftige Hund kann eine Größe von über

Junger Bullmastiff

Mastino Napoletano

80 cm erreichen. Sein Gewicht liegt üblicherweise zwischen 70 und 90 kg. Er hat ausgesprochen kräftige Gliedmaßen, die in breiten, runden Pfoten enden. Der Körper weist insgesamt eine leichte Rechteckform auf. Der Kopf ist breit mit ebenfalls breitem, kräftigem Fang.

Fell
Der Mastiff hat kurzes, glattes Fell. Es kommen mehrere Farbstellungen vor, unter anderem Goldgelb und Rötlich. Das Fell kann auch gestromt sein.

Pflege
Gelegentliches Bürsten und Abreiben ist ausreichend.

Charakter und Temperament
Dem Mastiff in seiner heutigen Form wird nachgesagt, dass er vertrauten Menschen gegenüber nicht nur sehr gutmütig und friedlich, sondern auch sehr anschmiegsam sei. Ungemütlich, angriffslustig und auch gefährlich kann er sich gegenüber Unbekannten verhalten, wenn er in Aufregung gerät. Der Mastiff ist ein sehr wachsamer Hund.

Geeignetes Umfeld
Man kann den Mastiff zum Wach- oder Schutzhund ausbilden. In jedem Fall braucht er viel Platz. Sein Halter sollte unbedingt für viel Beschäftigung und Bewegung sorgen. Das Verhältnis dieses Hundes zu bekannten Kindern, die er mag, gilt als unproblematisch. Der Halter eines Mastiff sollte stets besonders geübt und verantwortungsvoll sein.

Geschichte und Geschichten
Die Vorfahren des Mastiff waren die größten Kampfhunde. Man sagt, sie konnten Vieh das Genick brechen. Sie sollen im Mittelalter auch als Jagdhunde eingesetzt worden sein. Durch die Zuchtauslese über Generationen ist die frühere Angriffslust bis heute wohl zugunsten anderen Eigenschaften zurückgedrängt worden.

Mastino Napoletano (Italienische Dogge)

Größe, Körperbau
Der Mastino Napoletano kann über 70 cm groß werden. Sein Gewicht liegt in der Regel zwischen 50 und 70 kg. Er hat einen sehr kräftigen Körper mit einem breiten Kopf und einem sehr starken Kiefer. Ganz typisch ist die Wamme, die lockere Kehlhaut am Hals.

Fell
Das Fell dieses Hundes ist ausgesprochen kurz, kräftig und liegt glatt an. Grau, Schwarz und Gelb gehören neben anderen zu den verbreiteten Farben. Das Fell kann nicht nur einfarbig, sondern auch gestromt oder gestichelt sein.

Pflege
Solch kurzes Haar ist in der Pflege unproblematisch.

Charakter und Temperament
Dieser Hund zeichnet sich durch Selbstsicherheit aus. Er hat die Anlage zur Schärfe. Ob sich dieser Hund friedfertig verhält, hängt in starkem Maße von seiner Erziehung ab.

Geeignetes Umfeld
Neben sehr viel Platz und sehr viel Bewegung sind beim Mastino Napoletano Erziehung und Haltung von allergrößter Bedeutung. Es ist wichtig, liebevoll, aber energisch, freundliches Verhalten seinerseits zu fördern. Er gilt als „Ein-Mann-Hund" und ist kein Tier für jemanden, der sich mit Hunden nicht auskennt. Er gehört unbedingt in die Hände eines erfahrenen Halters. Dann kann ein gutes Verhältnis zwischen Herr und Hund entstehen. Man kann diesen Hund sehr gut zum Wach- und Schutzhund ausbilden lassen. Im Umgang zu Kindern ist Vorsicht anzuraten. Anderen Hunden gegenüber tritt der Mastino Napoletano recht dominant auf.

Geschichte und Geschichten
Römische Kampfhunde sind seine Vorfahren. Seit über 2000 Jahren ist dieser Hund bekannt. Im Laufe der Zuchtgenerationen soll, wie auch bei anderen Hunden dieser Art, der Aggressionstrieb zurückgegangen sein.

Mittelschnauzer --> Schnauzer

Mops

Größe, Körperbau
Ein Mops wird über 30 cm groß und erreicht ein Gewicht von 7 bis 8 kg. Dieser bekann-

te Vierbeiner hat eine untersetzte, kräftige Gestalt. Er ist muskulös und hat einen breiten Rücken. Die Gliedmaßen sind vergleichsweise kurz. Der Kopf ist rund und in Relation zum Körper nicht gerade klein. Der Fang ist kurz. Dem Mops – wie auch anderen extrem kurzkopfigen Rassen, also zum Beispiel dem Pekinesen und den Bulldoggen –, werden teilweise zuchtbedingte Atem- und Schluckbeschwerden nachgesagt.

Fell

Die kurzen, dichten Haare sind recht weich. Beliebte Farben sind unter anderem Silbergrau, Aprikosenfarben und Weißgelb, dazu können Abzeichen kommen. Rassetypisch ist eine schwarze Maske.

Pflege

Das kurze Fell ist in der Pflege ausgesprochen unproblematisch. Gelegentliches Bürsten und Abreiben mit einem feuchten Tuch reichen aus.

Charakter und Temperament

Eine Reihe von angenehmen Eigenschaften haben den Mops zu einem beliebten Begleithund gemacht. Er gilt unter anderem als empfindsam, aufgeweckt und munter. Zudem ist er anhänglich und verspielt.

Geeignetes Umfeld

Man kann den Mops durchaus in der Wohnung halten. Natürlich braucht auch er viel Beschäftigung, und auch an Auslauf darf es ihm nicht mangeln. Er gilt als kinderfreundlich und als relativ unkompliziert im Umgang mit seinen Artgenossen.

Geschichte und Geschichten

Der Mops hat eine lange Geschichte. Man kannte ihn schon im Mittelalter. Über seine genaue Abstammung gibt es aber unterschiedliche Auffassungen. So wird neben anderen Rassen die Bulldogge unter seinen Vorfahren vermutet. An Fürstenhöfen und später auch in bürgerlichen Häusern war der Mops früher ausgesprochen beliebt.

Mudi

Größe, Körperbau

Dieser ungarische Schäferhund wird etwa 35 bis 47 cm groß und kann bis zu 13 kg wiegen. Er hat einen länglichen Kopf mit nach vorne hin schmaler werdendem Fang, einen muskulösen Hals und einen leicht nach hinten abfallenden Rücken.

Fell

Schwarz, Weiß, Grau und Kombinationen dieser Farben sind typisch für den Mudi. Das schon fast üppig zu nennende Fell ist mittellang und gekraust oder gewellt.

Pflege

Der regelmäßige Griff zu Kamm und Bürste empfiehlt sich für den Halter eines Mudi, der sich eine gepflegt aussehenden Hund wünscht.

Charakter und Temperament

Der Mudi ist sehr aufgeweckt und lernfähig. Er lässt sich gut erziehen. Man kann ihn als freundlichen und anspruchslosen Hund charakterisieren.

Geeignetes Umfeld

Einen Mudi kann man nicht nur als Treib- und Hütehund einsetzen. Er eignet sich auch als Wach- und sogar unter bestimmten Bedingungen als Jagdhund. Wer ihn als Haushund hält, wird in der Regel große Freude an der Anpassungsfähigkeit des Hundes an die Familie haben.

Geschichte und Geschichten

Es ist umstritten, wer genau die Vorfahren des ungarischen Mudi sind. Man ist sich aber weitgehend einig, dass er aus Kreuzungen verschiedener ungarischer Hirtenhundrassen seit mehr als anderthalb Jahrhunderten entstanden ist.

Münsterländer (Münsterländer Vorstehhund)

Größe, Körperbau

Der Große Münsterländer kann über 60 cm groß werden, der Kleine Münsterländer erreicht eine Größe bis zu 56 cm. Beide Rassen zeichnen sich durch einen harmonischen Körperbau aus. Sie haben starke Ähnlichkeit miteinander. Typisch für beide sind unter anderem der mittellange, muskulöse Hals, die kraftvolle Kruppe und die robusten Gliedmaßen.

Fell

Der Große Münsterländer ist weiß mit schwarzen Platten oder Tupfen oder Platten

Mops

Kleiner Münsterländer Vorstehhund

und Tupfen. Er kann auch ein Schwarzschimmel sein. Der Kleine Münsterländer ist weiß mit braunen Platten oder Tupfen oder beidem. Auch Braunschimmel kommen vor. Bei beiden Rassen ist das Fell mittellang und fest.

Pflege
Die Fellpflege ist beim Münsterländer nicht sehr aufwändig.

Charakter und Temperament
Münsterländer sind aufmerksame, fügsame und wachsame Hunde. Sie zeichnen sich durch Intelligenz und Lernfähigkeit aus. Als Jagdhunde entwickeln sie große Leidenschaft.

Geeignetes Umfeld
Bei der Jagd werden die Münsterländer Vorstehhunde, wie der Name sagt, gerne als Vorstehhunde eingesetzt. Aber sie können auch andere Jagdaufgaben übernehmen, beispielsweise Stöbern und Apportieren. Wer sich einen Kleinen oder Großen Münsterländer als Haushund hält, muss unbedingt dafür sorgen, dass der Hund sehr viel Bewegung und Beschäftigung hat. Ein Haus mit Gartengrundstück bietet gute Rahmenbedingungen. Was den Auslauf angeht, so müssen es nicht immer nur Spaziergänge sein. Man kann den Münsterländer – wie so manchen anderen lauffreudigen Hund auch – zum Wandern mitnehmen oder ihn auch einmal ein gutes Stück in angemessenem Tempo neben dem Fahrrad herlaufen lassen.

Geschichte und Geschichten
Unter den Vorfahren des Großen Münsterländers vermutet man deutsche Stöberhunde und französische Vorstehhunde. Der Kleine Münsterländer hat unter seinen jüngeren Vorfahren verschiedene Vorstehhundschläge. Er wird zuweilen auch Heidewachtel genannt, was auf seinen jagdlichen Einsatz in der Heide zurückzuführen ist.

Neufundländer

Neufundländer

Größe, Körperbau
Dieser Hund ist eine imposante Erscheinung. Der Neufundländer kann eine Größe von über 70 cm erreichen und an die 70 kg wiegen. Er hat einen kräftigen, sehr soliden Körperbau, wirkt aber keineswegs schwerfällig. Die Gliedmaßen sind kräftig, und bei den großen Pfoten sind Schwimmhäute zwischen den Zehen typisch. Der Rücken ist breit und gerade, der Hals stark. Der Kopf des Neufundländers ist breit mit einem vergleichsweise kurzen Fang.

Fell
Dichtes, langes und kräftiges Deckhaar überlagert die weiche und wasserabstoßende Unterwolle. Der Neufundländer ist kein ausgesprochen bunter Hund: Typische Farben sind Schwarz, Braun und Weiß. Abzeichen können vorkommen.

Pflege
Wer einen gepflegt aussehenden Neufundländer haben möchte, sollte häufig zu Kamm und Bürste greifen. Es ist relativ aufwändig, das längere, dichte Fell dieses recht großen Hundes zu pflegen.

Charakter und Temperament
Eine Reihe sehr angenehmer Eigenschaften schreibt man diesem Hund zu. Er gilt als ausgesprochen treu, friedlich und gutmütig. Man kann ihn gut erziehen und ihm vieles beibringen.

Geeignetes Umfeld
Dass ein solch großer Hund nicht für eine kleine Wohnung geschaffen ist, versteht sich von selbst. Ein Haus mit Garten sollte man ihm schon bieten. Der Neufundländer liebt das Wasser. Man macht ihm mit langen Spaziergängen, die auch den einen oder anderen Ausflug ins kühle Nass beinhalten, eine große Freude. Zu Kindern kann der Neufundländer ein gutes Verhältnis entwickeln.

Geschichte und Geschichten
Wie der Name sagt, hat die Herkunft dieses Hundes etwas mit Neufundland zu tun. Aber über seine ursprüngliche Heimat und seine Urahnen gibt es unterschiedliche Auffassungen. Man vermutet, dass Indianerhunde unter seinen Vorfahren sein könnten. Als Gebrauchshund hat sich der Neufundländer vor allem bei vielerlei Einsätzen im Wasser einen Namen gemacht.

Niederländischer Zwergspaniel --> Spaniel

Norfolk-Terrier --> Norwich-Terrier

Norwegischer Buhund

Größe, Körperbau
Dieser Hund ist mit etwa 45 cm mittelgroß und erreicht ein Gewicht von ungefähr 20 kg. Sein Körperbau wirkt dynamisch und leicht, doch keinesfalls übermäßig zierlich. Er hat gerade Läufe und einen nicht zu langen Rücken. Der Kopf zeigt klar die Zugehörigkeit des Norwegischen Buhundes zu den nordischen spitzartigen Hunden.

Fell
Rau und mittellang ist das Deckhaar, weich ist die Unterwolle. Man hat den Norwegischen Buhund gern einfarbig, jedoch kommen auch Abzeichen vor. Typische Fellfarben sind Weizenfarben, Fahlrot und Schwarz.

Pflege
Soll dieses Tier gepflegt aussehen, heißt es, regelmäßig zu Kamm und Bürste zu greifen.

Charakter und Temperament
Angst scheint er kaum zu kennen. Er ist ausgesprochen mutig und wachsam und kann große Anhänglichkeit entwickeln.

Geeignetes Umfeld
Viel Auslauf und viel Platz sind für den Norwegischen Buhund sehr wichtig. Als Familienhund ist er gut geeignet, da er zu Kindern ein sehr gutes Verhältnis entwickeln kann. Es wird ihm nachgesagt, dass er sich mit anderen Hunden nicht in jedem Fall besonders gut versteht.

Geschichte und Geschichten
In ihrer norwegischen Heimat haben diese Hunde traditionell zwei Aufgaben: Zum einen ziehen die Hirten mit ihnen und den Herden umher, zum anderen werden sie als Hof- und Wachhunde eingesetzt. Sein Name leitet sich aus dem Begriff „bu“ ab, der einen Hof oder einen Platz zum Wohnen bezeichnet.

Norwegischer Buhund

Norwich-Terrier --> auch Terrier

Größe, Körperbau
Dieser Terrier erreicht eine Größe von ungefähr 25 cm und ein Gewicht von 4 bis 5 kg. Er hat einen recht kurzen Körper mit geradem Rücken und kurze Gliedmaßen. Der Kopf ist im Verhältnis zum Körper nicht klein und leicht rundlich geformt.

Fell
Das Deckhaar ist rau über dichter, weicher Unterwolle. Am Hals hat der Norwich-Terrier deutlich längeres Haar, ebenso an den Schultern. Es kommen mehrere Farben vor, unter anderem Weizenfarben, Rot und Schwarz. Das Fell kann auch meliert sein.

Pflege
Man sollte das Fell nicht zu selten bürsten. Tote Fellhaare können herausgezupft werden.

Charakter und Temperament
Spontaneität zeichnet die Hunde dieser Rasse aus. Sie sind sehr munter und entwickeln große Anhänglichkeit ihrem Herrchen oder Frauchen gegenüber. Zudem sind sie wachsam.

Geeignetes Umfeld
Wer einen solchen Terrier in einer Wohnung hält, sollte wissen, dass der Hund trotz seiner geringen Größe viel Auslauf braucht. Die Spaziergänge dürfen nicht zu kurz ausfallen. Der Norwich-Terrier gilt als kinderlieber Hund, der sich auch mit seinen Artgenossen gut versteht.

Geschichte und Geschichten
Der Norwich-Terrier ist sehr eng mit dem Norfolk-Terrier verwandt. Bis vor nicht allzu langer Zeit trugen beide den Namen Norwich-Terrier. Der Unterschied zwischen ihnen besteht heute in der Ohrenform: Der Norwich-Terrier hat Stehohren, der Norfolk-Terrier Kippohren. Unter den Vorfahren von Norwich- und Norfolk-Terrier sind verschiedene andere Terrier-Rassen.

Norwich-Terrier

Papillon (Schmetterlingshündchen) --> auch Spaniel

Größe, Körperbau
Diese Hunde sind ausgesprochen klein. Sie erreichen eine Größe von ungefähr 20 cm und wiegen zwischen 1,5 und 5 kg. Ihr Körper ist nicht allzu zierlich, sondern robust und insgesamt harmonisch gebaut. Der

Papillon

Pekinese

Kopf hat einen kurzen, Spitz zulaufenden Fang. Ein Papillon soll nicht hochbeinig erscheinen. Die Pfoten sind schmal und lang.

Fell

Der Papillon hat kräftiges, mittellanges Haar. Es glänzt und ist gewellt. Am Hals und an der Rute ist es lang, am Körper mittellang. Die typische Fellfärbung ist eine weiße Grundfarbe mit anderen Farben. Ein überwiegend weißer Kopf gilt als fehlerhaft.

Pflege

Die Schönheit dieses Haarkleids fördert man durch regelmäßiges Bürsten.

Charakter und Temperament

Dieser kleine Hund ist ausgesprochen energiegeladen und fröhlich. Er ist sehr verspielt und lässt sich leicht erziehen. Er ist aber auch sehr empfindsam. Zank und Krach oder grobes Verhalten machen ihn unglücklich. Zu „seinen" Menschen entwickelt der Papillon ein sehr enges Verhältnis.

Geeignetes Umfeld

Man kann diesen Hund in einer Wohnung halten, sollte aber wissen, dass das kleine Energiebündel sehr viel Bewegung und Auslauf braucht. Der Papillon liebt Geselligkeit. Zu Kindern kann er ein gutes Verhältnis entwickeln. Man sollte darauf achten, dass sie nicht grob mit ihm umgehen. Dieser Grundsatz empfiehlt sich allerdings auch bei anderen Hunderassen. Das Verhältnis des Papillon zu anderen Hunden gilt als unproblematisch.

Geschichte und Geschichten

Der Papillon ist ein Zwergspaniel. Schon vor über 300 Jahren war er bekannt. Er war an fürstlichen Höfen ein beliebter Hund. Im Zusammenhang mit dem Papillon ist meist auch vom Phalène die Rede. Der Phalène unterscheidet sich vom Papillon nur durch die Ohren. Der Papillon hat Stehohren, der Phalène Hängeohren.

Pekinese (Pekingese, Peking-Palasthündchen)

Größe, Körperbau

Mit 15 bis 25 cm Körpergröße ist der Pekinese ein kleiner Hund. Er wiegt ungefähr 5 kg. Sein Kopf ist ganz besonders kurz geformt. Der Rücken verjüngt sich nach hinten. Die Gliedmaßen sind kurz und enden in flachen Pfoten.

Fell

Der Pekinese hat üppig wachsendes, recht langes Haar. Besonders reich wächst das Haar am Hals und an der Rute. Es sind alle Farben zulässig. Bei einfarbigen Tieren gilt eine Maske als sehr erwünscht. Recht typisch sind dreifarbige Hunde.

Pflege

Wer regelmäßig zu Kamm und Bürste greift, hält das Fell in gepflegtem Zustand.

Charakter und Temperament

Dieser kleine Hund ist genauso treu wie liebebedürftig. Er ist zudem klug und empfindsam. Eine weitere positive Eigenschaft ist seine Wachsamkeit.

Geeignetes Umfeld

Den Pekinesen kann man gut in der Wohnung halten. Er braucht selbstverständlich regelmäßigen Auslauf, zeichnet sich aber nicht durch einen ausgesprochen starken Bewegungsdrang aus. Man sagt ihm ein recht gutes Verhältnis zu Kindern und auch zu anderen Hunden nach.

Geschichte und Geschichten

Der Pekinese ist ein Hund mit Tradition. Schon vor vielen Jahrhunderten wurde er am chinesischen Kaiserhof gezüchtet. Die ältesten Darstellungen dieser Hunde sind mehrere tausend Jahre alt. Man nennt den Pekinesen auch Löwenhündchen.

Phalène --> Papillon

Pharao-Hound --> auch Windhunde

Größe, Körperbau

Der Pharao-Hound wird 65 bis 70 cm groß und kann ein Gewicht von 20 kg erreichen. Er hat einen fast quadratischen Körperbau und ist von sehr schlanker Gestalt. Der Kopf ist vergleichsweise flach mit sich verjüngendem Fang. Der Hals ist lang. Der Pharao-Hound besitzt lange Läufe.

Fell

Das Fell dieses Hundes ist kurz, glatt und glänzend. Typisch sind Farbkombinationen verschiedener Rottöne mit Weiß und einfarbig Rot.

Pflege
Die Fellpflege beim Pharao-Hound ist mit nur geringem Aufwand verbunden.

Charakter und Temperament
Die Hunde dieser Rasse gelten als unabhängig bis eigenwillig und freundlich. Sie sind leidenschaftliche Jäger.

Geeignetes Umfeld
Wer diesen Hund nicht als Jagdhund einsetzt, muss ihm eine möglichst gleichwertige Ersatzbeschäftigung, vor allem viel Auslauf, bieten. Dann kann er sogar in einer nicht zu kleinen Wohnung gehalten werden. Der Pharao-Hound hat weder zu Artgenossen noch zu Kindern ein problematisches Verhältnis.

Geschichte und Geschichten
Als Heimat dieses Hundes gilt Spanien. Sein Name hängt mit seiner Ähnlichkeit zu altägyptischen Windhunden zusammen. Er steht in dem Ruf, sich bei der Jagd auch in schwierigem Gelände bewährt zu haben.

Pointer

Größe, Körperbau
Pointer können gut über 60 cm groß werden und ein Gewicht von ungefähr 20 bis 25 kg erreichen. Ihr Körper hat ein leicht gestreckt wirkendes Rechteckformat. Die Tiere sehen dynamisch und kraftvoll aus. Die Vorderläufe sind stark, die muskulösen Hinterläufe ebenfalls. Der Kopf des Pointers ist vergleichsweise breit und flach und mit einem kräftigen Fang ausgestattet.

Fell
Das Fell des Pointers ist kurz und glänzend. Mehrere der folgenden Farbstellungen kommen einfarbig oder in Kombination vor: Weiß, Zitronengelb, Orange und Schwarz.

Pflege
Bei einem solch kurzen Fell bereitet die Pflege nur sehr wenig Mühe.

Charakter und Temperament
Der Pointer ist ein temperamentvoller, leidenschaftlicher und ausdauernder Jäger. Er hat ein intelligentes, lernfreudiges Wesen.

Geeignetes Umfeld
Der Pointer ist kein Hund für die Stadt. Er ist als Haus- und Familienhund grundsätzlich nicht ungeeignet, da man ihm Kinderfreundlichkeit nachsagt. Bei sensibler Führung entwickelt er sogar Anhänglichkeit. Sehr viel Auslauf und Bewegung sind dann allerdings unerlässlich. Seiner Veranlagung kommt man sicherlich mehr entgegen, wenn man ihn als Jagdhund einsetzt.

Geschichte und Geschichten
Der englische Name dieses Hundes bedeutet, dass der Hund auf etwas zeigt: Bei der Jagd zeigt der Pointer dem Jäger durch Vorstehen, wo das Wild sich versteckt hält. Bei der vorhergehenden Suche hat der Pointer sich immer wieder als schneller und ausgesprochen ausdauernder Läufer erwiesen. Unter den Vorfahren dieses Hundes sollen spanische und französische Jagdhunde sein.

Pudel

Größe, Körperbau
Die bekannten und beliebten Pudel gibt es in mehreren Größen. Man unterscheidet zwischen Groß-, Mittel- und Zwergpudel. Sehr kleine Formen sind deutlich kleiner als 30 cm, große Arten werden mehr als 60 cm groß. Das Gewicht variiert je nach Größe. Es kann zwischen etwa 4 und 30 kg liegen. Insgesamt wirkt der Körper eines Pudels eher quadratisch. Der Hals ist nicht übermäßig lang, der Rücken eher kurz. Die Gliedmaßen sind kräftig und muskulös. Sie enden in oval geformten Pfoten mit sehr kräftigen Ballen. Der Pudelkopf ist gerade und lang, der Fang ebenfalls lang und nicht Spitz zulaufend.

Fell
Das Haarkleid des Pudels ist üppig. Es hat einen wolligen Griff und kann bei geschorenen Tieren Locken bilden. Als traditionell

Pharao-Hound

Großpudel

Pointer

rassetypisch gelten Schwarz, Weiß, Silber, Kastanienbraun und Aprikosenfarben.

Pflege
Die Fellpflege ist bei einem Pudel mit vergleichsweise viel Aufwand verbunden. Wenn man ihn täglich kämmt und bürstet, kann man verhindern, dass die Haare verheddern und verfilzen. Sehr gründliche Pflege empfiehlt sich sowohl bei geschorenen als auch bei ungeschorenen Tieren.

Charakter und Temperament
Der Pudel ist ein temperamentvoller, aktiver Hund, der über Intelligenz und ein gutes Lernvermögen verfügt. Überdies kann er sich ausgesprochen anhänglich zeigen.

Geeignetes Umfeld
Der Pudel hat sich schon seit einiger Zeit zu einem typischen Begleit- und Familienhund entwickelt. Je nach Größe ist es mehr oder weniger günstig, ihn in einer Wohnung zu halten – wobei ihm stets genügend Auslauf und Beschäftigung geboten werden müssen. Der Pudel hat ein gutes Verhältnis zu Kindern.

Geschichte und Geschichten
Wer kennt nicht den Ausdruck „pudelnass"? Er macht Sinn, denn der Pudel liebt das Wasser. Der Name Pudel soll auf eine alte Bezeichnung für Pfuhl (Pfütze) zurückgehen. Als Ursprungsland des Pudel gilt Frankreich. Es haben sich aber auch Züchter in vielen anderen Ländern mit der Pudelzucht befasst. Als Vorfahren des heutigen Pudel gelten Bracken und Schäferhunde.
Ursprünglich wurde der Pudel für die Jagd gezüchtet. Er ist ein typisches Beispiel dafür, wie sich die Hauptverwendung einer Hunderasse im Lauf der Zeit verändern kann.

Pudelpointer

Größe, Körperbau
Dieser in Fachkreisen bekannte Jagdhund wird zwischen knapp 60 und knapp 70 cm groß und wiegt etwa 25 bis 30 kg. Er wirkt kräftig, aber nicht zu schwer. Kopf- und Fanglänge stehen in einem ausgewogenen Verhältnis zueinander. Die Gliedmaßen sind stark, die Pfoten rund bis oval geformt.

Fell
Der Pudelpointer hat festes bis hartes, mittellanges Haar über dichter Unterwolle. Typisch sind verschiedene Brauntöne, aber auch Schwarz kann vorkommen.

Pflege
Regelmäßiges Kämmen und Bürsten sorgt dafür, dass das Haarkleid gepflegt bleibt.

Charakter und Temperament
Dieser Hund ist aktiv und fleißig. Er lässt sich recht gut erziehen und ist unkompliziert.

Geeignetes Umfeld
Einen solchen Jagdhund holt man nicht in die Stadt. Am wohlsten wird er sich in Jägerhand fühlen. Dort ist er vielseitig einsetzbar. Wenn man ihn als Haushund hält, sollte viel Platz und nach Möglichkeit ein großes Grundstück vorhanden sein. Das Verhältnis zu anderen Hunden sowie zu Kindern gilt als nicht problematisch.

Geschichte und Geschichten
Als schon fast universal einsetzbarer Jagdhund ist der Pudelpointer gezüchtet worden. Er geht auf alte Großpudel und Pointer zurück.

Puli

Puli

Größe, Körperbau
Dieser Hund mit der ungewöhnlichen Haartracht wird bis zu 45 cm groß und zwischen 10 und 15 kg schwer. Der kleine Kopf weist einen kurzen, runden Fang auf.

Fell
Das Fell des Puli kann bis zum Boden reichen. Es ist zottig und je nach Mischungsverhältnis von Deckhaaren und Unterhaaren unterschiedlich beschaffen. Erwünscht ist eine Verfilzung zu langen Streifen. Typische Farben sind Schwarz mit rötlicher Tönung sowie Weiß- und Grautöne.

Pflege
Solch ein Fell erfordert Pflege, aber weniger, als man vielleicht auf den ersten Blick vermutet. Die Filzplatten können mit einem Holzstäbchen aufgelockert werden.

Charakter und Temperament
Ein Langweiler ist der Puli nicht, ganz im Gegenteil: Er ist temperamentvoll, aktiv und

eifrig. Er gilt als ein Hund, der sich seine Unabhängigkeit bewahrt.

Geeignetes Umfeld
In einem Haus mit Gartengrundstück wird sich der Puli wohler fühlen als in einer Stadtwohnung – es sei denn, man bietet ihm zu der Stadtwohnung extrem viel Auslauf. Dieser Hund gilt als kinderfreundlich und recht unkompliziert im Umgang zu anderen Hunden.

Geschichte und Geschichten
Der Puli ist ein ungarischer Hirtenhund, der ursprünglich aus Asien stammt. In seiner Heimat hat er sich als sehr zuverlässiger Hirtenhund und auch als besonders aufmerksamer Hof- und Wachhund beliebt gemacht.

Pyrenäenhund

Größe, Körperbau
Dieser Hund kann bis zu 80 cm groß werden und dabei stolze 50 kg und deutlich mehr erreichen. Der Pyrenäenhund ist eine imposante Erscheinung mit einem kräftigen, leicht gestreckten Körper und nicht zu kräftigem Kopf.

Fell
Einfarbig Weiß oder auch Weiß mit recht hellen Flecken sind die typischen Fellfärbungen des Pyrenäenhundes. Das fast glatte Fell ist mittellang und dicht, am Hals und an der Rute ist es länger.

Pflege
Wer den Pyrenäenhund regelmäßig kämmt und bürstet, hat Freude an seinem Fell.

Charakter und Temperament
Dieser große, kräftige Hund gilt als ausgeglichen und tendenziell unabhängig. Er ist geduldig und aufmerksam. Wachsamkeit zeichnet ihn außerdem aus.

Geeignetes Umfeld
Eine kleine Stadtwohnung ist keine geeignete Umgebung für den Pyrenäenhund. Man tut gut daran, ihm Platz und eine Aufgabe zu geben. Sein ruhiges Temperament ist eine gute Voraussetzung für den guten Umgang mit Kindern.

Geschichte und Geschichten
Die Vorfahren des kräftigen Hundes sollen asiatische Doggen gewesen sein, die schon im 5. Jh. nach Europa gekommen sind. Im Laufe der Geschichte hat der Pyrenäenhund als Hirten- und Hütehund, als Wach- und Begleithund gedient.

Rehpinscher --> Zwergpinscher

Retriever

Als Retriever wird eine Gruppe von Hunden bezeichnet, die ursprünglich zur Jagd gezüchtet wurden, die dann aber auch zu anderen Zwecken eingesetzt und zum Teil heute einfach als Begleithunde gehalten werden. Der Name Retriever kommt von dem englischen Verb „to retrieve“, was so viel wie „wiederfinden“ bedeutet. Die typische Aufgabe eines Retrievers besteht darin, Federwild aufzustöbern und es später zu apportieren. Folgt man der englischen Wortbedeutung, so könnte man auch andere Jagdhunde, die diese Fertigkeit erlernen, als Retriever bezeichnen. Zu den Retrievern im engeren Sinn zählen aber nur wenige Rassen, insbesondere der Golden Retriever, der Labrador-Retriever, der Curly-Coated-Retriever, der Flat-Coated-Retriever und der Chesapeake-Bay-Retriever.

Rhodesian Ridgeback

Größe, Körperbau
Dieser kräftig wirkende Hund erreicht eine Größe von knapp 70 cm und wiegt ungefähr 30 bis 40 kg. Er hat einen mittelgroßen, nicht allzu länglichen Kopf, einen kräftigen Hals und einen rechteckigen Körper. Die starken Gliedmaßen enden in runden Pfoten.

Pyrenäenhund

Rhodesian Ridgeback

Rottweiler

Saluki

Fell
Kurzes, glänzendes Glatthaar ist dem Rhodesian Ridgeback eigen. Es hat helle gelbe bis rotbraune Färbungen. Ganz typisch ist eine Art längliche, dünne Bürste aus gesträubten Rückenhaaren.

Pflege
Das Haarkleid ist nicht sehr pflegeintensiv.

Charakter und Temperament
Der Rhodesian Ridgeback ist ein temperamentvoller Hund. Er hat ein sehr mutiges Wesen und verfügt über große Widerstandskraft.

Geeignetes Umfeld
Dieser Hund wird in seiner Heimat als Jagdhund eingesetzt. Man sagt ihm aber auch eine gute Eignung als Wach-,Schutz- und als Haushund nach. Man kommt seiner Veranlagung eher entgegen, wenn man ihm ein Haus mit Gartengrundstück bieten kann. Weder sein Verhältnis zu Kindern noch sein Verhältnis zu anderen Hunden gilt als grundsätzlich problematisch.

Geschichte und Geschichten
Es gibt mehrere Meinungen über die genaue Abstammung des in Südafrika beheimateten Hundes. Es wird vermutet, dass er auf Kreuzungen von Hunden der alteingesessenen Afrikaner und Hunden der Buren zurückgehen könnte. Um seinen Mut und seine Widerstandskraft ranken sich Legenden. Dabei werden unter anderem sein Eifer bei der Raubtierjagd und seine Unempfindlichkeit gegenüber Temperaturschwankungen genannt.

Riesenschnauzer --> Schnauzer

Rottweiler

Größe, Körperbau
Dieser Hund, der zunehmend als Begleithund beliebt geworden ist, kann bis zu knapp 70 cm groß werden und etwa 40 bis 60 kg wiegen. Der Rottweiler ist ein massiger, kraftvoller Hund mit breitem Schädel, muskulösem Hals und tiefer Brust.

Fell
Recht eng anliegend, fest und kurz ist das Fell des Rottweilers. Die Grundfarbe des Fells ist Schwarz. Darauf sind Abzeichen in brauner Farbe zu sehen. Erwünscht sind typische Abzeichen über den Augen, an den Backen, am Fang, an der Brust und an den Läufen.

Pflege
Dieses kurze, robuste und eng anliegende Fell erfordert nur einen geringen Pflegeaufwand.

Charakter und Temperament
Der Rottweiler ist intelligent, mutig, widerstandsfähig und zeichnet sich daneben auch durch besondere Anhänglichkeit „seiner“ Familie gegenüber aus. Er zeigt ein ausgeprägtes Schutzverhalten.

Geeignetes Umfeld
Der Rottweiler kann als vielseitiger Gebrauchshund eingesetzt werden. Wenn man ihn als Begleithund hält, wird er sich in einem geräumigen Haus mit Gartengrundstück viel wohler fühlen als in einer Wohnung. Im Allgemeinen ist sein Verhältnis zu Kindern unproblematisch. Bewegung, sinnvolle Beschäftigung und vor allem eine gerechte und konsequente Erziehung und Haltung sind wichtig, damit Hund und Halter sich wohl fühlen.

Geschichte und Geschichten
Der Rottweiler hat sich in früheren Jahrhunderten als Treibhund verdient gemacht. Er begleitete nicht nur das Vieh, sondern schützte auch den Händler vor Überfällen. Als Vorfahren dieser Rasse gelten unter anderem römische Treibhunde.

Saluki (Persischer Windhund) --> auch Windhunde

Größe, Körperbau
Diese schnellen Hunde können knapp über 70 cm groß werden. Ihr Gewicht liegt bei etwa 20 kg. Der Kopf des Saluki ist lang und schmal, der Hals recht lang, der Rücken ist ebenfalls vergleichsweise lang. Der Bauch weist typischerweise eine eingezogene Form auf. Der Saluki hat lange, gerade Gliedmaßen.

Fell
Das glatte, weiche Fell glänzt. An einigen Stellen, unter anderem am Rücken, kann

längeres Haar wachsen, das sich seidig bis wollig anfühlt. Das Haarkleid des Saluki kann verschiedene Farben und Farbkombinationen haben, unter anderem Beige, eine goldene oder eine rötliche Tönung.

Pflege

Gelegentliches Kämmen und Bürsten trägt zum gepflegten Äußeren des Saluki bei.

Charakter und Temperament

Dieser Hund ist selbstständig und ordnet sich nicht gerne unter. Er hat ein recht sanftes Gemüt und pflegt eine gewisse Zurückhaltung gegenüber Fremden.

Geeignetes Umfeld

Eine sensible Erziehung und Haltung ist wichtig. Man kann diesen Hund in einer nicht zu kleinen Wohnung halten. Es ist aber ganz entscheidend, dass er sehr viel Auslauf hat. Man sagt ihm weder zu seinen Artgenossen noch zu Kindern ein problematisches Verhältnis nach.

Geschichte und Geschichten

In seiner Geschichte ist der Saluki als Jagdhund und als Rennhund eingesetzt worden. Diese Rasse ist mit dem Sloughi verwandt. Als ursprüngliche Heimat des Saluki wird Nordafrika vermutet.

Samojede

Größe, Körperbau

Dieser nordische Hund kann bis zu 56 cm groß werden und wiegt zwischen 20 bis 30 kg. Der Samojede ist von kräftiger Statur mit geraden Gliedmaßen und kräftigem Kopf.

Fell

Weiß, Bisquit sowie Beige sind typische Samojede-Farben. Das Haarkleid ist voll, gerade und recht hart über kurzer, weicher Unterwolle.

Pflege

Regelmäßiges und gründliches Kämmen und Bürsten fördert ein gepflegtes Aussehen dieses Hundes.

Charakter und Temperament

Munterkeit und ein freundliches und anhängliches Wesen zeichnen den Samojede aus. Er kann sehr großen Arbeitseifer und große Ausdauer entwickeln.

Geeignetes Umfeld

Traditionell ist dieser Hund ein Schlittenhund. Wer ihn als Begleithund hält, muss dafür sorgen, dass das Tier sehr viel Bewegung bekommt. Der Samojede gilt als kinderfreundlich und dürfte sich auch durch seine Anhänglichkeit als Familienhund gut eignen.

Geschichte und Geschichten

Die Samojeden sollen zu den ältesten Schlittenhundrassen gehören. Ihren Namen haben sie von einem Volksstamm, der ursprünglich in Westsibirien beheimatet war.

Samojede

Schipperke

Größe, Körperbau

Der Schipperke wird bis zu 30 cm hoch und bis zu etwa 8 kg schwer. Er hat einen gedrungenen Rumpf und einen breiten, geraden Rücken. Die Kruppe ist rund und geht in eine Stummelrute über. Der Kopf hat Ähnlichkeit mit einem Fuchskopf. Die Pfoten sind klein und mit kräftigen Krallen versehen. Neben dem Schipperke mit einer Größe bis zu 30 cm gibt es auch noch eine kleinere Form. Bei dieser wird eine Schulterhöhe von höchstens 24 cm erreicht.

Fell

Pechschwarz ist der Schipperke. Er wird in keiner anderen Farbe gezüchtet. Sein Fell ist dicht, hart und kurz. Langes oder seidiges Haar wird als Zuchtfehler angesehen. Am Hals kann die Behaarung etwas dichter sein als am übrigen Körper.

Pflege

Dem Schipperke wird Robustheit nachgesagt. Aber auch er muss gepflegt werden. Gelegentliches Bürsten fördert den guten Zustand des Fells.

Charakter und Temperament

An allen Geschehnissen in seiner Umgebung möchte der Schipperke teilhaben. Er ist neugierig, bellt häufig und ist sehr munter. Gegenüber „seinen" Menschen ist er anhänglich. Er ist wachsam und kann gegenüber Fremden Misstrauen zeigen. Mutig ist der Schipperke ebenfalls. Er jagt Ratten, Mäuse und Wildkaninchen und greift Feinde unbeirrt an.

Schipperke

Geeignetes Umfeld
In seiner belgischen Heimat genießt der Schipperke große Beliebtheit als Haushund. Bei einer Familie fühlt er sich wohl, denn er mag Kinder. Er kann in der Stadt gehalten werden, wenn man ihm viel Auslauf gewährt.

Geschichte und Geschichten
Der Schipperke geht auf Kreuzungen zwischen belgischen Schäferhunden und nordischen Hunden zurück. Den belgischen Schiffern diente er als Rattenjäger. Die Bezeichnung „Schipperke“ ist ein Kosename und bedeutet im Flämischen „kleiner Schäferhund“.

Schnauzer

Scottish Terrier

Schnauzer

Größe, Körperbau
Schnauzer gibt es in verschiedenen Größen. Man unterscheidet Riesenschnauzer, Mittelschnauzer und Zwergschnauzer. Die verschiedenen Größen bewegen sich zwischen 30 bis 70 cm. Das Gewicht variiert mit der Größe; es liegt zwischen ungefähr 5 und 35 kg. Die verschiedenen Schnauzer weisen viele gemeinsame Merkmale auf. Sie haben einen insgesamt leicht gedrungen wirkenden Körper, einen recht kräftigen Kopf und starkknochige Gliedmaßen. Die Pfoten sind rund geformt.

Fell
Schnauzerfell ist rau und schützt vor Witterungseinflüssen. Es ist mittellang und liegt nicht allzu eng am Körper an. Zu den typischen Fellfarben gehören Schwarz und Pfeffer und Salz.

Pflege
Durch regelmäßiges Kämmen und Bürsten fördert man das gepflegte Aussehen des Fells. Trimmen wird angeraten.

Charakter und Temperament
Schnauzer sind wachsam. Man sagt ihnen eine gewisse Kühnheit und Stolz nach. Sie gelten aber auch als verspielt und gutmütig.

Geeignetes Umfeld
Schnauzer sind seit einiger Zeit zu beliebten Familienhunden geworden. Eine Umgebung mit vielen Kindern genießen sie. Nicht nur große Schnauzer, sondern auch die kleineren sind recht lebhaft und brauchen viel Bewegung. Ohne Bewegung und ausreichend Auslauf wird kein Schnauzer glücklich. Mit etwas fachlicher Anleitung kann man sehr von den Fähigkeiten des Schnauzers als Wachhund profitieren.

Geschichte und Geschichten
Als Vorfahren der Schnauzer werden unter anderem Terrier und Bulldoggen vermutet. Schnauzer sind eng mit den Pinschern verwandt. Das vermutet man vielleicht aufgrund des recht unterschiedlichen Äußeren nicht sofort. Ein Unterschied zwischen Schnauzern und Pinschern ist die Behaarung. Schnauzer haben raues Haar und sind schnauzbärtig, Pinscher haben Glatthaar.

Schweizer Laufhund --> Bracken

Scottish Terrier --> auch Terrier

Größe, Körperbau
Diese bekannten Terrier erreichen eine Größe von ungefähr 25 bis 28 cm und wiegen zwischen 8 und 10 kg. Scottish Terrier haben einen recht kräftigen Rumpf und einen relativ großen Kopf. Die Gliedmaßen sind kurz und kräftig und enden in nicht zu kleinen Pfoten.

Fell
Dichte, weiche Unterwolle wird von glattem, recht hartem und nicht zu kurzem Deckhaar überlagert. Ganz typisch für den Scottish Terrier sind schwarzes oder weizenfarbiges Fell oder andersfarbige gestromte Töne.

Pflege
Will man, dass das Fell gepflegt aussieht, sollte man regelmäßig zu Kamm und Bürste greifen. Trimmen wird empfohlen.

Charakter und Temperament
Viele angenehme Eigenschaften haben die Scottish Terrier zu beliebten Haushunden werden lassen. Die Tiere gelten als intelligent, unabhängig, mutig und Herrchen oder Frauchen gegenüber als sehr treu. Fremden gegenüber sind sie häufig distanziert. Fühlen sie sich in Gefahr, können sie unfreundlich werden.

Geeignetes Umfeld
Eine Wohnung kann durchaus der geeignete Ort sein, um einen solchen Terrier zu hal-

ten, wenn man ihm genügend Bewegung und Auslauf zukommen lässt. Gerade bei Terriern trifft nämlich die verbreitete Vorstellung, kleine Hunde kämen mit sehr wenig Auslauf aus, nicht zu. Kinder, die mit dem Scottish Terrier nicht zu grob und unruhig umgehen, werden sich in der Regel gut mit ihm verstehen. Auch das Verhältnis dieses Terriers zu seinen Artgenossen gilt als unproblematisch.

Geschichte und Geschichten

Die Heimat der Scottish Terrier ist das westliche Schottland. Dort sind die Vorfahren der heute verbreiteten Hunde unter anderem bei der Fuchsjagd eingesetzt worden. In den dreißiger Jahren des letzten Jahrhunderts war es in Europa und auch in den Vereinigten Staaten von Amerika modern, einen Scottish Terrier zu halten. Bis heute sind diese Tiere beliebte Begleithunde.

Sennenhunde

Zu den Schweizer Sennenhunden zählen 4 Rassen: der Appenzeller Sennenhund, der Berner Sennenhund, der Entlebucher Sennenhund und der Große Schweizer Sennenhund. Die Rassen unterscheiden sich deutlich in einigen Details bezüglich der Körpergröße, -gestalt und des Haarkleids. Dennoch erkennt man ihre Zusammengehörigkeit unschwer, denn allen gemeinsam sind Grundelemente der typischen Fellzeichnung: Auf intensivem Schwarz sind charakteristisch verteilte leuchtende braune und weiße Abzeichen zu sehen. Die eigentliche Unterscheidung der Schweizer Sennenhunde in 4 Rassen wurde erst mit strenger Zuchtauswahl zum Beginn des letzten Jahrhunderts möglich. Der Schweizer Sennenhund soll auf die Tibet-Dogge zurückgehen, die schon vor 300 v. Chr. als Molosserhund bekannt war. Mit römischen Truppen kamen die Nachfahren dieser alten Hunde über die Alpen in die Schweiz. Schon früh hatten sich unterschiedliche Typen oder Schläge herausgebildet.

Im Laufe der Geschichte sind Sennenhunde als Treibhunde für Vieh, als Zugtiere für schwere Lasten, als Hofhunde und zu weiteren Gebrauchszwecken eingesetzt worden. Heute erfreuen sie sich auch als Begleithunde steigender Beliebtheit.

Shar Pei

Größe, Körperbau

Dieser Hund wird zwischen 40 und 50 cm groß und wiegt etwa 15 bis 20 kg. Er hat ein rechteckiges Körperformat mit nicht zu kurzen Gliedmaßen und einen in Relation zum Körper nicht unproportioniert groß wirkenden Kopf. Ganz charakteristisch – und in dieser extremen Form wohl nur bei Hunden dieser Rasse vorhanden – ist ihre in lockeren dicken Wülsten liegende Haut. Tierschützer halten die extrem lockere Haut für problematisch. Sie kritisieren unter anderem, die Haut sei in manchen Fällen so locker, dass bei den Welpen über den Augen Falten angenäht oder sogar herausgeschnitten werden müssten.

Fell

Die Behaarung beim Shar Pei ist kurz und vergleichsweise hart. Typischerweise ist das Fell sandfarben, rehbraun, dunkelbraun oder auch schwarz.

Pflege

Die Behaarung selbst bereitet keine Probleme bei der Pflege. Es ist aber ausgesprochen wichtig, dass man die vielen Fellfalten regelmäßig und gründlich auf mögliche Entzündungen und Ungeziefer untersucht – und wenn man fündig wird, dem Hund sofort fachmännische Behandlung zukommen lässt.

Charakter und Temperament

Der Shar Pei gilt als Vierbeiner mit angenehmen Wesenszügen. Er ist sanft, treu, lieb, liebebedürftig und ruhig, kann aber auch sehr verspielt sein.

Geeignetes Umfeld

Aufgrund seiner Kinderfreundlichkeit ist der Shar Pei gut als Familienhund geeignet. Man sollte ihm nach Möglichkeit ein Haus mit Garten bieten.

Geschichte und Geschichten

Solche Hunde soll es bereits seit 2000 Jahren geben. Heimatland des Shar Pei ist China. Verschiedene Funktionen hat der Shar Pei im Laufe der Zeit übernommen: Er war Kampfhund, Wachhund und Hütehund.

Sennenhund

Shar Pei

Sheltie

Shih tzu

Sheltie (Shetland Sheepdog)

Größe, Körperbau
Bis zu 37 cm groß können diese Hunde werden und dabei ein Gewicht von bis zu 8 kg erreichen. Shelties sehen in fast allen Merkmalen auf den ersten Blick aus wie Miniaturausgaben Schottischer Schäferhunde. Der Kopf ist lang, die Läufe sind gerade.

Fell
Das Deckhaar ist lang und glatt, die Unterwolle weich und dicht. Der Sheltie kann einfarbiges, zweifarbiges oder dreifarbiges Fell haben. Eine typische Dreifarbenkombination ist Weiß mit Schwarz und Braun.

Pflege
Regelmäßiges und gründliches Kämmen und Bürsten ist zu empfehlen.

Charakter und Temperament
Ein lebhaftes und intelligentes Wesen sagt man dem Sheltie nach. Er gilt als genügsam. Seinem Herrchen oder Frauchen gegenüber kann er große Anhänglichkeit entwickeln, zu Fremden wird er sich dagegen eher distanziert verhalten.

Geeignetes Umfeld
Der Sheltie ist ein Hirtenhund. Wenn man ihn als Haushund hält, muss man ihm sehr viel Auslauf ermöglichen, damit er sich austoben kann. Er gilt als kinderfreundlich und unproblematisch im Umgang mit seinen Artgenossen.

Geschichte und Geschichten
Der Sheltie stammt von den Shetlandinseln. Es gibt verschiedene Auffassungen darüber, wer genau unter seinen Vorfahren war. Beispielsweise wird vermutet, dass er aus Kreuzungen von Collies mit nordischen Hunden hervorgegangen sein könnte.

Shih tzu

Größe, Körperbau
Dieser asiatische Hund ist mit einer Größe von maximal 27 cm nicht groß. Er erreicht ein Gewicht bis zu 8 kg und hat einen länglichen, durchaus kräftigen Rumpf. Die Gliedmaßen sind recht kurz und starkknochig. Der Kopf des Shih tzu ist breit und rund geformt. Insgesamt ist eine gewisse Ähnlichkeit mit dem Lhasa Apso auf den ersten Blick nicht zu leugnen.

Fell
Die reiche Behaarung dieses Hundes fällt gleich ins Auge. Die Unterwolle ist kurz und dicht, das Deckhaar lang und dicht, ohne sich zu locken. Besonders üppig ist die Behaarung an der Rute. Es können alle Fellfarben vorkommen. Eine weiße Blesse sowie eine weiße Rutenspitze sind besonders beliebt.

Pflege
Dieses Haarkleid wird durch regelmäßiges Kämmen und Bürsten in gepflegtem Zustand gehalten.

Charakter und Temperament
Der Shih tzu ist ein lebhafter, aufmerksamer Hund, der ein enges Verhältnis zu seinem Herrchen oder Frauchen entwickelt. Er zeichnet sich weiterhin durch Wachsamkeit aus.

Geeignetes Umfeld
Dieser Hund eignet sich sehr gut für die Wohnungshaltung. Er ist kinderfreundlich und freundet sich auch mit anderen Haustieren an.

Geschichte und Geschichten
In seiner asiatischen Heimat wird der Shih tzu als Wachhund geschätzt. Man nennt ihn dort auch Löwenhund. Die ersten Exemplare gelangten schon Ende letzten Jahrhunderts nach Europa.

Siberian Husky (Sibirischer Husky)

Größe, Körperbau
Diese nordischen Hunde erreichen eine Größe von 60 cm und wiegen zwischen 15 und 25 kg. Der Körper hat ein leicht rechteckiges Format mit nicht zu langem Hals und mittelgroßem Kopf. Die Gliedmaßen sind solide und enden in relativ großen Pfoten.

Fell
Das gerade Deckhaar ist weich und fein. Es können Weiß, Schwarz und alle Zwischentöne sowie Sandfarben, auch mit Abzeichen verschiedener Art, vorkommen.

Pflege
Gelegentliches Bürsten und Kämmen hält das Fell in gepflegtem Zustand.

Siberian Husky

Charakter und Temperament
Der Siberian Husky ist ein selbstständiger, eigenwilliger, doch menschenfreundlicher Hund, der sehr gerne arbeitet und als Schlittenhund ausgesprochen temperamentvoll ist.

Geeignetes Umfeld
Wer einen Siberian Husky nicht zur Arbeit einsetzt, muss ihm sehr viel anderweitige Bewegung und Beschäftigung verschaffen. Er gilt als anpassungsfähig und recht unproblematisch im Umgang mit Kindern.

Geschichte und Geschichten
Unter den Schlittenhunden sind die Siberian Huskys eine kleine, elegante Rasse. Ihre eigentliche Heimat ist Ostsibirien. Zu Beginn des letzten Jahrhunderts erzielten sie erstmals große Erfolge bei Schlittenhundrennen in Alaska. Internationale Anerkennung fand die Rasse aber erst rund 60 Jahre später.

Silky Terrier --> Terrier

Skye-Terrier --> Terrier

Sloughi --> Windhunde

Spaniel

Die Gruppe der Spaniel umfasst eine Reihe von Hunderassen, die hauptsächlich als Stöber- und Apportierhunde gezüchtet worden sind, teilweise aber sehr vielseitig bei der Jagd eingesetzt werden können. Spaniel gelten im Allgemeinen als robust. Das gilt auch für die kleineren Formen. Die Vertreter der Spanielrassen haben oft ein auffallend buntes Haarkleid. Innerhalb der Spanielgruppe gibt es sehr unterschiedlich aussehende Tiere. Variationsmöglichkeiten bestehen insbesondere bei der Größe sowie bei der Behaarung. Die zwergwüchsigen Formen werden teilweise Toy-Spaniel genannt („toy" ist der englische Ausdruck für Spielzeug).
Das zwar lebhafte, doch meist recht ausgeglichene Wesen und die Anhänglichkeit der Spaniel haben sie seit längerer Zeit zu beliebten Haus- und Begleithunden in vielen Familien werden lassen.
Über die Herkunft der Spaniel gibt es unterschiedliche Auffassungen. Unter anderem wird vermutet, die Vorfahren der heute bekannten Spanielrassen seien von Asien aus nach Kontinentaleuropa und dann nach England gelangt.

Spitze

Nicht jeder Hund, der zu den Spitzen gezählt wird, trägt diese Bezeichnung auch in seinem Namen. Traditionell bekannte Spitze sind beispielsweise der Deutsche Kleinspitz, der Wolfsspitz, der Deutsche Großspitz und der Japanische Spitz. Aber auch der Schipperke und der Norwegische Buhund werden neben weiteren zu den Spitzen gezählt. Längst nicht nur in Deutschland gibt es Spitze: Spitze in anderen Ländern sind der schwedische Västgötaspets und der niederländische Keeshund.
Spitze haben eine lange Geschichte. Zahlreiche Rassen sind aus diesen Hunden entstanden. Man vermutet, dass alle heutigen Spitze auf den steinzeitlichen Torfhund zurückgehen. Schon aus der Antike gibt es Darstellungen von Spitzen oder spitzartigen Hunden. Auch in späteren Jahrhunderten wurden Spitze häufig gemalt und in der Literatur erwähnt.

Springer-Spaniel --> Spaniel

Staffordshire-BullTerrier --> auch Terrier

Größe, Körperbau
Dieser kompakte, kräftige Hund wird etwa 35 bis 40 cm groß und wiegt zwischen 12

Springer-Spaniel

Britanny-Spaniel

Spitz

Teckel

und 16 kg. Er hat einen kurzen, breiten Kopf, einen kurzen Hals und einen im Verhältnis zur Körperhöhe langen Rücken. Seine Gliedmaßen sind kräftig, die Pfoten rund.

Fell

Der Staffordshire-Bullterrier hat glänzendes, kurzes Glatthaar, das verschiedene Färbungen aufweisen kann. Unter anderem kommen Rotbraun und Blau, auch mit Weiß, sowie Weiß vor.

Pflege

Die Fellpflege ist unkompliziert. Gelegentliches Bürsten und Abreiben mit einem feuchten Ledertuch reichen aus.

Charakter und Temperament

Die Haltung dieser Hunde macht viel Freude. Sie gelten als eifrig, mutig, tapfer und aktiv. Sie sind sehr wachsam. Fremden gegenüber können sie sich weitaus weniger liebenswürdig verhalten als ihrem Herrchen oder Frauchen gegenüber.

Geeignetes Umfeld

Man kann den Staffordshire-Bullterrier gut als Schutz- und Wachhund einsetzen. Wenn man ihn aber als Haushund halten möchte, muss man unbedingt dafür sorgen, dass er genügend Bewegung und viel Auslauf hat. Er wird oft als sehr kinderlieb charakterisiert. Im Umgang mit anderen Hunden kommt es vor, dass er sich nicht immer ganz friedlich verhält.

Geschichte und Geschichten

Verschiedene britische Hunderassen sollen die Vorfahren des Staffordshire-Bullterrier gewesen sein. Nicht Schönheit, sondern Nützlichkeit als Kampf- oder Jagdhund war wichtiges Kriterium bei der Zuchtauswahl.

Sussex-Spaniel --> Spaniel

Teckel

Teckel, Dackel oder Dachshund, das sind gebräuchliche Bezeichnungen für einen sehr bekannten kurzbeinigen Hund, den es in mehreren Varietäten gibt. Im Allgemeinen Sprachgebrauch ist meist vom Dackel die Rede. Man kann die Varietäten des Teckel nach der Größe und nach der Fellbeschaffenheit abgrenzen. Bei der Größe wird nicht

nur nach der Schulter- oder Widerristhöhe, sondern auch nach dem Brustumfang unterschieden. Es gibt Normal-, Zwerg- und Kaninchenteckel, und es gibt Teckel mit kurzem, langem oder rauem Haar.

Die verschiedenen Teckel sind vor dem Hintergrund entstanden, dass man für bestimmte Aufgaben bei der Jagd spezielle Hunde einsetzen wollte. Die Jagd ist nämlich der Einsatzbereich, für den der Teckel gezüchtet wurde – auch wenn er, nicht zuletzt bedingt durch sein angenehmes Wesen, heute ein sehr beliebter Begleithund geworden ist. So mancher, der einen Teckel auf der Straße sieht, weiß vielleicht nicht, dass der kleine Vierbeiner bei guter Ausbildung ein geschickter Jäger ist.

Bei der Jagd ist der Teckel als Erdhund recht vielseitig einsetzbar, unter anderem als Stöberhund und im Bau. Der Kaninchenteckel wurde beispielsweise gezüchtet, um in den Kaninchenbau zu schlüpfen.

Es gibt Skelettfunde, die darauf hinweisen, dass es teckelähnliche Hunde schon in der Antike gegeben hat. Die Teckelformen, die wir heute kennen, gehen wohl auf alte Brackenformen zurück. Der kurzhaarige Teckel, der als die älteste Teckelform gilt, hat recht große Ähnlichkeit mit der Dachsbracke. Durch Einkreuzung anderer Rassen sind die Varietäten entstanden. So gehört zu den Vorfahren des Rauhaarteckels auch der Dandie-Dinmont-Terrier, und unter den Vorfahren des Langhaarteckels finden sich langhaarige Stöberhunde.

Eine Miniaturausgabe des Teckel

Terrier

Die große Gruppe der Terrier umfasst eine Vielzahl recht verschieden aussehender Hunderassen, die je nach Zuchtgeschichte durchaus spezifisch abweichende Eigenarten aufweisen können. So unterscheiden sie sich nicht nur in ihrem Aussehen, sondern auch in der Größe, in ihrem Wesen und in ihrer Bewegungslust. Gemeinsam ist ihnen in der Regel ein recht munteres, aktives Wesen und die Wachsamkeit.

Gemeinsam ist ihnen vor allem aber auch der Name, der auf eine teilweise gemeinsame Vergangenheit hindeutet. Der Begriff Terrier besagt, dass es sich früher um Erdhunde gehandelt hat. Erdhunde sind Jagdhunde, die besonders zur Arbeit unter der Erde, also beispielsweise bei der Jagd auf Kaninchen oder Füchse, eingesetzt wurden. Dennoch sind im Laufe der Abstammungsgeschichte der Terrier nicht nur Erdhunde, sondern auch andere Jagdhunde und andere Gebrauchshunde eingekreuzt worden. Zudem gibt es auch Hunderassen, die als Terrier bezeichnet werden, im strengen Sinne aber nicht dazuzuzählen sind. Der Tibet-Terrier ist ein Beispiel dafür.

Heute werden die Terrier in vielen Bereichen gebraucht. Es gibt solche, die als Jagdhunde eingesetzt werden, das ist beispielsweise beim Welsh-Terrier oder beim Lakeland-Terrier der Fall. Andere Terrier, zum Beispiel der Airedaleterrier, werden als Diensthunde eingesetzt, und wieder andere Rassen dieser Gruppe sind reine Luxushunde – wie beispielsweise der Yorkshireterrier.

In früheren Zeiten wurde so manche Rasse für den Kampf gegen Artgenossen oder gegen andere Tiere gezüchtet. Dabei standen Angriffslust, Schärfe und Kraft als Zuchtziele deutlich im Vordergrund. Mit zunehmenden Verboten und der geringer werdenden Popularität der grausamen Tierkämpfe wurden andere Eigenschaften als Zuchtziele wichtig. So kommt es, dass heute einige Terrier-Rassen in dem vielleicht unverdienten Ruf übertriebener Schärfe stehen. Schärfe ist in den Erbanlagen mancher Rassen stärker vorhanden als in denen anderer. Sie wird sehr oft aber erst durch die Erziehungsmethoden von Hundehaltern geweckt und gefördert.

Tervueren
--> Belgischer Schäferhund

Tibet-Terrier --> auch Terrier

Größe, Körperbau

Dieser asiatische Hund wird bis zu 40 cm groß und kann ein Gewicht von ungefähr 15 kg erreichen. Er hat einen insgesamt recht kompakten Körperbau mit nicht zu lang geformtem Schädel, einem geraden Rücken und recht soliden Läufen.

Fell

Das wuschelige Aussehen dieses Hundes prägt sich schon bei der ersten Begegnung gut ein. Er hat langes, glattes oder auch gewelltes Deckhaar, das sich recht weich anfühlt. Die Unterwolle ist ebenfalls weich und dazu wollig. Es können mehrere Farben vorkommen, unter anderem Weiß, Schwarz, Silber- und Goldtöne. Sowohl Ein- als auch Mehrfarbigkeit kommen vor.

Pflege

Wer dieses Fell regelmäßig kämmt und bürstet, wird viel Freude am gepflegten Aussehen haben.

Charakter und Temperament

Der Tibet-Terrier gilt als intelligent und selbstsicher. Er kann große Anhänglichkeit gegenüber seinem Herrchen oder Frauchen entwickeln, Fremden gegenüber jedoch durchaus reserviert sein. Er zeichnet sich weiter durch Aufmerksamkeit und Wachsamkeit aus.

Geeignetes Umfeld

Ein Haus mit Gartengrundstück wird dem Tibet-Terrier wohl grundsätzlich mehr entsprechen als eine kleine Wohnung, da er viel Auslauf braucht. Man sagt ihm gute Eignung als Familienhund nach, da seine Anhänglichkeit sich nicht auf einen Menschen beschränken muss. Im Umgang mit Kindern ist – wie bei vielen anderen Rassen – frühzeitige Gewöhnung von großem Vorteil.

Geschichte und Geschichten

Tibet ist die Heimat dieses Hundes. Die Bezeichnung Terrier ist insoweit irreführend,

Silkyterrier

Manchester-Terrier

Tibet-Terrier

Weimaraner

Welsh Corgi

als dass nur die kleinsten dieser Hunde als Erdhunde eingesetzt wurden. Die größeren wurden zu anderen Jagdaufgaben oder als Wachhunde gebraucht. Tibet-Terrier soll es schon seit etwa 2000 Jahren geben.

Toy-Terrier --> Terrier

Weimaraner

Größe, Körperbau
Dieser Hund kann bis zu 70 cm groß werden. Sein Gewicht variiert je nach Größe; bis zu 30 kg kann er wiegen. Der Kopf des Weimaraners ist mittelgroß, der Fang kräftig und nicht Spitz zulaufend. Der Weimaraner hat einen kräftigen Rücken und vergleichsweise lange Gliedmaßen.

Fell
Traditionell bekannter ist der kurzhaarige Schlag. Bei ihm ist das Deckhaar kurz, es kann fein oder kräftiger, auch stockhaarig sein. Aber es gibt auch den langhaarigen Schlag mit etwa gut 3 cm langem Deckhaar, das an einigen Stellen wie beispielsweise an der Brust noch länger ist. Typische Fellfarben des Weimaraners sind Grautöne, die zu verschiedenen Farben tendieren können, unter anderem zu einem bräunlich-roten Grau.

Pflege
Der kurzhaarige Schlag ist wenig pflegeintensiv. Gelegentliches Kämmen und Bürsten sowie Abreiben mit einem feuchten Tuch können als ausreichend betrachtet werden. Beim langhaarigen Schlag empfiehlt es sich, das Fell regelmäßig und gründlich zu kämmen und zu bürsten.

Charakter und Temperament
Fleißig und ausdauernd ist dieser Hund bei der Arbeit. Dort kann er durchaus Schärfe entwickeln. Weiter zeichnet er sich im Allgemeinen durch ein ruhiges Wesen und durch Fügsamkeit aus.

Geeignetes Umfeld
Bei der Jagd wird der Weimaraner typischerweise als Vorstehhund eingesetzt. Wer ihn als Haushund hält, muss unbedingt dafür sorgen, dass das Tier sehr viel Auslauf und Bewegung bekommt. Insofern bietet sich die Haltung in einer kleineren Wohnung nicht an. Weder im Umgang mit seinen Artgenossen noch mit Kindern sagt man diesem Hund besonders problematisches Verhalten nach.

Geschichte und Geschichten
Es gibt widersprüchliche Auffassungen über die Geschichte und Abstammung dieses Jagdhundes. Eine Meinung geht davon aus, zu seinen Vorfahren zähle der Deutsch Kurzhaar. Im 18. und im 19. Jh. wurden Weimaraner in Sachsen-Weimar gezüchtet. Bei der Jagd ist die besondere Aufgabe dieser Rasse das Vorstehen.

Welsh-Springer-Spaniel --> Spaniel

Welsh Corgi

Größe, Körperbau
Diese Schäferhunde mit kurzen Beinen gibt es in zwei verschiedenen Schlägen: als Welsh Corgi Cardigan und als Welsh Corgi Pembroke. Der Welsh Corgi Cardigan wird etwa 30 cm groß und wiegt bis zu 12 kg. Der Welsh Corgi Pembroke kann mit 25 bis 30 cm etwas kleiner ausfallen und wiegt dann entsprechend weniger – etwa 8 bis 12 kg. Der Welsh Corgi hat ein länglichrechteckiges Format bei kräftigem Rumpf und kurzen Gliedmaßen. Der Kopf wirkt im Verhältnis zum Körper nicht klein, weist einen langen Fang auf und erinnert an einen Fuchskopf. Welsh Corgi Cardigan und Welsh Corgi Pembroke unterscheiden sich auf den ersten Blick nur wenig; es gibt aber durchaus einige kleinere Unterschiede. So ist der Körper beim Welsh Corgi Pembroke weniger zylindrisch geformt.

Fell
Der Welsh Corgi Cardigan hat kurzes oder etwas längeres hartes Stockhaar in ganz unterschiedlichen Farben und Farbkombinationen außer einem reinen Weiß. Der Welsh Corgi Pembroke zeichnet sich dagegen durch mittellanges, nicht zu hartes Fell aus. Typische Farbkombinationen enthalten Braun in verschiedenen Tönen, Weiß und Schwarz.

Pflege
Die Fellpflege ist nicht übermäßig aufwändig. Regelmäßiges Kämmen und Bürsten wird empfohlen.

Charakter und Temperament
Diese kleinen Hunde passen auf. Ihnen entgeht so schnell nichts. Sie sind lernfreudig und intelligent und können sich gut einfügen.

Geeignetes Umfeld
Der Welsh Corgi kann durchaus in einer Stadtwohnung gehalten werden – viel Bewegung und Auslauf vorausgesetzt. Man sagt den Tieren ein gutes Verhältnis zu Kindern nach. Damit und mit ihrer Anpassungsfähigkeit eignen sie sich gut für eine Familie.

Geschichte und Geschichten
Ein Welsh Corgi ist kein Schoßhund. Er ist als Schäferhund gezüchtet worden. Seine Heimat ist Wales. Darauf deutet der erste Teil des Namens, Welsh, hin. Der zweite Teil des Namens, Corgi, kann als „Zwerghund" übersetzt werden. Pembroke und Cardigan sind die Namen von Grafschaften. Über die Abstammungsgeschichte des Welsh Corgi gibt es mehrere Auffassungen. Unter anderem wird vermutet, es könnten nordische Hunde unter den Vorfahren gewesen sein. Schon vor 1000 Jahren sollen diese walisischen Zwerghunde als Schäfer- und Treibhunde gedient haben.

West-Highland-White-Terrier --> auch Terrier

Größe, Körperbau
Die kleinen Terrier erreichen eine Größe von etwa 28 cm und wiegen zirka 7 bis 10 kg. Der West-Highland-White-Terrier hat einen rundlichen Kopf mit kompaktem Fang. Der lange Hals geht in einen kompakten Rumpf über. Insgesamt weist dieser Hund eine wohl proportionierte Rechteckform auf. Die Gliedmaßen sind kurz.

Fell
Weiß ist die Farbe der West-Highland-Terrier. Das Deckhaar ist vergleichsweise lang, dabei hart und schlicht. Die weiche, dichte Unterwolle liegt eng an.

Pflege
Die Pflege dieses Haarkleids ist mit ein wenig Aufwand verbunden. Regelmäßiges Kämmen und Bürsten sollte gewissenhaft erledigt werden; zudem wird regelmäßiges Trimmen empfohlen.

Charakter und Temperament
Dieser kleine Vierbeiner ist alles andere als ein Langweiler. Er gilt als ausgelassen, verspielt und vorwitzig; aber er lässt sich auch gut erziehen und ist anhänglich und treu.

Geeignetes Umfeld
Man kann den West-Highland-Terrier gut in einer Wohnung halten, wenn man ihm zum Ausgleich viel Auslauf ermöglicht. Er muss herumtollen dürfen. Er gilt als nicht problematisch im Umgang mit seinen Artgenossen und mit Kindern.

Geschichte und Geschichten
Auf der Jagd in Schottland hat sich der West-Highland-Terrier schon im 19. Jahrhundert bewährt. Die kleinen Vierbeiner wurden bevorzugt auf Füchse, Dachse und Nagetiere, die den Menschen störten, gehetzt. Die weißen Terrier sind verwandt mit weiteren kleinen Terrier-Rassen, so zum Beispiel dem Scottish Terrier und dem Cairn-Terrier.

West-Highland-White-Terrier

Westfälische Dachsbracke --> Bracken

Whippet --> auch Windhunde

Größe, Körperbau
Der Whippet ist deutlich kleiner als andere Windhunde. Er erreicht eine Größe von über 50 cm und wiegt etwa 10 bis 15 kg. Sein Äußeres erinnert auf den ersten Blick stark an den Greyhound, doch ist der Whippet eher zart. Er hat einen langen Kopf mit einem kräftigen, nach vorne stark schlanker werdenden Fang. Der lange, geschwungene Hals geht in einen länglichen Rücken über. Die Gliedmaßen sind vergleichsweise fein.

Fell
Das kurze, dichte Haar ist glatt. Es können sehr viele verschiedene Farben vorkommen.

Pflege
Aufwändig ist die Fellpflege bei solch kurzem Glatthaar nicht. Gelegentliches Abrei-

Whippet

Ein typischer Windhund ist der Sloughi

Yorkshireterrier: Welpe

ben mit einem nicht zu feuchten Tuch bietet sich an.

Charakter und Temperament

Dieser kleine Windhund gilt als anspruchslos und sanft. Wenn man ihm genügend Bewegung erlaubt, ist er sehr ausgeglichen.

Geeignetes Umfeld

Man kann, sehr viel Auslauf oder auch Training vorausgesetzt, den Whippet durchaus in einer nicht zu kleinen Wohnung halten. Da er nicht über die robusteste Konstitution verfügt, ist es wichtig, ihm einen warmen und trockenen Platz zu geben. Er gilt als unkompliziert im Umgang mit Kindern.

Geschichte und Geschichten

Dieser Windhund hat sich vom Rennhund zum Begleithund entwickelt. Bemerkenswert ist seine Fähigkeit, ganz überraschend schnell die Richtung zu wechseln. Unter den Vorfahren des Whippet sind unter anderem das Italienische Windspiel und der Bedlington-Terrier zu finden.

Windhunde

Einen Windhund erkennt man in der Regel schon auf den ersten Blick an seiner Gestalt. Die Tiere sind sich dem Körperbau nach ausgesprochen ähnlich, auch wenn sie unterschiedlich groß sind. Typisch ist ein langer, schmaler Kopf, ein nicht zu kurzer Hals und ein schlanker Körper, an der Brust geweitet und nach hinten wieder schmaler. Typisch sind auch die hochgezogene Bauchlinie und die hohen, schmalen Gliedmaßen. Zudem haben die meisten Windhunde ein kurzes, glattes und eng anliegendes Haarkleid.

Ein besonderes Merkmal des Windhund ist: Er sieht sehr gut. Man spricht daher bei diesen Tieren von einem ausgeprägten Gesichtssinn. Er wird gegenüber dem Gehör und vor allem gegenüber dem Geruchssinn weitaus stärker eingesetzt, als das bei anderen Hunden der Fall ist.

Auch im Wesen kann man im Verhältnis zu einer Vielzahl anderer Rassen durchaus Gemeinsamkeiten feststellen. Die meisten Windhunde sind ruhig und verhalten sich eher distanziert, insbesondere Unbekannten gegenüber. Ruhe und Ausgeglichenheit setzen allerdings voraus, dass diese Tiere ausgesprochen viel Bewegung und Auslauf haben.

Man unterscheidet zwei Gruppen dieser Tiere: nördliche und südliche Windhunde. Zu den nördlichen Windhunden zählen unter anderem der Greyhound, der Chinesische Windhund, der Deerhound und der Whippet. Zu den südlichen Windhunden gehören unter anderem der Griechische Windhund, der Pharaonenhund und der Afghanische Windhund.

Schon sehr früh wurden Windhunde bei Rennen eingesetzt, die später besonders in den angelsächsischen Ländern viele Anhänger fanden. Bei solchen Rennen können die Hunde durchaus Geschwindigkeiten von 70 km/h erreichen. Windhunde, die Rennen laufen, werden so aufwändig wie Hochleistungssportler behandelt. Von den heutigen Windhundrassen gehen einige auf sehr alte Züchtungen zurück. Davon zeugen beispielsweise ägyptische Malereien. Eine ganz zentrale Aufgabe der Windhunde war früher das Hetzen des Wildes bei der Jagd.

Yorkshireterrier
--> auch Terrier

Größe, Körperbau

Diese Hunde werden nicht sehr groß. Yorkshireterrier messen ungefähr 20 cm und wiegen dementsprechend sehr wenig. Ihr Gewicht liegt zwischen 1,5 und 2 kg. Der Kopf des Yorkshireterriers ist zierlich geformt mit breitem Fang. Der Körper hat ein kompaktes Rechteckformat, die kurzen Gliedmaßen sind gerade und enden in rundlich geformten Pfoten.

Fell

Das seidige, lange Glatthaar glänzt und hat oft auf der Rückenmitte einen Scheitel. Die typische Fellfärbung setzt sich aus Stahlblau und Lohfarben zusammen, wobei die lohfarbenen Haare an den Spitzen heller sind.

Pflege

Es empfiehlt sich regelmäßiges Kämmen und Bürsten, wenn das Fell gut gepflegt sein soll.

Charakter und Temperament
Dieser kleine Terrier ist ausgesprochen lebhaft und gesellig. Er spielt gerne und zeichnet sich durch seine Freundlichkeit und Anhänglichkeit aus. Zudem ist der Yorkshireterrier wachsam und zeigt Mut.

Geeignetes Umfeld
Man kann den Yorkshireterrier sehr gut auch in einer kleineren Wohnung halten. Es ist aber ganz wichtig, dass er sich täglich austoben kann, denn ein reiner Schoßhund ist er gewiss nicht; dazu ist er in aller Regel zu lebhaft. Man sagt ihm nach, dass er sich sowohl mit Kindern als auch mit seinen Artgenossen gut versteht.

Geschichte und Geschichten
Es gibt mehrere Meinungen über die Abstammungsgeschichte dieses Terriers. Unter anderem werden als mögliche Vorfahren der Manchester-Terrier, der Skye-Terrier und der Malteser genannt. Beheimatet ist der kleine Terrier in der Grafschaft Yorkshire. Handwerker und Industriearbeiter haben ihn gezüchtet. Früher diente er als Mäuse- und Rattenfänger, und auch heute noch geht er gern auf die Jagd nach kleinen Nagern, wenn man ihn lässt. Allerdings wird der Yorkshireterrier heute meist als typischer Luxushund und nicht mehr als Gebrauchshund gehalten.

Zwergpinscher

Größe, Körperbau
Der Zwergpinscher wird etwa 25 bis 30 cm groß und erreicht ein Gewicht von ungefähr 3 bis 4 kg. Er hat einen schmalen Kopf mit nicht zu kurzem, sich verjüngendem Fang. Er weist eine eher quadratische Körperform mit geraden vorderen und deutlich gewinkelten hinteren Gliedmaßen auf.

Fell
Glattes, kurzes Fell, das eng anliegt, ist dem Zwergpinscher eigen. Ganz typisch sind entweder Zweifarbigkeit – Schwarz mit rotbraunen Abzeichen – oder ein einfarbig rötlichbraunes Fell.

Pflege
Solch kurzes, glattes Fell ist in der Pflege unproblematisch. Insbesondere bietet es sich an, den Hund gelegentlich mit einem feuchten Tuch abzureiben.

Charakter und Temperament
Intelligenz, Fröhlichkeit und Sinn für Geselligkeit zeichnen den Zwergpinscher besonders aus. Zudem ist er ein wachsamer Hund, der Fremden gegenüber nicht gerade zutraulich ist.

Geeignetes Umfeld
Da der Zwergpinscher kein großer Hund ist, kann man ihn in einer Wohnung gut halten. Er braucht aber selbstverständlich auch Beschäftigung, Bewegung und Auslauf. Bei liebevoller Erziehung, die dem Halter leicht fallen sollte, da der Pinscher lernfreudig ist, kann man ihn zu einem sehr angenehmen Begleithund erziehen.

Geschichte und Geschichten
Die Pinscher sollen, wie auch die Spitze und die Terrier, von den prähistorischen Torfhunden abstammen. Es besteht eine enge Verwandtschaft zu den Schnauzern. Der Zwergpinscher gleicht dem Pinscher in vielem und weist im Gegensatz zu anderen sehr kleinen Hunden ausgewogene Körperproportionen auf. Der einfarbig rotbraune Zwergpinscher wird häufig auch Rehpinscher genannt. Es existieren mehrere Auffassungen über die genaue Abstammung des Zwergpinscher. Unter anderem soll der Manchester-Terrier unter den Vorfahren gewesen sein.

Zwergschnauzer --> Schnauzer

Zwergspitz --> Spitz

Zwergpinscher

Zwergschnauzer

Mischlingshunde gehören zu keiner bestimmten Rasse

Jeder Mischling hat seinen ganz eigenen Charme

Ein Elternteil ist gewiss ein Teckel

„M" wie Mischling

Was ist ein Mischling?

Ein Mischlingshund ist ein Hund, der zu keiner bestimmten Rasse gehört. So weit, so gut. Aber was genau ist eigentlich eine Rasse? Dazu eine der gebräuchlichen Definitionen aus einem Hundelexikon: Nach dieser Definition sind Rassen „von Menschen in sexueller Isolation gehaltene, verbreitete Untereinheiten der Haustiere einer Art, welche sich in mehreren Merkmalen und Erbeinheiten voneinander stärker unterscheiden; sie werden nach subjektivem Ermessen abgegrenzt".

Die Definition ist auf Anhieb nicht leicht zu verstehen. Sie lässt sich besser begreifen, wenn man sie Schritt für Schritt untersucht. Was heißt „in sexueller Isolation gehalten"? Das heißt: Menschen halten einige Tiere getrennt von den Artgenossen. Die Tiere dürfen sich nicht mehr selbst aussuchen, mit welchen anderen Tieren sie Nachwuchs zeugen. Stattdessen bestimmen die Menschen, welche Tiere sich untereinander fortpflanzen sollen. Indem die Menschen Tiere mit bestimmten Eigenschaften und äußeren Merkmalen zur Paarung kommen lassen, erreichen sie, dass die Nachkommen einige der Eigenschaften dieser ausgesuchten Elterntiere erben.

Warum ist die Formulierung, Rassen seien „Untereinheiten einer Art", wichtig? Dazu muss man wissen: In der Regel sind nur die Tiere, die zu einer Art gehören, untereinander fruchtbar. Allerdings gibt es auch Ausnahmen von dieser Regel. Für die Definition der Hunderassen ist aber wichtig: Wenn verschiedene Rassen zur selben Art gehören, dann sind diese Rassen untereinander fruchtbar. Hunde verschiedener Rassen, also zum Beispiel ein Chow-Chow und ein Berner Sennenhund, können sich paaren und Nachwuchs zeugen. Das ist möglich, obwohl sie recht unterschiedlich aussehen – weil sie zur selben Art, zur Art der Hunde, gehören.

Die Lexikondefinition sagt weiter: Rassen unterscheiden sich „in mehreren Merkmalen und Erbeinheiten voneinander stärker". Einige diese Unterschiede zwischen den Hunderassen fallen gleich ins Auge. Die Rassen sehen einfach unterschiedlich aus. Wer würde schon einen Pudel mit einem Dackel verwechseln? Aber nicht nur im Äußeren, sondern auch im Wesen unterscheiden sich die Hunderassen voneinander. So gilt der Pyrenäenhund als treu und genügsam, und dem Bobtail wird nachgesagt, er sei sehr kinderlieb.

Die Definition aus dem Lexikon enthält noch eine weitere Formulierung, die man nicht übersehen sollte: Die Rassen werden „nach subjektivem Ermessen abgegrenzt". Das bedeutet, dass für jede Rasse bestimmte so genannte Rassestandards festgelegt werden, und zwar auf internationaler Ebene vom Weltverband Fédération Cynologique Internationale (F.C.I.).

Die Standards umfassen für jede Rasse mehrere Merkmale. Äußere Merkmale legen zum Beispiel fest, wie lang die Hundeschnauze sein soll oder welche Farbe das Fell haben soll. Charaktermerkmale sagen etwas über das Wesen eines Hundes aus – zum Beispiel, ob er kinderfreundlich ist. Ein Mischling, der einem Rassehund ähnlich ist, aber nicht die Rassestandards erfüllt, ist eben kein Rassehund.

Ein Beispiel: Die Schulterhöhe eines Rüden der Rasse Kleiner Münsterländer darf 52 bis 56 cm nicht überschreiten. Der Kleine Münsterländer gilt als verständig, gehorsam, anhänglich, wachsam und kinderlieb. Ein Mischling, dessen Körperbau und Gesicht vielleicht stark an einen Kleinen Münsterländer erinnert, bleibt eben doch ein Mischling, wenn er eine andere Fellfarbe, mehr als die zulässige Schulterhöhe und vielleicht auch ganz andere Charaktereigenschaften hat.

Neue Rassen erfinden?

Theoretisch muss es nicht bei den etwa 340 weltweit anerkannten Hunderassen bleiben, die es heute gibt. Theoretisch könnte auch

jemand auf die Idee kommen, Hunde verschiedener Rassen zu kreuzen und damit eine neue Rasse zu „erfinden“. Wie gesagt, theoretisch wäre das möglich – praktisch aber ist kaum damit zu rechnen.
Wie müsste der „Erfinder“ einer neuen Hunderasse vorgehen? In Deutschland würde er sich mit seinem Anliegen an den Verband für das deutsche Hundewesen (VDH) e.V. wenden. Nach gründlicher Beobachtung der Tiere würde er eine Reihe von Merkmalen bestimmen, die diese neue Rasse ausmachen sollen – mit anderen Worten, der „Erfinder“ würde einen Vorschlag für einen neuen Standard einbringen. Dann müsste er über Jahrzehnte hinweg ganz exakt ein Zuchtbuch führen. In diesem Zuchtbuch müssten alle Daten über Paarungen und Abstammungsverhältnisse der Hunde aufgeführt werden. Wenn alle Anforderungen ordnungsgemäß erfüllt worden wären, könnte sich der VDH mit diesem Vorschlag für die neue Hunderasse an die Fédération Cynologique Internationale (F.C.I.) wenden.
Theoretisch wäre es also möglich, mit einem Vorschlag für eine neue Hunderasse an den Züchterverband heranzutreten. Es ist aber sehr unwahrscheinlich, dass dem Antrag stattgegeben wird. Viele sind der Auffassung, dass die etwa 340 Rassen, die es weltweit gibt, ausreichen. Diese Rassen werden als ausreichend betrachtet, weil die Vielfalt der Rassen ein sehr breites Spektrum an Hundeeigenschaften abdeckt.
Der VDH in Deutschland erhält auch nur sehr vereinzelt Anfragen oder Anträge auf Züchtung einer neuen Hunderasse. In Deutschland wurden nach aufwändigen Vorbereitungen zum Beispiel die Rasse der „Kromfohrländer“ und des „Eurasiers“ zugelassen. Die Kromfohrländer kommen aus dem Siegerland. 1955 wurden sie international anerkannt. Die Eurasier fanden 1960 internationale Anerkennung.

Unbegrenzte Vielfalt

Wie viele verschieden aussehende Mischlingshunde kann es höchstens geben? Diese Zahl wird kein Mensch ausrechnen können. Denn grundsätzlich kann sich eine Hündin jeder beliebigen Rasse mit einem Rüden irgendeiner anderen Rasse paaren. Angenommen, eine Rottweilerhündin und ein Schäferhund zeugen Nachkommen: In der ersten Kindergeneration kann man vielleicht noch ohne Not erraten, wer Mama und Papa

Seine Eltern sind ein Boxer und ein Deutscher Schäferhund. Welche Charaktereigenschaften sich durchsetzen, weiß man vorab nicht.

Freies Herumlaufen führt nicht selten zu gemischtem Nachwuchs.

waren. Sollten sich die Kinder bei ihrer Partnerwahl ganz zufällig wieder an einen Rottweiler oder einen Schäferhund halten, dann setzt sich die Ähnlichkeit natürlich auch bei den Enkeln fort. Auch sie werden dann typische Rottweiler- und Schäferhundmerkmale in unterschiedlichen Anteilen aufweisen. Es ist aber sehr unwahrscheinlich, dass sich die Kinder bei freier Partnerwahl an Mamas oder Papas Rasse halten. Viel wahrscheinlicher ist es, dass andere Hunderassen oder gar andere Mischlinge ins Spiel kommen. Und wer will in der dritten Generation von Mischlingshunden noch erkennen, welche Rassen bei den Großeltern vertreten waren? Je freier die Hunde herumlaufen, um so gemischter das Ergebnis. Welcher Urlauber, der aus südlichen Ländern zurückkehrt, hat sie nicht kennen gelernt, die charmanten Vierbeiner mit viel zu großen Ohren, einer riesigen Schnauze im kleinen Gesicht oder dicken Pfoten an ganz kurzen Beinen?

Robust und schlau

Mischlinge gelten als widerstandsfähig und pfiffig. Eine Tierbuchautorin schreibt: „Dass nun der Mischling robuster und klüger ist, könnte man einfach damit erklären, dass er aus einer Paarung kommt, die nicht der Mensch, sondern das Individuum selbst bestimmte." Wer will wissen, ob an dieser Erklärung nicht etwas Wahres ist?
Einen handfesteren Weg als die erste Erklärung schlägt die folgende Argumentation vor: Mischlinge haben mit großer Wahrscheinlichkeit eine Reihe positiver Eigenschaften. Sie sind unproblematisch, können sich in ihrem Verhalten anpassen, lernen gut, und sie sind robust und fruchtbar. Das liegt ganz einfach daran, dass bei Kreuzungen zwischen verschiedenen Rassen, zwischen Rassen und Mischlingen und von Mischlingen untereinander immer wieder neuartiges Genmaterial ins Spiel kommt. Man spricht in der Fachsprache in diesem Zusammenhang von „Kreuzungsvitalität".

Mischling: pro und contra

Auch heute noch gibt es Menschen, die aus Prestigegründen einen Rassehund, vielleicht sogar einen einer ganz bestimmten Rasse, halten. Dabei sind diese Zeiten eigentlich vorbei. Die Devise „Edle Hunde für den Adel, Straßenköter für das einfache Volk" – sie gilt schon seit dem 19. Jahrhundert nicht mehr. Ein hübscher Mischling schmückt den Menschen heute nicht weniger als ein hübscher Rassehund.

Viele Tierschützer sind erklärte Mischling-Fans. Sie lehnen die Zucht spezieller Hunderassen mehr oder weniger ab und argumentieren: Bei der Zucht wird vieles übertrieben, und die Tiere leiden darunter. Zu den unangenehmen Zuchterscheinungen gehört zum Beispiel die Hüftgelenksdysplasie, kurz HD. HD ist eine schmerzhafte Erkrankung, bei der die Gelenkköpfe nicht richtig in den Gelenkpfannen sitzen. Schon wenn sich der Hund aufrichtet und läuft, können die Gelenkköpfe aus den Gelenkpfannen herausspringen. HD betrifft vor allem große Hunde. Eine andere unangenehme Erscheinung sind zuchtbedingt abgesenkte untere Augenlider. Die Lidspalte ist so weit, dass man die Bindehaut sieht. Solche Hunde leiden häufig unter Bindehautentzündungen.

Eines aber weiß man bei Mischlingswelpen eigentlich nie so genau – vor allem dann, wenn man Hundemutter oder Hundevater oder gar beide Hundeeltern nicht kennt: Man weiß nicht, was aus den kleinen Fellknäueln einmal wird, wie groß sie werden und welchen Körperbau sie einmal haben werden. Und auch die Charaktereigenschaften von Mischlingen lassen sich oft nicht im Voraus einschätzen. Die Tatsache, dass man sich bei Mischlingen oft auf Begegnungen mit dem Unbekannten einlässt, spricht in den Augen vieler Züchter ganz klar gegen Mischlinge. Beim Rassehund, so sagen sie, weiß man, was man hat, und das ist wichtig. Wichtig zum Beispiel, wenn man sich einen kinderfreundlichen Hund ins Haus holen will, weil kleine Kinder da sind.

Mischlinge aus zwei Rassen

Wenn Mischlinge sich paaren, deren Vorväter und -mütter schon seit Generationen Mischlinge gewesen sind, dann wird wohl kein Mensch mehr sagen können, wie sich die Nachkommen im Aussehen und im Wesen entwickeln werden.

Anders liegen die Dinge, wenn zwei reinrassige Hunde sich paaren. Dann kann man mit einiger Wahrscheinlichkeit erwarten, dass der Nachwuchs sowohl Eigenschaften der reinrassigen Hündin als auch Eigenschaften des reinrassigen Rüden hat. Welche Seite sich bei welchem Merkmal durchsetzt, das ist natürlich nicht vorauszusagen. Woher will man beispielsweise bei einer Mischung von Schäferhund und Boxer wissen, wessen Schnauzenform sich durchsetzt?

Dennoch kann man eher als bei einer unbekannten Promenadenmischung mögliche Eigenschaften nennen. Zu diesem Zweck fragt man nach den Charakteristika der reinrassigen Eltern. Eine Dackel-Yorkshire-Mischung kann zum Beispiel einen Hang zur Sturheit haben. Diese Neigung kann aus dem Dackelerbe kommen. Bei einer Dackel-Schäferhund-Mischung muss damit gerechnet werden, dass die Jungen unproportioniert wirken. Das liegt am starken Größenunterschied zwischen den Elternteilen. Die Jungen können einen recht kräftigen Körper mit sehr kurzen Beinen haben. Eine Bernhardiner-Collie-Mischung wird mit großer Wahrscheinlichkeit dazu neigen, stark zu haaren, denn der Collie hat langes, der Bernhardiner sehr dichtes Fell.

Zu seinen Ahnen gehört der Yorkshireterrier.

Ganz unterschiedlich können die Mischlingshunde aussehen.

Im Gras herumtollen und ein wenig spielen – putzige junge Mischlinge

Der Hund kommt ins Haus

Den Vierbeiner sorgfältig auswählen

Ein kleiner Hund kann in der Wohnung gehalten werden.

Der passende Hund

Ist einmal die wohl überlegte Entscheidung gefallen, sich einen Hund anzuschaffen, ist man mit dem Überlegen noch nicht am Ende. Denn einen Hund anzuschaffen, das heißt ja nicht: irgendeinen Hund! Es muss genau der Hund sein, der zu einem selbst, zur Familie oder den anderen Menschen im Umfeld passt. Und alle Bedingungen wie Platz, Zeit und Geld müssen auch stimmen. Da gilt es eine Reihe von Aspekten zu berücksichtigen und verschiedene Fragen zu beantworten.

Ganz wichtig: Man darf sich bei der Anschaffung eines Hundes auf keinen Fall nur vom Gefühl leiten lassen. Der Verstand ist bei einer solchen Angelegenheit mindestens genauso wichtig. Denn jede noch so spontane Entscheidung beim Hundekauf bindet für eine lange Zeit. Was hätte es für einen Sinn, sich einen niedlichen kleinen Hund zu kaufen, wenn man ein begeisterter Rennradfahrer ist und täglich nach Feierabend Strecken fährt, die der kleine Vierbeiner zu Fuß niemals schaffen könnte? Oder was hätte es für einen Sinn, sich einen knuffig aussehenden großen Hund anzuschaffen, wenn man nachher im Einzimmerappartement nicht einmal weiß, wohin man mit dem Körbchen soll?

Deshalb heißt es: Herz und Verstand müssen sich einig sein, wenn der vierbeinige Mitbewohner ausgesucht wird. Es gibt viel zu bedenken.

Ein Rüde beim Markieren.

Kleiner Hund oder großer Hund?

Genügend Platz in der Wohnung oder im Haus, eventuell ein Garten, in dem der Hund Auslauf haben kann – das sind wichtige Bedingungen für die Hundehaltung, vor allem, wenn es um große Hunde geht. Kleinere Hunde wie zum Beispiel Pekinesen, Zwergpinscher und Yorkshireterrier können bei angemessenem Auslauf auch in einer Stadtwohnung gehalten werden. Bei mittelgroßen und insbesondere bei großen Rassen ist eine Wohnung in vielen Fällen nicht der geeignete Lebensraum. Es gibt aber noch andere Umstände außer dem Wohnraum, die man bei der Entscheidung für einen großen oder einen kleinen Hund berücksichtigen sollte. Dazu gehört zum Beispiel die Überlegung, wie man den Hund über längere Strecken transportieren will. Hat man ein Auto, stellt sich die Frage, wo der Hund dort sinnvoll Platz findet. Für den, der Probleme hat, sich die Größe eines Hundes vorzustellen, den er noch nicht oder nur als Welpen gesehen hat, seien hier zwei Tipps gegeben: Zum einen kann man die angegebene Schulterhöhe des Tieres einmal am eigenen Bein abmessen – dann sieht man, bis wohin einem der Hund reicht. Zum anderen bietet es sich an, einen Karton, der ungefähr der Größe des Hundes entspricht, mit in die Wohnung zu bringen und an verschiedenen Stellen zu platzieren. Man kann dann schon grob abschätzen, welchen Platz der Vierbeiner in der Umgebung einnehmen wird. Dabei ist der Karton natürlich nur ein Provisorium. Man sollte nicht unterschätzen, dass ein Hund nicht nur Platz zum Stehen, Sitzen oder Liegen braucht. Er braucht auch Platz zum Herumlaufen und Herumtollen.

Hündin oder Rüde?

Immer wieder werden typische Eigenschaften für Hündinnen und typische Eigenschaften für Rüden unterstellt. So wird Hündin-

nen beispielsweise nachgesagt, sie seien eher anhänglich und liebevoller im Umgang. Rüden gelten dagegen als tendenziell unabhängiger und eigensinniger. Zu bedenken ist, dass Hündinnen zweimal pro Jahr läufig werden und man in dieser Zeit sehr gut auf sie aufpassen muss, um unerwünschten Nachwuchs zu verhindern. Andererseits sind Rüden grundsätzlich immer bereit, Nachwuchs zu zeugen – auch das heißt für den Hundebesitzer, dass er den Rüden gut im Auge behalten muss.

Die Haushaltsgröße und -zusammensetzung

Wenn man eine große Familie hat, braucht man einen Hund, der sich gut auf mehrere Menschen einstellen kann und der kein ausgesprochener „Ein-Mann-Hund“ ist. Hat man Kinder oder möchte man in den nächsten Jahren Kinder bekommen, dann sollte man sich einen Hund aussuchen, der als kinderfreundlich gilt. Ob ein Hund sich tatsächlich auch kinderfreundlich verhält, wird stark von seiner Erziehung mitbestimmt. Dennoch lohnt es sich, vor der Anschaffung beim Züchter, beim Vorbesitzer oder beim Tierheim die Fragen der Kinderfreundlichkeit und Familieneignung ausführlich zu besprechen. Durch diese ersten kritischen Erkundigungen vermeidet man Schwierigkeiten, die andernfalls über Jahre hinweg immer wieder auftreten.

Die Wohnlage

Nicht nur die Wohnung selbst, sondern auch die Lage einer Wohnung im Haus und die Lage des Hauses in der Umgebung sind wichtige Rahmenbedingungen für den Hundekauf. Für viele Hunde ist es sehr ungesund, Treppen zu steigen. Je nachdem, auf welcher Etage die Wohnung liegt, muss man den Hund tragen können, wenn kein Aufzug vorhanden ist. Daher kann es ganz entscheidend sein, bei der Besichtigung eines zarten, kleinen Welpen abzuschätzen, wie schwer er als ausgewachsenes Tier wohl einmal sein wird. Auch das weitere Umfeld, in dem man wohnt, sollte zusammen mit den persönlichen Möglichkeiten, Grün- und Waldflächen zu erreichen, in die Überlegung bei der Hundeanschaffung einbezogen werden. Zum Beispiel sollte man sich nicht einen ausgesprochen lauffreudigen Hund anschaffen, wenn weit und breit keine Freifläche erreichbar ist.

Eigene Zeitpläne

Kein Hund kann den ganzen Tag allein zu Hause verbringen. Einige Hunde sind sogar ganz besonders darauf angewiesen, dass jemand bei ihnen ist. Andere sind robuster und können ohne Probleme die eine oder andere Stunde allein zu Hause verbringen.

Hund und Kind

Nicht nur Jagdhunde brauchen genügend Freilauf.

Wie viel Zeit braucht der Hund? Diese Frage sollte bei der Entscheidung, welcher Hund gekauft wird, eine Rolle spielen.

Vielleicht haben Bekannte einen Hund abzugeben.

Info *Für die Fellpflege verwendet man eine grobe Bürste und kann abgestorbenes Haar auch mit den Fingern herauszupfen. Beim Langhaar ist das Deckhaar wesentlich länger – und wesentlich pflegeaufwändiger. Langhaar muss sorgfältig gekämmt und gebürstet werden, damit es nicht verfilzt oder verknotet. Blätter und andere Dinge, die sich im Fell verfangen haben, müssen sorgfältig entfernt werden. Ein regennasser langhaariger Hund trocknet auch nicht so schnell.*

Dieses Fell will gut gepflegt werden.

Es ist also ganz wichtig, auch die Frage, wer wann zu welcher Zeit und wie lange zu Hause ist, bei der Anschaffung eines Hundes zu berücksichtigen.

Der Mietvertrag

Wer in einer Mietwohnung wohnt, muss vor der Anschaffung eines Hundes auf jeden Fall klären, ob die Hundehaltung überhaupt erlaubt ist. In Mietverträgen können unterschiedliche Regelungen enthalten sein. Es gilt festzustellen, ob Hundehaltung generell verboten oder generell erlaubt ist oder – was nicht selten der Fall ist – ob sie von der ausdrücklichen Zustimmung des Vermieters abhängig gemacht wird. Dabei ist es für den Vermieter sicherlich von Interesse, um welchen Hund es gehen soll. Das gilt auch dann, wenn andere Parteien im Haus schon einen Hund halten. Wenn ein Zwergdackel erlaubt ist, ist möglicherweise ein Rottweiler unerwünscht – weil der einfach zu groß für die Wohnung wäre.

Die Kosten

Die Kosten sind nicht so gering, wie man vielleicht auf Anhieb meinen könnte. Hundefutter muss gekauft werden. Je größer der Hund ist, desto mehr Futter braucht er, desto teurer wird es für den Hundebesitzer. Zubehör braucht man je nach Rasse und eigenem Geschmack in unterschiedlicher Menge und Ausführung. Hundesteuer fällt je nach Gemeinde in verschiedener Höhe an. Tierarztrechnungen müssen bezahlt werden.

Die Fellpflege

Es ist längst nicht jedermanns Sache, das Haarkleid des Vierbeiners jeden Tag gründlich und lange zu kämmen und zu bürsten. Und es passt auch nicht jedem, wenn der Teppich voller langer Hundehaare ist – seien sie am Tier auch noch so schön. Deshalb heißt es, vor der Anschaffung des Hundes darüber nachzudenken, mit welcher Fellart man auf Dauer gut zurechtkommt. Man unterscheidet im Wesentlichen zwischen Kurzhaar, Rauhaar und Langhaar. Beim Kurzhaar liegt das kurze bis mittellange Deckhaar über der kurzen Unterwolle. Solches Fell ist nicht besonders pflegeintensiv. Die durch die Haarerneuerung ständig ausfallenden Haare kann man durch regelmäßiges Bürsten recht gut in den Griff bekommen. Beim Rauhaar sind die Deckhaare drahtig-hart. Hier ist die Fellpflege ebenfalls nicht sehr aufwändig.

Mode ignorieren

Wer sich aufmerksam auf Straßen und Wiesen, im Wald und in Parks umschaut, der wird schnell feststellen: Es gibt ganz deut-

liche und von Zeit zu Zeit wechselnde Modewellen, die festlegen, welche Hunderassen gerade als chic gelten und welche nicht. Das war schon in früheren Jahrhunderten so. Um nur einige Beispiele zu nennen: Mal waren die King-Charles-Spaniel in Mode, mal waren es Collies, mal Zwergspitze. Heute sind es andere Rassen. Der wahre Hundefreund aber bleibt ganz unbeeinflusst von solchen Modeströmungen. Er sucht sich den Hund aus, der zu ihm passt.

Herkunft des Hundes

Woher kommt mein Hund?

Schon sieht man sich im Geiste mit dem neuen Vierbeiner durch Wald und Wiesen streifen – doch noch hat man ihn nicht! Woher bekommt man einen Hund? Es gibt mehrere Möglichkeiten.
Zum Beispiel könnte es sein, dass man von Bekannten erfährt, dass sie ihren Hund abgeben wollen. Die Entscheidung für diesen Hund hat den Vorteil, dass man sehr viel über ihn erfahren und sich gut auf ihn einstellen kann.
Häufiger dürfte der Fall eintreten, dass jemand eine Hündin hat, die Junge bekommt. Diese Welpen möchte der Betreffende dann an Bekannte weitergeben. Es kann auch vorkommen, dass jemand ein Inserat aufgibt oder beim örtlichen Supermarkt einen Zettel aufhängt, aus dem hervorgeht, dass derjenige seinen Hund abgeben möchte. Solche Inserate müssen keinen negativen Hintergrund haben. Vielleicht muss jemand seinen Hund aus gesundheitlichen Gründen abgeben und will so verhindern, dass er das Tier ins Tierheim geben muss. Wer sich einen solchen Hund ansieht und selbst noch keine Erfahrung mit Hunden hat, der sollte lieber einen Hundekenner zur Begutachtung mitnehmen.
Eine weitere Möglichkeit, von privat einen Hund zu bekommen: Manche Tierärzte wissen, wer einen Hund abgeben möchte. In der Regel handelt es sich dabei nicht um unbekannte Tiere, sondern um solche, die der Tierarzt als Patienten schon kennt.

In Deutschland gibt es viele Hundezüchter.

Nicht jeder Züchter ist gleich gut

Wer einen jungen Hund einer ganz bestimmten Rasse haben möchte, wird in der Regel einen seriösen Züchter suchen. Für viele, die noch nie mit Hunden zu tun hatten, ist die Wochenendausgabe der Zeitung der erste Kontakt in Richtung Züchter. „Bildhübsche Zucht-Langhaardackel mit Zertifikat abzugeben“ oder: „Colliewelpen mit Papieren“ steht dort vielleicht geschrieben. Man ist begeistert, denn ein Hund genau dieser Rasse soll es sein – und man möchte ihn nicht irgendwo, sondern bei einem guten Züchter kaufen. Aber Vorsicht: Solche Anzeigen sind absolut keine Qualitätsgarantie. In der Bundesrepublik darf praktisch jeder Hunde züchten und auch Zuchtpapiere ausstellen.

Nicht jeder Züchter ist gleich gut.

Elterntiere und Welpen kennen lernen

Rechtliche Voraussetzung ist lediglich die Gründung eines Vereins. Wenn sich also Frau Meier, Herr Müller und Herr Schmitz zusammentun und einen Verein mit dem Namen „Krummbein" gründen, dann dürfen

sie Papiere für die von ihnen gezüchteten Vierbeiner ausstellen. Die Zuchtpapiere können jede beliebige Form haben.

Info *Kennt man die lockere gesetzliche Regelung, wird schnell klar, dass sich hinter einer Züchteradresse auch windige Geschäftemacher verbergen können. Die kümmern sich vielleicht weder um das Wohl der Tiere, noch haben sie die Reinrassigkeit der Vierbeiner im Auge. Der Verdacht, dass ein Züchter unseriös sein könnte, liegt vor allem dann nahe, wenn jemand mehrere Rassen gleichzeitig anbietet. Das ist dann häufig ein Hundehändler, der rein kommerzielle Interessen vertritt.*

VDH-Mitgliedschaft

Es gibt eine Entscheidungshilfe im Züchterdschungel: die Mitgliedschaft im Verband für das Deutsche Hundewesen e.V. (VDH). Der VDH ist der Dachverband der deutschen Hundezüchter. Er ist die Nachfolgeorganisation des bereits 1906 gegründeten „Kartells der stammbuchführenden Spezialklubs für Jagd- und Nutzhunde". Heute gehören dem VDH mehr als 160 Rassehundezuchtvereine und Hundesportvereine an. Für einen Kunden, der sich einen Hund kaufen möchte, bedeutet es einen Vorteil, wenn der Züchter VDH-Mitglied ist: Jeder VDH-Züchter muss bestimmte Mindeststandards erfüllen. Dazu gehört beispielsweise, dass die Elterntiere gesund sind und dass genügend Platz für die Tiere vorhanden ist. VDH-Zuchttiere müssen außerdem bestimmte Qualitätsstandards erfüllen: Sie müssen zum Beispiel die für ihre Rasse typische Farbe, Größe und Fellart haben. Natürlich gibt es auch unter den VDH-Züchtern solche, die besonders gut auf das Wohl der Tiere achten, und andere, die sich vielleicht nicht immer in jeder Hinsicht mustergültig verhalten. Aber der VDH ist daran interessiert, keine schwarzen Schafe unter seinen Mitgliedern zu haben. Gerade für den hundeunerfahrenen Interessenten kann die VDH-Mitgliedschaft eine erste Orientierungshilfe sein.

Neben den Vereinen, die dem VDH angeschlossen sind, gibt es weitere Hundezuchtvereine – auch einige große mit mehreren tausend Mitgliedern. Viele von ihnen mögen sich vorbildlich um das Wohl der Tiere und um die Zuchtqualität bemühen; aber nicht alle sind seriös.

Weitere Entscheidungshilfen

Wer sich dafür entschieden hat, sich einen Welpen einer ganz bestimmten Rasse zuzulegen, der sollte sich unbedingt ansehen, was aus diesem Welpen vermutlich einmal werden wird. Hier bietet sich ein Besuch bei einem der Rassehundezuchtvereine an. Er eröffnet dem interessierten Besucher anschauliche Einblicke. Eine gute Gelegenheit, etwas über die Wunschrasse zu erfahren, sind Spaziergänge der Vereinsmitglieder mit ihren Hunden oder auch Vereinsfeste. Wer hier mit ernsthaftem Interesse an der jeweiligen Hunderasse anfragt, wird wohl nicht abgewiesen werden. Im Gegenteil, viele Hundebesitzer sind sofort bereit, ganz ausführlich über ihren vierbeinigen Liebling zu plaudern. Vielleicht bekommt man auf solchem Weg auch eine gute Züchteradresse.

Wenn man sich ohne Empfehlung auf den Weg zu einem Züchter machen muss, dann gibt es mehrere Punkte, die einem die Entscheidung für oder gegen einen Welpen aus dieser Zucht erleichtern können. Es ist zunächst einmal gut, sich schon die Eltern-

Macht die Zuchtanlage einen guten Eindruck?

tiere und andere Hunde dieses Züchters anzusehen. Gute Behandlung merkt man den Hunden an. Sie sind nicht nur gepflegt, sondern auch selbstsicher und dem Züchter gegenüber ausgesprochen zutraulich und anhänglich. Diese Besuche beim Züchter sollte man mehrmals machen. Dabei lässt man sich nicht nur die Tiere, sondern auch die Zuchtanlage zeigen.

Eine gute Zuchtanlage ist nicht nur sauber, sondern auch insgesamt gepflegt. Sie muss nicht hochmodern sein, aber man sollte schon merken, dass der Züchter sich Gedanken über „Wohnlichkeit“ für die Hunde und praktische Handhabung für ihn selbst gemacht hat.

Sehr viele gute Züchter haben die Zuchtanlage direkt am Haus. Ein Züchter, der mehrere Besuche rigoros ablehnt oder ganz offensichtlich lästig findet, wird in der Regel kein großer Hundefreund sein. Anderenfalls würde er nämlich verstehen, dass man wissen will, woher der Hund kommt. Und er selbst würde auch wissen wollen, an wen er seinen Hundenachwuchs verkauft. Wer seine Tiere liebt, gibt sie nicht einfach an irgendeinen Fremden ab.

Großes Misstrauen ist bei Tieren mit kupierten Ohren geboten. Es ist in Deutschland nach dem Tierschutzgesetz von 1987 – wie in einigen anderen EU-Staaten – nicht mehr erlaubt, die Ohren zu kupieren. Was das Kupieren der Rute betrifft, so ist zu beachten, dass dies nur noch bei bestimmten Jagdhunderassen – und dies auch nur unter gewissen Voraussetzungen – erlaubt ist.

Wenn man einen schlechten Eindruck von Zuchttieren, Zuchtanlage oder Züchter hat, dann gibt es eine einfache Lösung. Man sagt ganz offen, was einen stört, und geht unverrichteter Dinge nach Hause. Denn mit seinem Gefühl und seinen Eindrücken wird man in der Regel nicht ganz falsch liegen. Und es kann einen niemand drängen oder zwingen, einen Welpenkauf abzuschließen.

Fragen an den Züchter

Zu den Fragen sollen auch solche nach rassespezifischen Erkrankungen und Schwächen gehören. Tierschützer kritisieren immer wieder, dass sehr unangenehme Begleiterscheinungen der Zucht auftreten können. In diesem Zusammenhang werden zum Beispiel Atem- und Schluckbeschwerden bei extrem kurzköpfig gezüchteten Tieren wie Pekinesen, Boxern, Möpsen und Bulldoggen genannt. Es wird auch gesagt, dass einige kleinwüchsige Rassen nicht durch Zuchtauswahl normal proportionierter kleiner Tiere entstanden seien. Tierschützer bemängeln vielmehr, dass die Kleinwüchsigkeit mit einer spezifischen Erkrankung des Knorpelgewebes verbunden sei, die zu Folgeerscheinungen wie der „Dackellähmung“ führen kann. Die nicht selten zu beobachtende Aggressivität einiger Hunde wird darauf zurückgeführt, dass diese Eigenschaft bei einigen Rassen im Laufe der Zuchtgenerationen besonders stark gefördert wurde. Bei vielen großen Hunden, unter anderem auch beim Schäferhund, beim Bernhardiner und beim Neufundländer, wird die typische „Hüftgelenksdysplasie“, die zu Schmerzen und Lahmheit durch vorzeitigen Verschleiß der Hüftgelenke führt, angeprangert. Diese Liste der Kritikpunkte könnte noch verlängert werden.

Der Hundekäufer unterstützt durch seine Kaufentscheidung Tendenzen in der Züchtung. Er kann sich vor der Entscheidung für eine bestimmte Rasse bei Rassezuchtvereinen und Tierschützern über mögliche Nebenerscheinungen der Zucht informieren. Wenn er sich nach eingehender Beratung für eine bestimmte Rasse entschieden hat und noch konkrete Fragen offen sind, sollte er

Fragen Sie den Züchter nach rassenspezifischen Erkrankungen wie beispielsweise die „Dackellähmung“.

Tipp *Gerade der, der noch nie einen Hund gehabt hat, wird mit Sicherheit viele Fragen an den Züchter haben. Am besten, man sammelt diese Fragen zu Hause und stellt sie zu einer kleinen Liste zusammen. Ein seriöser Züchter wird sich über solches Interesse freuen und so gut er kann Antwort geben.*

Beginn einer langen Freundschaft.

Noch bei der Mama ...

Info *Wichtig ist auch, mit den Mitarbeitern des Tierheims darüber zu sprechen, welcher Hund für einen selbst geeignet ist. Dabei geht es nicht nur um rassetypische, sondern um individuelle Besonderheiten. Denn bei der Betreuung lernen die Mitarbeiter die Tiere sehr gut kennen und können über viele Fragen ihres Verhaltens Auskunft geben. Dabei sollte auf jeden Fall die bekannte oder vermutete Vorgeschichte des Hundes zur Sprache kommen, und es sollte versucht werden zu klären, ob der interessierte zukünftige Hundebesitzer auch mit Blick auf seine Vorlieben in der Lage sein wird, mit diesem Tier umzugehen.*

diese gezielt dem Züchter stellen. Konkrete Fragen wird er aus eigener Erfahrung beantworten können.

Der Hund aus dem Tierheim

Einen Rassehund kann man nicht nur beim Züchter bekommen. Auch in den Tierheimen leben Hunde der verschiedensten Rassen. Diese Tiere sind nicht grundsätzlich schlechter als andere Tiere. Sie haben oftmals nur das Pech, dass ihre Vorbesitzer sie nicht mehr halten konnten oder wollten. In letzterem Fall haben die Tiere oft Grausames erlebt, wurden vielleicht schlecht behandelt und ausgesetzt. In vielen Fällen ist es möglich, durch liebevolle Haltung aus diesen Tieren glückliche und zuverlässige Vierbeiner zu machen.

Wenn man einen Hund aus dem Tierheim aufnehmen möchte, stellt man ähnliche Vorüberlegungen an wie beim Züchterbesuch. Man sieht sich das Tierheim in Ruhe an und überprüft, ob es den Tieren dort – so weit es die oft nicht einfachen Rahmenbedingungen zulassen – gut geht. Wichtig ist, ob die Tiere regelmäßig durch den Tierarzt kontrolliert werden.

Wer keinen Rassehund, sondern einen Mischling möchte, ist im Tierheim ebenfalls an der richtigen Adresse. Etwa die Hälfte der Tiere, die dort abgegeben oder eingeliefert werden, sind Mischlinge.

Unter dem Gesichtspunkt des Tierschutzes tut man – ob Rassehund, ob Mischling – ein gutes Werk, wenn man wohl überlegt und mit langer Perspektive einen Hund aus dem Tierheim zu sich nimmt. Man gibt einem Tier, das in Not geraten ist, ein neues Zuhause.

Vorbereitungen auf den kleinen Vierbeiner

Wichtiges für den Welpen

Hat man sich entschieden, welches Tier man wo und wann kaufen und abholen möchte, so sind noch einige Vorüberlegungen und Vorbereitungen notwendig, bevor der Vierbeiner in sein neues Zuhause kommen kann. Dabei ist es ein großer Unterschied, ob der neue Mitbewohner ein erwachsener Hund oder ein Welpe ist. Für einen Welpen braucht man eine besondere erste Ausstattung – und man macht auch einiges anders als beim erwachsenen Hund. Es ist ganz wichtig, dass man sich vorher informiert. Denn der kleine Vierbeiner ist ja das erste Mal in seinem Leben von seiner Mutter und seinen Geschwistern getrennt. Und erzogen ist er bisher kaum.

Tierärztliche Erstbetreuung

Wenn man einen erwachsenen Hund zu sich nach Hause holt, ist es wichtig, in welchem Gesundheitszustand sich das Tier befindet. Der Hund sollte schon möglichst vorher gründlich vom Tierarzt kontrolliert worden sein und selbstverständlich die üblichen Impfungen bekommen haben. Andernfalls nimmt man sich gleich – am besten schon am ersten Tag – Zeit für einen Tierarztbesuch mit dem neuen vierbeinigen Mitbewohner.

Der Tierarzt ist eine unerlässliche Station – das gilt in ganz besonderem Maße auch für einen Welpen. Man nimmt den Baby-Vierbeiner keineswegs einfach ohne ärztliche Vorbehandlung mit nach Hause. Der Welpe muss untersucht, gegen Würmer behandelt und geimpft werden. Ein seriöser Züchter wird den Welpen ordnungsgemäß behandelt abgeben – nach einer mindestens dreimaligen Entwurmungskur und mit Grundimpfungen gegen Staupe, Hepatitis, Leptospirose und Parvovirose. Ein Impfpass dient als Nachweis für die Impfung und als Erinnerung für den neuen Besitzer, wann die nächsten Impfungen fällig sind.

Trennungszeitpunkt

Ab wann kann man einen Welpen mit nach Hause nehmen? Volle acht Wochen alt müssen die Tiere mindestens sein, sagen Fachleute. Die kleinen Hunde brauchen diese

Zeit mit ihrer Mutter und ihren Geschwistern für die Entwicklung ihrer Hundepersönlichkeit – und auch, damit sich der Impfschutz ausbilden kann. Es gibt abweichende Meinungen, die zum Beispiel besagen, dass man einen Welpen schon etliche Tage früher mit nach Hause nehmen kann. Selbst wenn die Fachleute sich nicht auf den genauen Tag der Abgabe einigen können: Ein Züchter, der Welpen abgibt, die deutlich jünger sind, gerät leicht in den Verdacht, das Wohl der Tiere zu missachten.

Welpenernährung

Ganz wichtig ist auch die Ernährung des Welpen. Sie bestimmt in entscheidendem Maße mit, wie gesund der erwachsene Hund später einmal sein wird. Man fragt den Züchter nach einem Ernährungsplan. Manche Züchter haben schon einen solchen Plan vorbereitet, andere geben sicher gerne Auskunft. Es kann auch möglich sein, dass man ein kleines Verpflegungspaket für die allererste Zeit des Welpen im neuen Zuhause mitbekommt. Zwei bis drei Mahlzeiten pro Tag sind zu empfehlen. Trockenfutter kann man etwa ab dem dritten Monat für einen Teil der täglichen Nahrung verwenden. In punkto Welpenernährung ist es ratsam, Fachbücher zu konsultieren oder mit Fachleuten zu sprechen. Man kann nämlich einiges nicht mit bloßem Auge abschätzen. Zum Beispiel muss Überernährung nicht sichtbares Übergewicht zur Folge haben. Es kann auch sehr gut sein, dass der Hund zu schnell wächst, wenn er zu viel Nahrung zu sich nimmt. Gerade der Laie unter den Hundebesitzern wird das nicht erkennen können. Fachlicher Rat ist auch besonders notwendig, wenn es um die Nährstoffzusammensetzung für den jungen Hund geht. Denn bei Nährstoffen wie zum Beispiel Vitaminen und Mineralien gilt nicht unbedingt: „Besser zu viel als zu wenig". Zu viel kann durchaus auch schaden.

Erstausstattung zu Hause

Jeder Welpe hat individuelle Bedürfnisse, über die man einiges beim Züchter erfahren kann und die einem bei liebevoller Beobachtung auch nicht entgehen. Aber einige Standardgegenstände sollte man für jeden Welpen bereithalten.
Dazu gehört zunächst ein Schlaflager. Der erste Schlafplatz muss nicht besonders aufwändig oder teuer sein. Es kann schon ein Karton reichen, aus dem man eine Seite herausschneidet, damit der kleine Hund hineinklettern kann. Man kann den Karton mit Zeitung und darauf mit einer Decke und schließlich mit einem kleineren Tuch auslegen. Das Tuch und auch die Decke kann der Welpe sich dann gemütlich zusammenschieben. Sehr glatte Unterlagen geben dem Hund dagegen nur wenig Geborgenheit. Wo das Schlaflager am ersten Tag, in der nächs-

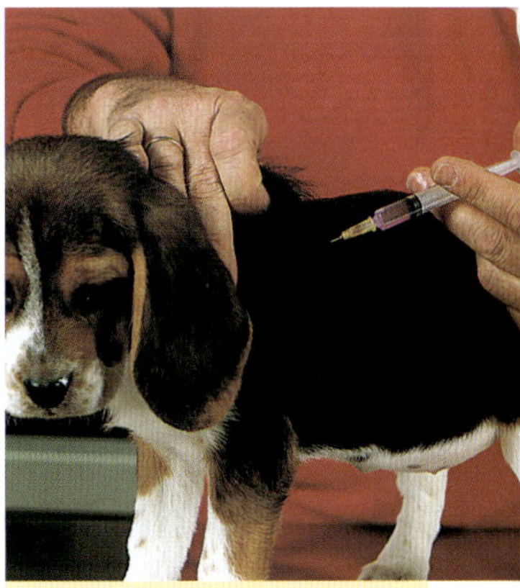

Impfungen sind unerlässlich.

Das gemütliche Lager ist schon bereitet.

Das richtige Futter muss es sein.

Tipp *Auch an Spielzeug für den kleinen Vierbeiner sollte man denken. Was der junge Hund dann allerdings tatsächlich als Spielzeug ansieht und was nicht, das lässt sich nicht immer voraussehen. Man muss mit Überraschungen rechnen: Erreichbar herumliegende Wäschestücke werden zum Beispiel meist gerne angekaut – vielleicht im Moment sogar lieber als der eigens gekaufte Kauknochen. Mit einem Ball aus Hartgummi liegt man oft richtig. Wichtig ist vor allem, dass das Spielzeug, was auch immer dazu auserkoren wird, ungefährlich ist. Alles, was zum Beispiel gefährlich splittern könnte, fällt aus.*

Kleiner Hund und großer Napf

ten Nacht und in der folgenden Zeit genau stehen wird, das kann man noch offen lassen.

Außerdem braucht ein Welpe einen Wassernapf und einen Futternapf. Beide sollten an einem Platz stehen, der dem Hund gut zugänglich ist und den man ohne Probleme reinigen kann. Frisches Wasser muss immer wieder nachgefüllt werden. Unter den Futternapf kann man ein Stück Zeitung legen. Das erweist sich oft als praktisch, weil verstreute Nahrung dann zumindest zum größten Teil auf der Zeitung liegt und man sie nicht umständlich einsammeln muss. Auch das Welpenfutter muss im Haus sein, wenn der kleine Vierbeiner ankommt.

Schlafplatz und Futter sind noch nicht alles: Ganz wichtig sind auch Halsband und Leine. Der Welpe braucht eine kleinere und leichtere Ausführung von beidem als der ausgewachsene Hund. Am Halsband werden Steuermarke und ein kleines Täschchen mit dem Namen, der Telefonnummer und der Adresse des neuen Besitzers befestigt – für den Fall, dass der kleine Hund verloren geht. Ratsam ist außerdem die Anschaffung einer Pflege-Erstausstattung, die man durch einen Erste-Hilfe-Kasten ergänzen kann.

Sicherheitsmaßnahmen

Bevor der Welpe zum ersten Mal in sein neues Heim kommt, geht man sorgfältig durch alle Räume und entfernt möglichst alle Dinge aus Welpen-Reichweite, die dem Hund leicht schaden könnten oder die er in Ruhe lassen soll. Was das im Einzelnen ist, wird jeder in den eigenen vier Wänden am besten selbst feststellen. Aber ganz klar ist, dass alles für den Hund Giftige außer Reichweite gebracht werden muss. Auch frei liegende Stromkabel können eine große Gefahr für den jungen Hund sein, wenn er daran knabbert. Man sollte nicht unterschätzen, was die kleinen Vierbeiner alles interessant finden. Hat man offene Treppen oder Geländer mit weitem Abstand zwischen den Stäben, dann lohnt es sich, über eine Absicherung nachzudenken. Es wäre nicht das erste Mal, dass ein Welpe durch eine ungesicherte Stelle ein Stockwerk tiefer fällt – und das kann böse Folgen haben.

Wenn man eine Terrasse oder ein Gartengrundstück hat, wo man den Welpen frei herumlaufen lassen will, dann sorgt man dafür, dass alle möglichen Schlupflöcher zugestopft sind. Schließlich will man ja nicht, dass der kleine Vierbeiner durch ein Loch im Zaun schlüpft und die weite Welt allein erkundet.

Der Weg ins neue Heim

Hat man sich für einen Welpen entschieden und ist der Tag der Trennung von Welpe und Mutter gekommen, dann sollte man den Welpen selbst abholen. Das Verschicken des Hundes in einer Kiste ist aus Tierschutzgründen abzulehnen. Der Schrecken, den das kleine Tier – von seiner Mutter und seinen Geschwistern getrennt und dann nicht nur allein, sondern auch noch eingesperrt – erfährt, kann unter Umständen zu lebenslangem ängstlichem Verhalten des Tieres führen. Den Transport des Tieres erledigt man also besser selbst. Fachleute empfehlen, den kleinen Vierbeiner möglichst am Vormittag abzuholen. Dann hat er den Tag über Zeit zum Eingewöhnen und lernt sein neues Zuhause nicht im Dunkeln kennen. So hat er auch genügend Zeit, sich an die Menschen und an seinen Lagerplatz zu gewöhnen.

Wenn man nicht gerade der Nachbar eines Züchters ist, wird man den Welpen wohl mit dem Auto holen. Man behandelt den Welpen mit sehr viel Rücksicht und Liebe während dieser ersten Autofahrt. Es kann sein, dass dem Hund schlecht wird. Man sollte sich also darauf einstellen, unterwegs einmal anzuhalten, und überhaupt nicht sehr schnell fahren. Vielleicht macht diesem Welpen das Autofahren aber auch nichts aus. Dann kann man ihm einen sicheren Platz in einer Kiste auf dem Rücksitz geben. Hat er Angst, ist es einfach das Beste, man kümmert sich während der Fahrt liebevoll um ihn. Man nimmt den kleinen Hund auf den Schoß, streichelt ihn und redet ihm freundlich zu.

Ein Platz für den neuen Mitbewohner

Für einen Platz, den man dem Hund anbietet, gibt es einige Grundregeln. Der Platz soll einerseits nicht zu weit weg vom Geschehen im Haushalt sein, andererseits aber auch nicht so zentral oder gar im Weg, dass der Hund keine Ruhe mehr findet. Der Flur mit Einblick ins Wohnzimmer bietet sich oft als ein recht guter Platz an. Wichtig ist auch, dass der Hundeplatz nicht zugig ist. Zugluft ist nicht nur für Menschen ungesund.

Die ersten Nächte im neuen Heim

Es gibt zwei Meinungen, wie ein junger Hund die erste Nacht im neuen Heim verbringen sollte. Die erste geht davon aus, dass man alles in seinen Kräften Stehende tun soll, um dem kleinen Hund den Trennungsschmerz und die Einsamkeit zu nehmen. Konkret gesprochen: Der Welpe darf mit ins Bett, wo er sich ankuscheln kann und sich viel weniger einsam fühlt. Die zweite Meinung geht davon aus, dass man einem Welpen nichts, aber auch gar nichts von dem erlauben soll, was er später auch nicht darf. Das heißt konkret: Wenn man den erwachsenen Hund später nicht im Bett haben will, darf man den Welpen auch nicht in den ersten Nächten ins Bett lassen.

Wie so oft kann man einen Kompromiss als sinnvolle Lösung ansehen. Dieser sollte aber durchaus auf der Idee der konsequenten Erziehung basieren. Wer schon einmal einen Welpen zu Hause hatte, weiß, dass es nicht leicht ist, angesichts eines fiependen, ruhelosen kleinen Hundes überhaupt Konsequenz zu entwickeln. Es ist aber tatsächlich so: Je früher man einen Hund an bestimmte Dinge gewöhnt, um so selbstverständlicher und reibungsloser funktionieren sie später. Das hat nicht nur Vorteile für den Hundebesitzer; auch für den Hund ist dies ganz wichtig. Die Inkonsequenz des Hundehalters dem Tier gegenüber führt zu Ungerechtigkeit und Unsicherheit beim Hund. Der Hund muss aber wissen, woran er sich halten soll.

Für die ersten Nächte, in denen der kleine Vierbeiner noch fremd ist und vielleicht sehr stark seine Hundefamilie vermisst, wäre folgender Kompromiss denkbar – auch wenn manche Fachleute ihn als inkonsequent ab-

Info *Zu Hause angekommen, stellt sich die Frage, wo der kleine Vierbeiner seinen Ruheplatz haben soll. Man kann sich natürlich vorher Gedanken darüber machen, kann aber durchaus auch abwarten, ob der Hund von sich aus ein bevorzugtes Plätzchen findet. Das muss nicht am ersten Tag sein. Eine Stelle, die tagelang wenig beachtet wurde, kann zum Lieblingsplätzchen für den Hund werden, wenn er sich erst einmal richtig umgesehen, „umgeschnüffelt“ und eingewöhnt hat.*

Welpen sind oft ängstlich bei der ersten Autofahrt. Dann kann man sie auf den Schoß nehmen.

Der Start im neuen Zuhause ist voller Aufregung – da braucht das Tier auch ausreichend Ruhe.

Ein erlaubtes Spielzeug

lehnen würden: Der Hund kommt nicht ins Bett, aber er muss auch nicht allein in seiner Kiste, seinem Karton oder seinem Körbchen in einem anderen Raum liegen. Man rückt das Schlaflager des Hundes in der ersten Nacht neben das eigene Bett. Da kann man ihm gut zureden und ihn beruhigend streicheln. Der Hund ist zwar in seiner neuen Umgebung, aber er ist nicht ganz allein. In den folgenden Nächten, wenn der Hund langsam sicherer wird, stellt man seine Kiste immer ein kleines Stückchen weiter weg, bis man schließlich an der Stelle angekommen ist, an der der Hund in Zukunft schlafen soll.

Zu viel Trubel schadet

Natürlich möchte man als frisch gebackener Hundebesitzer den neuen Vierbeiner gleich jedem zeigen. Darauf sollte man allerdings

Zusprache und Beruhigung vor der ersten Nacht im neuen Heim

besser verzichten, bis sich der Hund eingewöhnt hat. Es verwirrt ihn und tut ihm gar nicht gut, wenn ständig andere Menschen um ihn herum sind. In der ersten Zeit soll sich der Welpe an die Menschen gewöhnen, mit denen er sein Leben verbringen wird. Erst dann kommen die anderen an die Reihe.

Ein Name für den Hund

Waldi ist nicht der einzige Hundename

„Waldi“ oder „Bello“ – so heißt vielleicht noch der Hund im Bilderbuch. In der Realität gibt es eine Vielzahl anderer und neuer Hundenamen. Einige davon haben dem altbekannten Namen „Bello“ schon längst den Rang abgelaufen.

Wenn der Vierbeiner neu ins Haus kommt und noch keinen Namen hat, geht es ans Überlegen. Dann setzt sich die ganze Familie an den Tisch und macht Vorschläge. Angenommen, der Vierbeiner ist ein schwarzer Cockerspaniel. Dann möchte die Mutter ihn vielleicht „Cocky“ nennen, weil er doch ein Cocker ist und so nett guckt. Der Vater plädiert für „Blacky“ wegen der schwarzen Farbe. Die Tochter ist für „Schnuffi“, weil der kleine Vierbeiner beim Schlafen immer so laut schnauft. Der Sohn möchte den neuen Hund „Racker“ nennen, denn genauso verhält sich das kleine Fellknäuel: Nichts ist vor ihm sicher, alles wird weggeschleppt und angeknabbert. Und welchen Namen bekommt der Hund nun? Es wird in diesem Fall nicht leicht sein, sich zu einigen. Vielleicht greift man ja auf den Namensvorschlag einer Nachbarin zurück. Sie möchte unbedingt, dass der neue Hund „Mirko“ genannt wird, weil er sie so sehr an einen anderen Hund namens „Mirko“ erinnert, dem sie vor Jahren in einem Urlaub in Italien begegnet ist. Und „Mirko“ ist doch auch ein schöner Name, oder?

Wenn einem kein passender Name für den neuen vierbeinigen Mitbewohner einfällt oder man sich, wie im obigen Beispiel, nicht so einfach einig wird, dann wünscht man sich vielleicht eine Liste, sodass man Anregungen sammeln kann.

Namen für eine Hündin

Ada, Afra, Aisa, Alfa, Aline, Alisa, Alixe, Alli, Alma, Amala, Amica, Amira, Amona, Amrei, Andia, Anemone, Ania, Anis, Anka, Anouk, Ansa, Antonia, April, Arcadia, Areli, Ariadne, Aska, Assi, Asta, Atma, Auda, Autschi, Ava, Ayke, Azuena
Babuschka, Badda, Baffi, Baja, Balda, Bali, Balli, Banja, Barrie, Bascha, Beatrix, Becki, Bedina, Belinda, Bella, Belline, Benta, Bera, Berna, Berta, Bertola, Bessie, Bienchen, Bionda, Blanka, Bona, Bonni, Bora, Brassa, Brenta, Brixi, Butzi
Caelea, Callas, Camilia, Canda, Candida, Canela, Caressa, Cari, Cassia, Cati, Celia, Centa, Cessie, Cherry, Chessi, Ciata, Cina, Cira, Cita, Clara, Cleopatra, Clio, Cora, Corona, Cosyma, Coxy, Cuni
Dachsi, Daggi, Daika, Damara, Dara, Dascha, Dela, Delia, Dena, Dessie, Diana, Dilla, Dini, Distel, Diva, Dogga, Donata, Dorka, Dorle, Draga, Drossel, Dunja, Duschka
Edda, Edula, Effi, Eika, Einzi, Elfe, Elka, Elster, Emona, Ena, Enrica, Enzia, Erla, Esmeralda, Esperanza, Eulalia, Evita, Exa, Extra
Fabiola, Fama, Fanfare, Fanni, Farah, Farina, Fee, Felicitas, Felina, Fenja, Fera, Fesca, Finchen, Fiora, Fines, Flitzie, Flamme, Fleur, Flöckchen, Flora, Fortuna, Foxie, Frasquita, Frauke, Freda, Frenzie, Freya, Frieda, Frisa, Frufru, Frya, Fulla
Gala, Gazelle, Gela, Gerana, Gescha, Gezina, Gilda, Gilla, Gina, Gissie, Gloria, Goldie, Gräfin, Gracia, Grille, Gunilla, Gusti
Happy, Hasel, Hasine, Hedda, Heimchen, Heliane, Hella, Hera, Hetta, Hexe, Hexie, Hilla, Holde, Hulda, Hummel, Hydra
Ibera, Ida, Ilka, Ilona, Ira, Ismelda, Ixi
Jakata, Jaika, Jalka, Jamba, Jana, Janka, Jasmin, Java, Jennie, Jessie, Jolanta, Jossie, Joy, Julchen, Juscha, Juwel
Kara, Karina, Katta, Kauzie, Kellie, Kessie, Klecks, Kolla, Kyra
Laila, Lana, Larissa, Lerche, Libelle, Lisa, Lissie, Lola, Lumpine, Lulu
Madame, Madonna, Mara, Marca, Marcelina, Maja, Manaxa, Mascha, Maskottchen, Maus, Milda, Mimosa, Mini, Miranda, Miss, Mona, Morgana, Mücke, Muzie, Myrna
Prima, Prinzess, Priora, Pussel, Purzelchen
Quaste, Queen, Querida, Quirlie
Ramona, Raschel, Raute, Rega, Rezzie, Ricarda, Riviera, Röllchen, Romanza, Rona, Rosie, Roxie, Rustina, Ruschita, Ruta
Saga, Salome, Sarabella, Sandy, Santa, Sassie, Sardelle, Savanna, Scala, Schascha, Selma, Senta, Severa, Sheila, Silva, Sirene, Sissie, Sita, Steffie, Sternchen, Suleika, Susi
Tamara, Tanja, Tanuta, Tasta, Tatra, Tella, Tessie, Talia, Tanza, Thea, Thekla, Tilla, Tini, Tinka, Tonja, Toskana, Trickie, Trixi, Trude, Tulpe
Ulyssa, Ulaka, Ulma, Undine, Unita, Unka, Urmel, Uschi, Utopia
Valeska, Vanessa, Vefa, Vena, Veroni, Vinkie
Wässerchen, Walla, Wanda, Wanja, Wespe, Wimmie, Winnie, Wölkchen, Wondra, Wunder
Xara, Xenia, Xyla
Yvetta, Yvy
Zazie, Zampa, Zedra, Zenta, Zickie, Zilla, Zottelchen, Zula, Zumsel

Namen für einen Rüden

Abbas, Abel, Acki, Adi, Adler, Adonis, Agamemnon, Agilo, Aiko, Ajax, Aladin, Alf, Alligator, Ambassador, Amigo, Ando, Anok, Anton, Apache, Apollo, Aquarius, Archibald, Ariel, Arko, Arrak, Aristoteles, Artus, Astor, Atzel, Axel, Azi, Azuro
Bacco, Bär, Baldur, Balu, Baquero, Barkas, Baron, Barry, Basil, Basso, Basti, Bautzi, Bazi, Bel Ami, Bengel, Beppo, Bijou, Billy, Bingo, Blacky, Blizzard, Bobby, Bonzo, Boss, Boy, Brando, Brax, Brillant, Brisko, Bronco, Bubu, Bumerang, Bursche, Butzi
Cäsar, Caldor, Calypso, Caro, Caruso, Casanova, Castor, Charlie, Charmeur, Chico, Cicero, Cio, Clown, Cocky, Curly
Dachs, Dago, Dandy, Darki, Delphin, Dennis, Dicki, Diamant, Dietz, Dingo, Django, Doggi, Dolf, Donald, Donner, Douglas, Drago, Dux
Earl, Ebony, Edo, Eiger, Elch, Eldorado, Elmar, Enno, Enrico, Erbprinz, Erdmann, Erlkönig, Errol, Etto, Eusebio, Exo
Fabian, Fantom, Faustus, Felix, Filou, Fino, Fips, Flieder, Flott, Foxel, Foxy, Frido, Fritz, Fürst
Galan, Gangster, Gary, Gentleman, Geppo, Gerro, Gigolo, Gilko, Gitano, Glenn, Goldi, Goliath, Gringo, Gundo, Gusti, Gwendolin
Hajak, Hannibal, Hanno, Hasso, Heinekin, Hektor, Helge, Herkules, Hero, Herzog, Holder, Hoppla, Hoppel, Hops, Horch, Huckleberry, Husar
Iberis, Iceboy, Idefix, Igor, Ilko, Indigo, Ingor, Irrwisch, Iwan
Jack, Jacobello, Jäger, Jamaika, Janko, Jasper, Jimmi, Jockel, Johnny, Joker, Jolly, Jonathan, Joschi, Joschua, Jumbo, Junker, Jupiter, Jux
Kalif, Kapitän, Karim, Kasimir, Kasper, Kavalier, Kiki, King, Knirps, Kobold, Kollo, Komet, Konsul, Kosak, Kratz, Kristan, Kuno
Lago, Lasso, Leander, Leo, Lincoln, Löwe, Locki, Lollo, Lord, Lotus, Luchs, Luis, Lump
Männe, Magnet, Malte, Manolito, Marcello, Maxi, Meckie, Meister, Meteor, Mikosch, Mirko, Misto, Mohr, Monty, Moritz, Mutzel
Nabor, Nando, Nascho, Napoleon, Nathan, Neck, Nestor, Nelson, Nemo, Nicky, Nikolaus, Nimrod, Noris, Nuck, Numur
Obelix, Oberon, Odo, Odysseus, Ohio, Olex, Olf, Ollo, Opal, Orest, Orion, Orkan, Orlof, Orso, Oskar, Othello, Otter, Owen, Oxo
Pablo, Pan, Pandor, Panther, Papagallo, Pascha, Pat, Pax, Pedro, Pelle, Peppi, Percy, Petz, Pfeffer, Pfiffi, Pharao, Piccolo, Pilot, Pindar, Pingo, Pipin, Pizzi, Platon, Pluto, Poldi, Pollux, Pongo, Portos, Presto, Primus, Prinz, Puck, Puma, Purzel
Quaddel, Quasi, Quast, Quax, Quengel, Quichote, Quinto, Quito
Racine, Racker, Räuber, Ramon, Randy, Rasputin, Raudi, Ratzi, Rebell, Regent, Reinhold, Rex, Rino, Robin, Rocko, Rocky, Roger, Romeo, Rudi, Rufus
Sascha, Samba, Salimba, Salto, Sam, Sando, Sansibar, Santor, Scherzo, Schnuffi, Schorsch, Scotty, Sepp, Sheriff, Sherry, Siegfried, Simba, Sindbad, Sirko, Situs, Snoopy, Solitär, Solo, Sonny, Sputnik, Strolch, Struppi, Sultan, Syrakus
Taifun, Tango, Tankred, Tanzi, Taps, Tarzan, Tasso, Teddy, Tell, Terz, Tiger, Titan, Titus, Thor, Timmi, Tommi, Tollo, Trick
Ugor, Ulan, Ultor, Ummel, Uno, Urban, Urk, Ustus, Ursus, Utz
Vadim, Varus, Vasko, Vento, Vero, Victor, Viking, Vivaldi, Vito, Vivo, Vogt, Volo
Wacholder, Wacker, Watzmann, Wenzel, Wesir, Wicht, Wiesel, Wim, Winnetou, Winston, Wirbel, Whisky, Wolf, Wotan, Wum
Xandor, Xantos, Xaver, Xeno, Xerxes, Xoro
Yankee, Yellow, Yeti, York
Zack, Zambo, Zar, Zefir, Zeus, Zick, Zippo, Zito, Zorro, Zottel

Die notwendige Erziehung

Grundsätzliches zur Erziehung

Warum Erziehung?

Wenn man ganz ehrlich ist, kann man einem vierbeinigen Schlingel, der heimlich einen Keks vom Sofatisch stibitzt, gar nicht ernsthaft böse sein. Und in der Natur ist das Verhalten der Tiere doch auch irgendwie geregelt, denkt man vielleicht. Warum also überhaupt Erziehung des Hundes durch den Menschen? Es gibt zwei Antworten darauf. Beide besitzen gleichermaßen Gültigkeit und stehen in Zusammenhang. Sie gehen aber von zwei verschiedenen Seiten an die Frage heran.

Herumtollen muss sein – genauso wie Erziehung.

Spiel mit klaren Regeln

Zum einen aus der Sicht des Menschen: Hunde und Menschen leben heute auf engem Raum in einer zum großen Teil von Kultur und Technik bestimmten Umgebung zusammen. Wenn Hunde unter diesen Bedingungen nicht zu Gehorsam erzogen werden, dann verhalten sie sich in einer Weise, die dem Menschen schadet. Es kann für einen jungen Hundefreund vielleicht lustig sein, wenn ein fremder großer Hund an ihm hochspringt. Ein alter Mensch wird von demselben Hund aber vielleicht umgestoßen und bricht sich den Arm, wenn nicht Schlimmeres passiert. Das ist nur ein Beispiel. Es ist ganz leicht, sich viele unangenehme Situationen vorzustellen, die eintreten könnten, wenn alle Hunde unerzogen wären. Nicht selten kann man übrigens solche Szenen beobachten, wenn unverständige Hundehalter es versäumt haben, sich Mühe mit der Erziehung des Hundes zu machen.

Die andere Seite ist die des Hundes. Er braucht Erziehung und Anleitung, um sich in eine Gemeinschaft einfügen und dort wohl fühlen zu können. Es ist in der Natur nämlich keineswegs so, dass jeder Hund machen könnte, was er wollte. Vielmehr gibt es klare Regeln, an die sich jedes Tier halten muss. Das kann man gut an Wolfsrudeln beobachten.

Wolfsrudel sind aufwändig organisiert. Sie leben in einem bestimmten Revier, das sie abgrenzen und verteidigen. Dort gibt es verschiedene Gruppen von Tieren. Sie arbeiten zusammen. Die Tiere untereinander haben eine strenge Rangordnung. Der Anführer eines Rudels ist das so genannte Alpha-Tier. Das Alpha-Tier ist normalerweise das körperlich und geistig fähigste Tier des Rudels. Es hat neben den Aufgaben, die es als Anführer erledigen muss, auch bestimmte Vorrechte, die ihm kein anderer streitig machen darf. Rangniedere Tiere zeigen dem Alpha-Tier ihre Unterlegenheit. Dabei muss es in der Regel nicht zu blutigen Kämpfen kommen. Viele echte Kampfhandlungen werden durch Rituale wie beispielsweise Zähneblecken, Knurren, in die Augen starren, auf

Für Kinder ein Riesenspaß – kleine Tricks lernen Hunde sehr schnell.

den Rücken werfen oder Pfote auf die Schulter legen ersetzt.
Nun lebt der Hund heute nicht mehr im Rudel mit Artgenossen, sondern er lebt mit Menschen zusammen. Und auch in diesem „gemischten Rudel“ sind für den Hund drei Dinge ganz wichtig. Er muss erstens wissen, wer das „Alpha-Tier“, also der Anführer, ist. Er muss zweitens seine eigene Position kennen. Er braucht drittens ganz klare Verhaltensregeln.
Darum also ist die Erziehung des Hundes unerlässlich: Sie vermeidet Ärger für den Menschen und schafft klare Verhältnisse für den Hund.

Autorität oder antiautoritär?

Was ist besser? Autoritäre oder antiautoritäre Hundeerziehung? Eine Mischung aus beidem, und zwar von beidem das Beste, so lautet die Antwort.
Zu stark autoritäre Erziehung, bei der der Hund für jede unerwünschte Verhaltensweise streng bestraft wird, bricht den Willen des Hundes und zerstört seine Persönlichkeit. Ein solches armes Wesen leidet nicht nur selbst, auch der Mensch wird keine echte Freude mehr an einem solchen Tier haben können. Einen verstört und unterwürfig herumkriechenden Hund wünschen sich nur Sadisten.
Auf der anderen Seite: Vollständig antiautoritäre Erziehung, die den Hund ausschließlich machen lässt, wozu er gerade in diesem Moment Lust hat, führt nach kurzer Zeit zu großer Unlust bei Mensch und Tier. Denn der Hund will wissen, was er darf und was nicht, und erst wenn das klar ist, kann er sich wohl fühlen. Abgesehen von Lust oder Unlust – wie soll ein Tier, das nicht einmal auf den Befehl „Komm!“ hört, davor bewahrt werden, im falschen Moment die Straße zu überqueren und angefahren zu werden?
Es gilt also, einen Mittelweg zu suchen. Die Ziele sind klar: Der Hund soll natürlich die Autorität des Menschen akzeptieren. Bestimmte Regeln müssen aufgestellt werden, an die der gut erzogene Hund sich hält. Aber die Einhaltung der Regeln muss dem Hund mit viel Liebe, viel Geduld und viel Konsequenz behutsam beigebracht werden. Wo genau dieser Mittelweg zwischen Strenge und Freiheit liegt, das kann man nicht verallgemeinern. Jeder Hund reagiert anders.
Eines sollte man bei der Hundeerziehung stets im Hinterkopf haben: Man lebt nicht allein mit seinem Hund in einer Einsiedelei. Wir leben mit vielen anderen Zweibeinern und Vierbeinern zusammen. Gute Hundeerziehung sollte das stets berücksichtigen und den Hund zu einem Tier formen, mit dem der Umgang auch anderen Freude macht. Hundehalter haben Verantwortung gegenüber ihren Mitmenschen. Das gilt nicht nur für den, der einen großen Hund hat, der ja schon allein durch seine Statur, seine Kraft und sein Gewicht besonders gefährlich werden kann. Auch kleine Hunde müssen sorgfältig erzogen werden. Kein Jogger wird sagen – prima, ist ja nur ein kleiner Hund –, wenn er von einem Pudel bellend verfolgt und ins Bein gezwickt wird, und sei der Pudel noch so klein.

Info *Das Zusammenleben im Rudel funktioniert nach genau festgelegten Regeln: Bestimmte Tiere paaren sich zum Beispiel nur mit bestimmten anderen Tieren, und die Beute wird in einer bestimmten Weise aufgeteilt. Viele solcher und ähnlicher Grundsätze kann man heute auch noch bei Haushunden beobachten, wenn sie sich in Gesellschaft ihrer Artgenossen befinden. Dazu gehören folgende Beobachtungen: Welpen werden mit weitaus mehr Nachsicht behandelt als erwachsene Tiere und Rüden greifen Hündinnen nicht an.*

Gibt es Ärger?

Ein strafendes Schütteln – aber nie zu fest

Gute Laune beim Spaziergang

Überlegen, was der Hund empfindet

Einfühlungsvermögen ist eine entscheidende Vorbedingung, wenn man einen Hund erziehen möchte. Man kann nicht erwarten, dass ein Hund wie ein Mensch reagiert. Es ist umgekehrt: Wer erfolgreich bei der Hundeerziehung sein will, muss sich in den Hund hineinversetzen und sich vorstellen können, was dieser empfindet. Man muss wissen, was einen Hund glücklich macht, was ihn traurig macht und vieles mehr. Wie wichtig der Einblick in die Hundepsychologie ist, sei an dieser Stelle an einem Beispiel erklärt: Ein Mann lässt seinen Hund unangeleint auf einem Feldweg laufen. Ein Radfahrer überholt die beiden. Der Hund verfolgt bellend den Radfahrer. Wie kann man ihn davon abhalten? Auf keinen Fall, indem man ihm hinterherläuft – was zunächst nahe liegend erscheint. Dann fühlt sich der Hund noch bestärkt, nach dem Motto „Herrchen macht mit“. Richtig ist vielmehr, den Hund zu rufen und stehen zu bleiben oder sogar umzukehren!

Schreien und Schlagen sind sinnlos

Wer seinen Hund anschreit und schlägt, beweist damit nur, dass er selbst offensichtlich ein recht unbeherrschter Zeitgenosse ist, der sich nicht angenehmer zu verhalten weiß. Natürlich kann es schon einmal passieren, dass man sich über ein Verhalten des Hundes so ärgert, dass man unwirsch reagiert. Es ist auch noch nachvollziehbar, dass man selbst Tage hat, an denen man leicht reizbar ist.
Aber das darf – Laune hin, Laune her – nie ein Grund sein, einen Hund schlecht zu behandeln. Um es noch deutlicher zu sagen: Man lässt schlechte Laune und Ärger nicht am Hund aus! Er kann schließlich nichts dafür. Wenn sich ein Hund falsch verhalten hat, dann tadelt man ihn kurz. Aber – das ist ganz wichtig – man bleibt stets beherrscht. Es gibt keine Rechtfertigung für unbeherrschtes Verhalten Hunden gegenüber. Auch wenn Hunde übermütig sein können: Sie haben im Grunde immer die Absicht, unser Wohlgefallen zu finden. Ein Hund ärgert seinen Besitzer nicht absichtlich. Und in sehr vielen Fällen weiß ein bestrafter Hund nicht einmal, wofür er bestraft wurde – er ist nur unglaublich unglücklich, weil er den Ärger von Herrchen oder Frauchen auf sich gezogen hat. Mit übertriebenem Schreien, Schimpfen und Schlagen kommt man bei einem Hund auf die Dauer nicht weit. Man macht ihm Angst, und das ist auch schon alles. Brutalität bricht den Hund. Und ein verstörter Hund wird weitere Fehler machen – weil er in seiner Not gar nicht mehr weiß, was er tun soll. Eine sinnvolle Erziehungsmethode sieht anders aus!

Belohnung und Lob helfen weiter

Zu einer sinnvollen Erziehungsmethode gehört vor allem viel Lob. Ein ganz wichtiger Trick bei der Hundeerziehung ist folgender: Man sorgt dafür, dass der Hund das, was man von ihm verlangt, mit einer angenehmen Empfindung verbindet. Dann wird er es schon tun. Dazu braucht man kein Gebrüll. Der Hund wird sich einfach deshalb so verhalten, wie man möchte, weil er die Belohnung oder das Lob für dieses Verhalten mag und immer wieder haben möchte. Das heißt natürlich nicht, dass man einem Hund jede

Lob und Belohnung helfen weiter.

beliebige Verhaltensweise beibringen kann. Es gibt ganz natürliche Grenzen. Aber es ist ganz einfach: Lob ist ein ausgesprochen wirkungsvolles Erziehungsmittel – und die Erziehung macht beiden Seiten Spaß. Wenn der Hund sich zum Beispiel hinsetzen soll und das – anfangs mit Unterstützung durch Händedruck und Zug am Erziehungshalsband – schließlich auch zum ersten Mal macht, dann ist es Zeit für ein dickes Lob oder eine Belohnung. Man sagt mit weicher herzlicher Stimme „Brav!“, „Das hast du fein gemacht!“ oder etwas Ähnliches. Die Stimmlage und die Betonung sind dabei wichtiger als der genaue Ausdruck, den man gebraucht. Man kann dem Hund auch ein Leckerchen geben – oder beides: Lob und Belohnung.

Das Lob und die Belohnung haben einen weiteren Vorteil. Sie helfen nicht nur dabei, dass der Hund sich einen konkreten einzelnen Erziehungsschritt einprägt. Sie verbessern grundsätzlich die Stimmung, denn Hunde lieben Lob. Wenn man sie lobt, freuen und entspannen sie sich. In einer solch freundlichen und entspannten Atmosphäre sind sie bereit, etwas Neues zu lernen.

Lob und Tadel

Dass man vernünftig mit Hunden umgeht, heißt nicht, dass man sich alles gefallen lässt. Im Gegenteil, vernünftige Hundeerziehung besteht darin, Grenzen zu setzen. Man darf also den Hund durchaus tadeln und ihn auch schon einmal mild strafen, wenn er sich falsch verhäit. Lob und Tadel sollen jedoch einander ergänzen.

Angenommen, es geht darum, dem Hund beizubringen, dass er nicht auf das Sofa springen darf. Ist der Hund im Begriff, auf das Sofa zu springen, oder hat er sich gerade darauf niedergelassen, dann tadelt man ihn mit unfreundlicher Stimme. Was man genau sagt, ist wiederum nicht so wichtig. Es kann zum Beispiel ein „Nein!“, ein „Aus!“ oder ein „Runter!“ sein. Reagiert der Hund auch nach mehrmaligem Tadeln nicht in der gewünschten Weise, dann darf man durchaus mit Taten nachhelfen, allerdings mit Bedacht. Man schiebt den Hund entschlossen vom Sofa. Ein Klaps ist auch erlaubt.

Wenn der Hund aber schon auf den Zuruf reagiert, dann lobt man ihn. „Fein!“ oder „Das hast du gut gemacht!“ – mit freundlicher, warmer Stimme gesagt, prägt sich das dem Hund ein. Er wird sich beides merken, dass der Sprung auf das Sofa eine unangenehme Reaktion hervorruft und dass das Gehorchen zu einer angenehmen Reaktion führt.

Zeitung statt Hand, Schütteln statt Klaps

Wenn man meint, dem Hund einen Klaps geben zu müssen, dann sollte man das nicht unbedingt mit der Hand tun. Einige Fachleute warnen ganz ausdrücklich davor: Die Menschenhand solle für den Hund als etwas Angenehmes angesehen werden, etwas, das ihn streichelt und ihm Futter gibt. Eine Hand, die auch Schmerz zufügt, könne dazu führen, dass der Hund „handscheu“ werde und das Vertrauen verlieren könnte. Man kann beobachten, dass dieser Vertrauensverlust nicht in jedem Fall eintritt. Das hängt sicherlich mit der jeweiligen Hundepersönlichkeit zusammen und damit, wie fest der Klaps war. Zu einem Menschen, dessen Hand schmerzhafte Schläge austeilt, wird der Hund schnell nicht mehr das

Was soll der Kleine lernen?

O weh: Ein Klaps mit der Zeitung

Prompte Belohnung: ein Kauknochen

geringste Vertrauen haben. Das hängt aber vor allem mit der Brutalität des Vorgehens und nicht mit der Hand zusammen. Man kann einen leichten Klaps auch mit der zusammengefalteten Zeitung geben. Benutzt man dazu immer eine Zeitung, dann wird man in der Regel feststellen, dass es nach einer Weile schon reicht, den Hund zu tadeln und die Zeitung hochzuhalten – und er merkt, dass er etwas getan hat, was er nicht tun sollte.

Viele Experten raten dazu, keinen Klaps zu geben, wenn man meint, den Hund strafen zu müssen. Sie halten es für wesentlich zweckmäßiger, den Hund in einem solchen Fall am Nacken anzufassen und ein- oder zweimal zu schütteln. Dieses strafende Schütteln kommt dem Verhalten des Rudelführers in freier Wildbahn näher.

Schnell reagieren

Man kann sich noch so viel Mühe mit der Hundeerziehung machen – es wird alles nicht fruchten, wenn man nicht stets sofort reagiert. Ein Hund kann eine Reaktion des Menschen nur dann mit seinem eigenen Verhalten in Verbindung bringen, wenn man ihn unmittelbar im Anschluss an sein Verhalten lobt oder tadelt.

Wenn der Hund – vielleicht sogar zufällig – an der gewünschten Stelle sein Geschäft erledigt hat und man ihn dahingehend erziehen möchte, dass er das in Zukunft auch tut, dann nutzt es in dieser Hinsicht nichts, sich erst zu Hause lobend zu äußern. Das verbessert zwar die Stimmung des Hundes erheblich – aber er macht beim nächsten Mal vielleicht ganz woanders hin. Wenn der Hund sich vor dem Überqueren der Straße brav hingesetzt hat, lobt man ihn sofort – und nicht erst auf der anderen Straßenseite. In manchen Fällen kann es dem Hund noch möglich sein, trotz des zeitlichen Abstandes eine Verbindung zwischen seinem Handeln und der Reaktion des Halters herzustellen. Das wäre unter Umständen in folgendem Fall möglich: Hat der Hund den Pantoffel bereits Stunden, bevor man nach Hause kommt, zerkaut und in irgendeiner Ecke abgelegt, dann nutzt es nichts, den Hund nun dafür ohne weiteres tadeln zu wollen. Es ist schlicht zu spät. Der Hund versteht in diesem Moment auch keinen wütenden Satz, in dem das Wort „Pantoffel" vorkommt. Es kann aber sein, dass man ihm klar machen kann, was er falsch gemacht hat, indem man ihm den zerkauten Pantoffel zeigt und ihn dabei tadelt.

Manche Hundebesitzer behaupten allerdings grundsätzlich, ihr Hund wüsste ganz genau, worum es ginge, wenn sie schimpften. Das ist sehr unwahrscheinlich. Es ist wohl oft eher so: Der Hund merkt, dass sein Frauchen oder Herrchen wütend ist. Das macht ihn unglücklich. Entsprechend unglücklich sieht der Hund dann auch aus.

Nicht zu viel auf einmal

Hunde lernen gern, aber sie brauchen auch große Pausen. Und sie können natürlich nicht alles auf einmal lernen. Wenn man sie in einer Situation überfordert, lernen sie in dieser Situation überhaupt nichts mehr dazu.

Man beschränkt sich also zweckmäßigerweise stets auf eine Sache, die man dem Hund gerade beizubringen versucht. Diese Sache muss gut eingeübt werden. Übung macht den Meister, das gilt auch für den Hund. Es wird kaum jemand ernsthaft erwarten können, dass ein Hund etwas beim ersten Mal gelernt hat und es auch in Zukunft immer wieder beherrscht. So etwas kann vorkommen, aber die Regel ist es nicht.

Reden und Handeln

Der Hund lernt am besten, wenn man Reden und Handeln miteinander verknüpft, wo immer es möglich und sinnvoll ist. Das hat zudem den Vorteil, dass man später, wenn der Hund ein Kommando auf diese Weise gelernt hat, in vielen Fällen nicht mehr handeln muss. Reden reicht dann. Zwei Beispiele: Wenn der Hund an der Leine ist und plötzlich in eine andere Richtung zieht als in die, in die man mit ihm gehen möchte, dann sagt man scharf „Nein!“, „Aus!“ oder etwas Ähnliches und ruckt gleichzeitig kurz an der Leine. Der Ruck wird unangenehm für den Hund sein. Wenn man in solchen Situationen etliche Male gleichzeitig „Nein!“ gesagt und an der Leine geruckt hat, dann reicht später ein „Nein!“ aus, um den Hund wieder auf den richtigen Weg zu bringen.
Diese Verknüpfung funktioniert natürlich auch bei Lob und Belohnung für erwünschte Verhaltensweisen. Belohnung ist ein ganz zentrales Erziehungsmittel. Einem Hund beizubringen, auf Zuruf zu kommen, ist recht einfach. Man ruft ihn, und wenn er kommt, lobt man ihn und gibt ihm einen kleinen Leckerbissen als Belohnung. Das wird der Hund sich merken. Später braucht man den Leckerbissen nicht jedes Mal zu geben, wenn er kommt. Es reicht, hin und wieder einen bereitzuhalten, damit die Verknüpfung wieder aufgefrischt wird. Manches so Erlernte bleibt auch ohne Auffrischung im Gedächtnis.

Missverständnisse vermeiden

Klarheit ist eine ganz wichtige Grundregel bei der Hundeerziehung. Es gibt kaum etwas, das den Hund unglücklicher macht als ein Missverständnis. Der Hund ist von sich aus bemüht, seinem Herrchen oder Frauchen zu folgen. Das kann er aber nur, wenn man ihm klare Anweisungen gibt. Einer klaren Anweisung kann der Hund folgen, dann wird er gelobt. Der Hund fühlt sich wohl, und der Mensch ist zufrieden. Bekommt der Hund hingegen unklare Anweisungen, dann meint er vielleicht, etwas ganz anderes als das tatsächlich Gewünschte sei verlangt. In diesem Fall bemüht er sich, das zu tun, was er verstanden hat. Damit liegt er aber falsch und wird somit nicht gelobt. Da er das sicherlich nicht versteht, wird er unglücklich sein.
Missverständnisse vermeidet man, indem man in gleichen Situationen stets die gleichen Ausdrücke gebraucht. Jedes Mal, wenn man möchte, dass der Hund sich hinsetzt, sagt man „Sitz!“. Man sagt nicht einmal „Sitz!“, beim nächsten Mal „Hinsetzen!“ und wieder ein anderes Mal vielleicht „Wirst du dich jetzt da hinsetzen!“. Das wäre Unsinn. Ein Kommando, das der Hund einmal kennt, behält man in genau dieser Form bei. Dann gibt es auch keine Missverständnisse.

> **Info** *Wichtig ist auch, dass man dem Hund Pausen zwischen den einzelnen Übungen gönnt. Und wenn etwas auch beim zehnten Anlauf nicht klappen will, dann atmet man lieber erst einmal tief durch, anstatt den Hund immer verzweifelter zum Gehorsam zwingen zu wollen.*

Ansprechen und anzeigen: „Platz“

Meist hat der Hund nicht nur eine, sondern mehrere Bezugspersonen. Damit durch diese Rahmenbedingung keine Missverständnisse entstehen, ist es wichtig, dass man sich abspricht. Wenn sich jeder anders gegenüber dem Hund verhält, ist Ärger vorprogrammiert.

Belohnung für den braven Hund

Dienst ist Dienst – und Spaß ist Spaß

Ohne Konsequenz geht nichts

Konsequenz ist eine ganz entscheidende Voraussetzung bei der Hundeerziehung. Es ist nicht übertrieben zu sagen, dass ohne sie nichts geht. Der Versuch, einen Hund ohne Konsequenz erziehen zu wollen, bringt Ärger für den Menschen und macht den Hund unglücklich.

Der Hund ist ein Rudeltier, das eine klare Rangordnung und klare Regeln im Zusammenleben mit anderen – seien es Hunde, seien es Menschen – braucht. Wenn die Regeln bekannt sind und ebenso die positiven Folgen der Regeleinhaltung und die negativen Folgen der Regelübertretung, dann wird sich der Hund an das halten, was man von ihm verlangt.

Wenn er hingegen einmal etwas darf, beim nächsten Mal aber nicht, dann wird er sich nie richtig verhalten können. Er kann ja nicht vorher ahnen, ob die Sache diesmal erlaubt ist oder nicht. Das verwirrt den

Einmal angesprungen, immer angesprungen

„Lieg!" heißt „Lieg!" – das bleibt so

Hund ungemein. Es ist auch äußerst ungerecht ihm gegenüber und nicht zu vertreten, ihm plötzlich etwas zu verbieten, was er vorher durfte. Und genauso unsinnig ist es, etwas „ausnahmsweise" zu erlauben. Wenn das eine Sache ist, die dem Hund Spaß macht, dann wird die Ausnahme genau Folgendes bewirken: Der Hund meint, ab jetzt dürfe er das immer. Und damit ist der ganze vorherige Erziehungsaufwand umsonst. Gerade das „ausnahmsweise" Erlauben ist sehr verführerisch für den Menschen – aber unfair dem Hund gegenüber. Er wird es nicht verstehen können, dass er heute ein Stück Wurst vom Tisch aus bekommt (weil man selbst vielleicht keinen Hunger mehr hat) – und morgen vom Tisch weggeschickt wird. Er wird auch nicht einsehen können, dass er heute nicht an einem hochspringen darf, obwohl er es gestern durfte. Der Hund kann nämlich nicht wissen, dass man gestern vielleicht eine alte Hose anhatte, die ruhig schmutzig werden darf, man heute aber eine neue Hose trägt, die sauber bleiben soll!

Man kommt bei allen diesen Überlegungen immer wieder an denselben Punkt: Was erlaubt ist, soll erlaubt bleiben – und was verboten ist, soll verboten bleiben. Das heißt nicht, dass man nicht einmal eine Regel ändert, wenn die Umstände es erfordern. Wenn der Hund bisher ins Beet machen durfte und nun kleine Kinder dazukommen, die im Garten spielen, dann wird man dem Hund mit sehr viel Geduld beibringen, dass er nun sein Verhalten ändert. Aber solche Fälle sind Ausnahmen. Normalerweise gibt es keinen Anlass, wohl überlegt eingeführte Regeln zu ändern.

Welpenerziehung

Schon Welpen müssen erzogen werden

Wer sich einen Hund wünscht, der nur dort sein Geschäft erledigt, wo er es auch darf, der kommt, wenn man ihn ruft, der an der Straßenkreuzung wartet, anstatt sich in den tosenden Verkehr zu stürzen, der nicht auf den Frühstückstisch springt, um den Aufschnitt zu verspeisen ... kurzum, wer einen wohl erzogenen Vierbeiner haben möchte, der muss mit der Erziehung früh anfangen.

Denn ist der Hund erst erwachsen, dann ist es zwar nicht ganz unmöglich, ihn zu erziehen, aber es ist doch für beide Seiten sehr viel mühsamer. Und viele Marotten wird man dem Hund nicht mehr austreiben können. Auch beim Hund gilt: Was Hänschen nicht lernt, lernt Hans nimmermehr.

Damit ist natürlich nicht gemeint, dass der kleine Vierbeiner keine Schonfrist in einigen Angelegenheiten bekommen soll. Natürlich braucht und bekommt er sie. Man muss ihm ja sehr behutsam erst alles beibringen. Aber mit den Anfangsübungen muss man außerordentlich früh anfangen.

Info *Manch einer mag die Bedeutung der frühen Hundeerziehung unterschätzen. Andere würden den Welpen zwar gern erziehen, bringen es aber nicht übers Herz, weil er so niedlich und tolpatschig aussieht. Doch Vorsicht: Wenn der kleine Vierbeiner jetzt ins Bett von Herrchen oder Frauchen darf, dann wird er dieses Privileg wohl kaum freiwillig aufgeben. Man muss sich bei fast allem, was man dem Welpen durchgehen lässt, rechtzeitig überlegen, ob man diese Dinge ein Hundeleben lang ertragen will.*

Entwicklung des Welpen

Behaart, doch blind und taub kommen die Hundebabys zur Welt. Die ersten drei oder vier Tage ihres Lebens trinken und schlafen

Hundegeschwister im Körbchen

Schon dieser kleine Hund muss lernen.

Wo ist das Hunde-WC?

sie. Danach wird schon ein wenig herumgekrabbelt. Die erste Phase nennt man die vegetative Phase des Welpen. Sie dauert ungefähr zwei Wochen.

Mit etwa zwei Wochen beginnt die so genannte Übergangsphase. Sie dauert ungefähr eine Woche. Die Sinne des Hundes entwickeln sich: Riech-, Seh- und Hörvermögen bilden sich aus. Die Kleinen fangen an, sich zu behaupten. Es ist schon mal ein Knurren zu hören, und die ersten ernsthaften Laufversuche werden gestartet. Schon in dieser frühen Phase kann man durch Liebkosen und Streicheln die Weichen dafür stellen, dass der Hund später die Nähe des Menschen als angenehm empfindet. Allerdings sollte man die Privatsphäre der Hundefamilie nicht zu sehr stören. Man lässt in dieser Zeit nach Möglichkeit nur Menschen aus der eigenen Familie an die Hunde heran, keine Fremden.

Von der vierten bis zur siebten Lebenswoche dauert die so genannte Prägungsphase der Welpen. In dieser Phase sind die Sinne voll entwickelt, und alles, was ein Welpe jetzt an Eindrücken sammelt, ist von grundlegender Bedeutung für seine weitere Entwicklung. Etwa ab der fünften Woche lernt der Welpe intensiv. Mit seinen Geschwistern tollt er herum. Die Kleinen lernen nun ganz wichtige Teile der Hundesprache: Verhaltensweisen, Gesten und Gebärden, die sie später brauchen, um sich verständigen zu können. Die Kleinen lernen auch von der Mutter, dass sie sich nicht alles erlauben können. Die Mutter setzt klare Grenzen.

In dieser Phase kann man die Welpen gut mit verschiedenen Menschen zusammenbringen. Dann gewöhnen sie sich daran, dass der Umgang auch mit anderen Menschen als den zweibeinigen „Eltern" etwas Selbstverständliches ist. Jetzt ist der richtige Zeitpunkt dafür gekommen – und es ist entscheidend, dass die Erlebnisse mit den Menschen positiven Charakter haben, also für die Welpen angenehm sind. Denn sie merken sich sehr gut, was vor sich geht. Ein Welpe, der in diesem Alter von einem bösen Menschen geärgert wird, kommt vielleicht zeitlebens nicht mehr richtig gut mit Menschen aus. Ein anderer, der nur liebevolle Menschen um sich herum erlebt, entwickelt ein sehr gutes Grundgefühl gegenüber Menschen. Auch die Kinderfreundlichkeit eines Hundes kann in dieser Phase stark beeinflusst werden.

Von der achten bis zur zwölften Lebenswoche dauert die so genannte Sozialisierungsphase. In dieser Zeit kommen die Welpen in der Regel zu ihrem neuen Besitzer. Sie sind nun offen dafür, spielerisch erste Regeln von diesem Menschen zu lernen. Die Erziehung beginnt.

Stubenrein mit Geduld und Konsequenz

Wie bringt man einen kleinen Hund dazu, sein Geschäft nicht überall und nicht zu jeder Stunde zu erledigen? Zwei Voraussetzungen sind wichtig: Konsequenz und Geduld. Wunder sollte man nicht erwarten. Dem Hund sind Vorstellungen wie die von einem Teppich, der nicht beschmutzt werden darf, schließlich nicht angeboren. Aber irgendwann versteht er, wo er hinmachen darf und wo nicht. Im Normalfall sollte es nicht länger als vier Wochen dauern, bis der kleine Hund stubenrein ist.

Die Wochen bis dahin sind für den Hundehalter mit viel Aufwand verbunden. Der Aufwand ist um so größer, je weiter der Weg zum Hunde-WC ist. Im Idealfall tritt man zu ebener Erde aus dem Haus und geht einige Meter weit zu einem Gebüsch. Wohnt man in einer Etage weiter oben im Haus, verlängert sich der Weg. Dann wird gelegentlich empfohlen, ein provisorisches Hunde-WC (mit einer Kiste und Sand oder Zeitungen) auf dem Balkon oder irgendwo in der Etagenwohnung einzurichten. Das hört sich nach einer bequemen Lösung an, ist aber mehr oder weniger nur ein Verschieben des Problems. Denn der Hund lernt so nicht, dass er nur außerhalb der Wohnung sein Geschäft machen darf. Der Hund hat dann später möglicherweise große Schwierigkeiten, zwischen erlaubten und unerlaubten Plätzen zu unterscheiden.

Je jünger der Welpe ist, um so häufiger muss er sein kleines und großes Geschäft erledigen. Wenn er älter wird, werden die Abstände größer. Deshalb geht man anfangs sehr häufig mit dem Welpen hinaus. Damit bietet man ihm die Gelegenheit, sein Geschäft zu erledigen, bevor es überhaupt zum Malheur kommen kann – vorbeugend sozusagen. Manche Fachleute sagen, alle halbe Stunde, andere sagen, alle zwei Stunden sollte man mit dem kleinen Vierbeiner hinausgehen. Wie groß diese zeitlichen Abstände genau beim „eigenen" Welpen zu Hause sind, stellt man schnell fest. Als Faustregel für zusätzliche Gänge ins Freie kann man sich merken: Der Welpe „muss" sehr bald, nachdem er gefressen hat, und immer dann, wenn er wach wird.

Lernen mit Gleichaltrigen

Bächlein an gewohnter Stelle

Auch bei der Stubenreinheit gilt selbstverständlich: Lob wirkt besser als Tadel. Man bringt den kleinen Hund anfangs immer wieder an dieselbe Stelle, an der er sein Geschäft erledigen darf: Garten, Gebüsch oder auch Rinnstein. Wenn er es beendet hat, dann lobt man ihn mit weicher Stimme. Man schmeichelt ihm. Er wird sich merken, dass er gelobt wurde. Wenn der Kleine doch einmal in die Wohnung macht, dann darf man ihn kurz tadeln – und lobt ihn, sobald er sich wieder richtig verhalten hat. Das alte Mittel, den Hund mit der Nase in das verbotenerweise gemachte Bächlein oder Häuflein zu stoßen, gilt inzwischen bei vielen Fachleuten als überholt.

Bewegung für Mensch und Tier

Junger Collie an der Leine

Gewöhnung an den Tierarzt

Kennt man die Zeitpunkte, zu denen der kleine Hund „muss“, dann kann man sein Körbchen oder seine Kiste in einen Behälter – beispielsweise einen großen Karton – stellen, den der Hund aus eigener Kraft nicht verlassen kann. Er wird diesen kleinen Raum nicht so leicht beschmutzen, sondern in der Regel eine Weile einhalten, bis man mit ihm hinausgeht. Diese Maßnahme bietet sich aber nur für wenige Ausnahmesituationen an – wenn man beispielsweise zwischendurch dringend einmal aus dem Haus muss. Denn schön und der Entwicklung förderlich ist es bestimmt nicht, in einer Kiste eingesperrt zu sein. Und vor allem: Wenn der Drang für den kleinen Hund zu stark wird, kann er ohnehin nicht mehr einhalten.

Mit Perspektive erziehen

So süß und harmlos ein Welpe auch aussieht – eine Grundregel bei der Welpenerziehung heißt: Nichts erlauben, was später einmal verboten sein wird. Oft ist man leicht geneigt, einem Welpen etwas durchgehen zu lassen – mit der Folge, dass sich genau diese Dinge beim erwachsenen Hund als untragbar erweisen. Dann ist es aber schon fast zu spät, sie dem Hund abzugewöhnen. Erziehung nimmt man nicht einfach zurück. Was früh gelernt wurde, bleibt erhalten.

So muss schon der Welpe vom ersten Tag an unbedingt lernen, dass es Bereiche in der Wohnung gibt – und seien es nur einzelne Möbelstücke –, die für ihn tabu sind. Wer einen Welpen mit aufs Sofa nimmt, darf sich nicht wundern, wenn er sich mit dem erwachsenen Hund jeden Abend um diesen Sitzplatz streiten muss. Auch sollte der Welpe vom ersten Tag an lernen, dass er sein Futter zu bestimmten Zeiten aus seinem Napf bekommt – und nicht ab und zu auch vom Tisch während der Mahlzeiten der Menschen.

Die Liste der Beispiele ließe sich noch weiter fortsetzen. Grundsätzlich gilt: Was der erwachsene Hund nicht soll – das darf man ihm schon als Welpe nicht erlauben. Das ist vor allem auch im Interesse des Hundes. Denn er wird nicht verstehen, dass man seinen Wünschen und seinen Bitten erst nachgibt – und er dann plötzlich viele Dinge nicht mehr darf.

An vieles gewöhnen

In den allerersten Tagen darf man einen Welpen keinesfalls überfordern. Er muss erst einmal Zeit und Ruhe haben, sich an seine neue Umgebung einschließlich der dort anwesenden Menschen zu gewöhnen.

Aber dann sollte man dem Welpen nicht vorenthalten, was sonst noch passiert. Nach einer gewissen Zeit ist es wichtig, ihm viele Dinge zu zeigen und ihn mit vielen Situationen zu konfrontieren. Aber nichts darf überstürzt werden. Vorsicht und Geduld sind unbedingt notwendig. Wenn der Hund sich vor

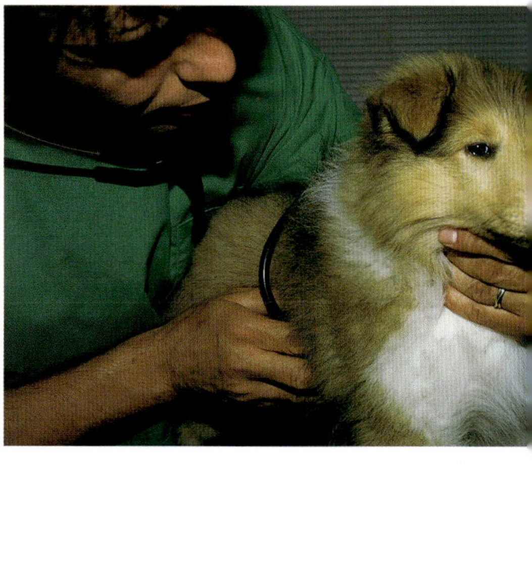

etwas stark ängstigt, versucht man liebevoll, ihm die Angst zu nehmen. Man lobt ihn und belohnt ihn, wenn er sich der gefürchteten Sache trotzdem nähert.
Was der Welpe schon früh und als angenehm kennen lernt, wird ihm später keine Schwierigkeiten im Umgang bereiten. Man macht ihn mit Menschen verschiedenen Alters und Geschlechts bekannt. Man geht mit ihm an eine belebte Straße, damit er Auto- und Motorradgeräusche kennen lernt. Der kleine Hund lernt verschiedene Böden und Bodenstrukturen kennen, damit er weiß, wo ist innen, wo ist außen, wo darf ich mein Geschäft erledigen. Man zeigt ihm Treppen und Aufzüge, nimmt ihn vielleicht auch schon bald zu Bekannten oder ins Restaurant mit. Lärmende, verrauchte Kneipen sind übrigens nicht die geeignete Umgebung für Hunde. Aber für alles, was hundetauglich ist, gilt: Der Hund von Welt lernt früh kennen, womit er später selbstverständlich zurechtkommen soll.

Ausbildung des jungen Hundes

Die Grundausbildung des jungen Hundes

Unter Fachleuten gibt es verschiedene Meinungen darüber, wie viel man einem jungen Hund in den ersten Lebensmonaten beibringen sollte. Es ist auch nicht unumstritten, bis zu welchem Lebensmonat der Hund die jeweiligen einzelnen Verhaltensweisen gelernt haben soll. Eine pauschale Regel, aus der man auf den Tag genau für jeden Hund das gleiche Lernprogramm ableiten könnte, gibt es nicht. Man muss auch stets die jeweilige Hundepersönlichkeit berücksichtigen. Auch bei den Hunden gibt es Frühentwickler und Spätentwickler. Man liegt aber sicher nicht falsch, wenn man davon ausgeht, dass der Hund im Alter von etwa einem halben bis einem dreiviertel Jahr die folgenden Übungen beherrschen sollte: Der Hund kennt seinen Namen, bleibt einige Zeit

Kinder sollten bei der Erziehung der Welpen mit einbezogen werden.

Ungestörte Übung

Wer sucht hier die Leine aus?

allein, kommt auf Zuruf, sitzt auf Kommando, bleibt an der Stelle, an der er bleiben soll, geht an der Leine, lässt auf Zuruf von etwas Verbotenem ab und bleibt stehen, wenn man es von ihm verlangt.

Dabei ist es nicht so wichtig, welche Kommandos und sonstigen Zeichen man verwendet. Wichtig ist lediglich, dass es immer die gleichen Worte und Gesten sind. Wenn man das Gefühl hat, dass ein Hund eine Übung begriffen hat, kann man sie noch einmal oder wenige Male wiederholen. Man spart wiederum nicht mit Lob. Und wie bei so vielem gilt auch hier: Aufhören, wenn es am schönsten ist!

Es bietet sich an, die ersten Übungen zunächst in einem größeren geschlossenen Raum durchzuführen, in dem nur Hund und Herrchen oder Frauchen sich befinden. Später kann man die Übungen dann draußen fortsetzen, und es dürfen auch andere Menschen dabei sein. Aber zunächst wäre die Ablenkung zu groß, der Lernerfolg würde geschmälert.

„Komm!"

Mit dem einfachen Kommando „Komm!" kann man schon früh beginnen. Auf dieses Kommando zu hören, bedeutet für den Hund grundsätzlich keine große Schwierigkeit. Als Rudeltier ist es für ihn natürlich, dem Anführer zu folgen. Es kann deshalb sein, dass der Hund freiwillig ganz schnell kommt, wenn man ihn ruft. Es kann aber auch sein, dass er nicht kommt. Das mag daran liegen, dass er durch eine andere Sache abgelenkt ist, vielleicht aber auch daran, dass er den Ruf noch nicht als Aufforderung zum Kommen erkannt hat. In diesem Fall sollte man das Rufen öfter wiederholen. Kommt der kleine Vierbeiner schließlich, lobt man ihn und belohnt ihn mit einer kleinen Hundeleckerei. Wenn der Hund erst einmal begriffen hat, was mit „Komm!" gemeint ist, und erfahren hat, dass ihn etwas Angenehmes erwartet, wenn er der Aufforderung nachkommt, dann wird er in Zukunft gerne gehorchen.

Er bleibt an dem Ort, an dem er ist – auch alleine

„Aus!" und „Pfui!"

Nicht alles, was der Hund findet und zwischen die Zähne nimmt, darf er auch behalten. Unterwäsche und Schuhe von Herrchen und Frauchen zum Beispiel sind sehr beliebte Beuteobjekte – doch die Freude über solche Beutezüge hält sich auf Menschenseite meist stark in Grenzen. Das Herumkauen an bestimmten Dingen kann für den kleinen Vierbeiner Gefahr bedeuten – so beispielsweise an Stromkabeln oder an Gegenständen, die splittern könnten. Wichtig ist also, dass der Hund nicht zu spät lernt, auf Kommando Dinge herzugeben.

Auf Anhieb kann der Hund mit dem Befehl „Aus!" nicht viel anfangen. Man versucht langsam, eine Bedeutung für diesen Befehl aufzubauen, indem man mehrfach ruhig, aber energisch „Aus!" sagt und versucht, den entsprechenden Gegenstand aus dem Hundemaul zu nehmen. Will der Hund das Maul partout nicht öffnen, kann man es mit einem Trick versuchen: Man greift – aber bitte keinesfalls zu fest! – um den Fang und drückt die Lefzen leicht gegen die Zähne. Das führt im Idealfall dazu, dass der Hund sofort das Maul öffnet. Maul öffnen und Gegenstand herausgeben – das gibt wieder ein dickes Lob für den Hund.

Der Befehl „Pfui!“ ist ein inhaltlich verwandter Befehl. Man gebraucht ihn in tadelndem Tonfall, um zu verhindern, dass der Hund überhaupt erst einen verbotenen Gegenstand ins Maul nimmt.

„Sitz!“ und „Bleib!“

Der Hundehalter wird es schnell merken: In vielen Situationen ist es besser, wenn der Hund nicht einfach mitkommt oder weiterläuft.

Sich auf Befehl hinzusetzen, das sollte der Hund zum Beispiel an einer roten Ampel können. Mit dem Wort „Sitz!“ allein kann der Hund natürlich nicht viel anfangen. Man hilft ihm zu verstehen, was gemeint ist: Der Hund steht links neben einem. Man zieht kurz und leicht mit der Leine am Erziehungshalsband nach oben und übt mit Daumen und Zeigefinger der linken Hand leicht Druck auf die Kruppe des Hundes aus.

Auch das Kommando „Bleib!“ lernt der Hund in Verbindung mit einer sanften Berührung. Man sagt „Bleib!“ und berührt mit der Handfläche den Nasenspiegel des Hundes. Diese Bewegung ist so etwas wie ein sehr sanftes, aber entschiedenes Zurückschieben. Die ersten Übungen sollten unbedingt in einem ruhigen Raum zu Hause durchgeführt werden. Das Kommando „Bleib!“ lernt der Hund bestimmt nicht vor der Tür eines vollen Supermarktes. Einige Fachleute empfehlen für die „Bleib!“-Übung sogar die Verwendung eines nicht zu hohen Tisches. Diesen Tisch soll der Hund schon in der Zeit vor der Übung als angenehm kennen lernen. Man krault ihn zum Beispiel, wenn er darauf liegt. Auf einem solch angenehmen Platz wird der Hund dann um so leichter bleiben.

Halsband und Leine

Es ist für einen Hund nicht selbstverständlich, an einer Leine herumzulaufen, aber wenn man geschickt vorgeht, wird er sie bald als verlängerten Arm von Herrchen oder Frauchen empfinden. Das Geschick des Halters macht es dem Hund auch von Anfang an leicht, sich an das Tragen des Halsbandes zu gewöhnen. Am besten legt man es dem kleinen Kerl immer dann für eine Weile um, wenn gerade Ablenkung auf dem Plan steht – zum Beispiel kurz vor dem Fressen.

Auch an die Leine gewöhnt man den Hund vorsichtig. Man kann sie ja erst einmal in der Wohnung oder im Garten an seinem Halsband befestigen und ruhig eine Weile mit dem Hund herumgehen. Die ersten Schritte an der Leine auf Herrchen oder Frauchen zu werden durch ein „Komm!“ motiviert. Lob und Belohnung sind wiederum wichtige Erziehungsmittel. Ein Hund, der gut an die Leine gewöhnt wurde, wird sich bald freuen, sobald man sie in die Hand nimmt: Die Leine steht für Spaziergänge, und Spaziergänge liebt der Hund.

Fachleute raten, den Hund von vornherein daran zu gewöhnen, dass er auf der linken Seite geht. Man selbst hält das andere Ende der Leine in der rechten Hand und kann mit der linken Hand die Länge verändern. In der ersten Zeit verwendet man ein Erziehungshalsband. Ein leichter Ruck nach hinten bedeutet für den Hund, das Tempo zu verlangsamen. Für jeden verantwortungsvollen

Warten auf Herrchen und Frauchen

„Pfui!“

In Hundeschulen und auf Übungsplätzen gibt es zahlreiche Angebote für die Hunde-Ausbildung.

Hundehalter ist Zerren an der Leine ein Tabu. Einerseits ist es unschön, andererseits können die Hunde dabei schwere gesundheitliche Schäden erleiden.

Alleinbleiben leicht gemacht

Es kommt nicht selten vor, dass Hunde nicht allein bleiben wollen. Kaum greifen Frauchen oder Herrchen zum Mantel, fangen diese Hunde an zu fiepsen oder auch aggressiv zu bellen, springen vielleicht an dem geliebten Menschen hoch oder legen sich winselnd in Türnähe nieder. Oft ist Angst der Grund für dieses Verhalten. Diese Hunde haben kein Vertrauen – sie haben Angst, allein gelassen zu werden, weil man sie zu früh, zu abrupt oder zu lange allein gelassen hat.

Der Hund wird das Alleinbleiben nur lernen, wenn man ihn ganz langsam – anfangs nur meterweise und sekundenweise – daran gewöhnt. Das kann man wie folgt machen: Wenn er auf seinem Platz ist, bedeutet man ihm „Bleib!“ und entfernt sich wenige Schritte. Man lobt ihn, wenn er dort geblieben ist, wiederholt die Übung und kann sich zu einem späteren Zeitpunkt etwas weiter entfernen. Irgendwann geht man auf diese Weise für ganz kurze Zeit außer Sichtweite des Hundes – und so weiter. Das Entscheidende an diesen Übungen ist, dass der Hund von Anfang an das Gefühl bekommt: Es ist nicht schlimm, wenn ich hier bleibe – Herrchen oder Frauchen kommen ja wieder! Man kann dem Hund die Sache zusätzlich erleichtern, indem man einen Gegenstand von sich selbst dalässt. Allerdings muss gewährleistet sein, dass der Hund nicht mehr so unerfahren ist, dass er ihn gleich völlig zerkaut.

Info *Ein gesunder Hund, der Vertrauen in seine Umwelt hat, kann durchaus einmal alleine bleiben – allerdings nicht zu lange. Einige, am besten nur wenige Stunden am Tag sind die Obergrenze, denn der Hund ist von Natur aus ein geselliges Wesen und kein Einzelgänger.*

Hundeschulen und Übungsplätze

Es gibt mehrere Möglichkeiten, sich Wissen über die Hundeerziehung anzueignen. Spezielle Fachbücher sind häufig eine gute Quelle. Aber gerade dem unerfahrenen Hundehalter stellen sich vielleicht noch Fragen, die er lieber im Gespräch beantwortet haben möchte.

Übungsplatz und Hundeschule sind wichtige Hilfsmittel bei der Hundeerziehung. Eine gute Adresse kann man bei örtlichen Rassehundevereinen oder Tierheimen in Erfahrung bringen. Man sieht sich die Anlage in Ruhe an. Hat man den Eindruck, es würde unnötig herumkommandiert oder die Tiere würden sogar brutal behandelt, dann sucht man sich eine neue Adresse.

Im Gespräch mit einem Fachmann wird man feststellen, dass es einige unvorhersehbare Dinge bei der Erziehung gibt. Besser man klärt diese Probleme vorher. Versuch und Irrtum bei der Erziehung – das funktioniert nicht und ist meist reine Tierquälerei. Zudem gibt es viele Hunderassen, die so temperamentvoll oder kräftig sind, dass man sich keinen Erziehungsfehler leisten kann – wenn der 70 kg schwere Vierbeiner sich erst einmal angewöhnt hat, an jedem Besucher hochzuspringen, wird es ausgesprochen schwierig, ihm das wieder abzugewöhnen.

Umerziehung erwachsener Hunde

Wäre die Umerziehung erwachsener Hunde leicht, würde man keinen so großen Auf-

wand mit der frühen Erziehung der jungen Hunde treiben. Leider ist es so, dass sich frühe Versäumnisse und Fehler bei der Erziehung nachhaltig rächen. Bei einem Hund, den man schon als Welpen bekommt, kann man Erziehungsfehler vermeiden.

Nimmt man aber ein erwachsenes Tier auf, so stehen nicht mehr alle Möglichkeiten offen. Wenn man mit bestimmten Verhaltensweisen des Tieres nicht einverstanden oder über sie besorgt ist, dann gilt es zunächst, möglichst viel über die Vergangenheit des Tieres herauszufinden. Kennt man den Ursprung bestimmter „Macken", kann man besser mit ihnen umgehen – und schafft es möglicherweise sogar, den Hund in gewissem Maße umzuerziehen. Man sollte aufmerksam beobachten und zwischen unerwünschten und auch für das Tier sehr leidigen Verhaltensweisen unterscheiden.

Wenn ein Hund sehr verstört ist, kann es ihm ausgesprochen viel helfen, wenn man ihm nicht nur Liebe entgegenbringt, sondern mit ihm zu einem Hundepsychologen geht. Dieser Fachmann wird einem auch in weniger schweren Fällen sagen können, was zu tun ist. Man kann sich ja leicht vorstellen, dass jeder – noch so gut gemeinte – falsche Umerziehungsversuch mehr schadet als nutzt und den Hund in noch größere Verwirrung stößt. In einer solchen Atmosphäre der Verwirrung wird er dann noch weniger verstehen, was man von ihm möchte.

Man darf nicht zu hohe Erwartungen an die Möglichkeiten der Umerziehung des erwachsenen Hundes stellen. Erzwingen kann man nichts. Mit viel Geduld, Zuneigung und Sachverstand ist dennoch so manches zu erreichen – wenn auch nicht auf Anhieb. Lob für neue Verhaltensweisen bestärkt den erwachsenen Hund darin, sich langsam anders als gewohnt zu verhalten. Der Hund ist schließlich nicht darauf aus, seinen Halter zu ärgern.

Hat man zum Beispiel einen Hund mit der äußerst schlechten Angewohnheit, Jogger oder Radfahrer zu verfolgen, dann wird man ihm dieses „Jagen" nicht durch Anschreien und Hinterherlaufen abgewöhnen können. Erfolgreicher wird es sein, ihm ganz geduldig das Kommando „Komm!" beizubringen, das er zunächst zu Hause und dann zu einem späteren Zeitpunkt auch im Freien beherzigt. Einem Hund, der es gewohnt ist, sein Geschäft zu erledigen, wo er steht und geht, bringt man in mühsamer Kleinarbeit mit viel Lob bei, wo geeignete Stellen sind. In einigen Fällen helfen auch ganz einfache Tricks. Den Anreiz zum lästigen Hochspringen kann man deutlich verringern, indem man einen Schritt zur Seite tritt. Der Hund springt ins Leere – was ihm nicht gefällt. Doch ist in den meisten Fällen echter Sachverstand gefragt, und der am einfachsten scheinende Weg ist längst nicht immer der geeignete. Fachmännischer Rat ist nötig.

Der Hund wartet brav an der Straße.

Hier gehört er eigentlich nicht hin!

Alltag mit dem Vierbeiner

Die Ernährung ist ganz wichtig.

Viel Bewegung hält den Hund gesund.

Die Hundeernährung

Hunde brauchen eine andere Ernährung als Menschen. Bei der Zusammenstellung eines Ernährungsplans spielen mehrere Aspekte eine Rolle. Zum einen geht es darum, dass der Hund die notwendigen Nährstoffe in ausreichender Menge bekommt. Zum anderen muss das Futter gut bekömmlich sein – und es muss dem Hund schmecken. Bei der Ernährung des Hundes berücksichtigt man auch, ob der Hund ein guter oder ein schlechter Futterverwerter ist. Und schließlich hängt es ganz entscheidend vom Alter des Hundes ab, was er zu fressen bekommt. Wenn man den Welpen zu sich nimmt, ist er in der Regel acht bis zehn Wochen alt. Dann hat er sich bereits an andere Nahrung als die Muttermilch gewöhnt. Vorher hat er zusätzlich zur Muttermilch so genanntes Beifutter bekommen und ist dann abgesetzt worden. Man sollte in der ersten Zeit nach Aufnahme unbedingt das Futter weitergeben, das der Welpe auch in seinem alten Zuhause bekommen hat – es sei denn, man zweifelt an der Seriosität der Adresse. Dann erkundigt man sich gleich bei einem Fachmann nach der richtigen Nahrung. Ansonsten sollte man den Welpen, der sich schon an eine neue Umgebung gewöhnen muss, nicht auch noch mit neuem Futter überfordern.

Die Ernährung in der Welpenzeit stellt mit die Weichen dafür, wie gesund und kraftvoll der Hund später einmal wird. Dabei heißt es: Genug, aber maßvoll füttern! Zu viele Nährstoffe können schaden – und man bemerkt es nicht einmal, weil der Welpe nicht unbedingt zu dick wird, sondern einfach schneller wächst. Schäden am Skelett können die Folge sein.

In der ersten Zeit nach dem Absetzen füttert man noch zwei- bis dreimal am Tag. Diesen Rhythmus behält man bei. Wird der Hund erwachsen, kann man langsam zu nur einer Mahlzeit pro Tag übergehen. Das muss allerdings nicht immer ratsam sein – vielleicht schlingt der Hund und erbricht sich, wenn der Magen zu voll ist. Dann verteilt man die Tagesration wieder auf mehrere Mahlzeiten. Der Hund bekommt zwei ausreichend große, stabile und schwere Näpfe, einen für Wasser und einen für Futter. Schwer sollten die Näpfe sein, damit sie nicht dauernd verschoben werden oder umkippen, was für Hund und Herrchen oder Frauchen gleichermaßen lästig ist. Die Näpfe müssen regelmäßig gereinigt werden, insbesondere der Futternapf. Man stellt sie immer an den gleichen Platz, der so liegen soll, dass der Hund ungestört fressen kann.

Grundsätzlich gibt es zwei Möglichkeiten der Hundeernährung. Zum einen können Rohstoffe und andere Zutaten eingekauft und zubereitet werden, zum anderen gibt es Fertignahrung zu kaufen. Ganz wichtig: Keinesfalls darf rohes Schweinefleisch gefüttert werden, da es das Aujezky-Virus enthalten und deshalb mit tödlichen Folgen für den Hund verbunden sein kann. Das Virus kann auch in nicht näher bezeichneten Fleischabfällen enthalten sein – sogar in anderen rohen Fleischsorten, die mit demselben Messer oder Fleischwolf wie infiziertes Schweinefleisch zerkleinert wurden. Daher ist es immer besser, Fleisch und auch Knochen abzukochen. In jedem Fall muss der Hundehalter, der selbst Futter zusammenmischt, sehr gut informiert sein. Detaillierte Fachbücher sind hierbei eine sinnvolle Investition.

Fertigfutter, das es als Dosen- und als Trockenfutter gibt, enthält in der Regel alles, was der Hund braucht. Wer Trockenfutter gibt, muss unbedingt darauf achten, dass der Wassernapf immer gefüllt ist. Die Hunde brauchen bei Trockenfutter nämlich weitaus mehr Wasser als bei Dosenfutter. Wer Zweifel hat, ob ein bestimmtes Produkt wirklich alles beinhaltet, was der Hund braucht, sollte sich unbesorgt an den Tierarzt wenden. Es bietet sich zum Beispiel an, nach einem kurzen Anruf bei ihm vorbeizuschauen – mit einer Dose oder Packung, auf der die Inhaltsstoffe vermerkt sind. Der Tierarzt kann sagen, ob alle notwendigen Stoffe enthalten sind und wie man für Abwechslung sorgen kann. Der Hund braucht diese Abwechslung auf dem Speiseplan. Welcher Hund welches Futter besonders gern mag und verträgt, das probiert man in Ruhe aus. Manche Futterarten können zu Blähungen führen, andere werden vielleicht einfach nicht gern gefressen. Auch bei Verdauungsschwierigkeiten weiß der Tierarzt meist einen guten Rat.

In einem ausgewogenen Ernährungsplan wird auch berücksichtigt, dass der Hund gerne knabbert und Hartes zerkaut. Das ist ausgesprochen gut für sein Gebiss. Außerdem kann so die Bildung von Zahnstein verhindert werden. Es müssen nicht immer richtige Knochen sein, die verfüttert werden – da einerseits bei manchen Knochen Splittergefahr und generell die Gefahr von Verdauungsstörungen bestehen kann. So genannte Kauknochen, die man in verschiedenen Größen und für kleinere Hunde auch als Kaustangen kaufen kann, erfüllen auch sehr gut ihren Zweck.

Auslauf für den Hund

Gassi gehen ist die eine Sache, Spaziergänge sind die andere. Der Hund muss aus zweierlei Gründen ausgeführt werden. Zum einen muss er regelmäßig sein Geschäft erledigen, zum anderen braucht er sehr viel Bewegung, Zeit zum Schnüffeln und Toben und auch den Kontakt mit anderen Tieren, um sich wohl zu fühlen.

Es gibt nur ganz wenige Hunderassen, die einen ausgesprochen geringen Bewegungsdrang haben. Die meisten Hunde, auch kleinere, brauchen weitaus mehr Bewegung, als ihnen mancher uninformierte Halter zugesteht. Wie lange und wie oft man sich täglich mit dem Hund an der frischen Luft bewegt, das hängt von der Rasse und von der Hundepersönlichkeit ab. Bei einigen Rassen bietet sich auch ein regelrechtes Bewegungstraining an, zum Beispiel bei Windhunden. Als Faustregel für die Untergrenze bei ganz verschiedenen Hunden kann man sich aber merken: Drei- bis fünfmal täglich geht es vor die Tür. Mindestens zweimal davon macht sich Herrchen oder Frauchen zu einem richtigen Spaziergang mit dem Vierbeiner auf. Jeder der beiden Spaziergänge sollte mindestens eine halbe Stunde dauern. Insgesamt braucht der Hund täglich mindestens zwei Stunden Auslauf.

Als Tipps für die täglichen Gänge und insbesondere für das reine Gassigehen kann man sich merken: Man geht möglichst zu festen Zeiten, und man wartet nicht, bis der Hund es kaum noch aushält und wimmernd vor der Tür hockt. Der Hund soll einen Stammplatz haben, an dem er sein Geschäft erledigt. Den steuert man direkt an. Herumtoben kann man später noch mit dem Hund. Für den Fall, dass doch einmal an einer anderen Stelle ein Malheur passiert, zum Beispiel auf dem Bürgersteig, hat man ein kleines Reinigungsset dabei. Es muss kein Spezialset sein. Eine kleine Plastiktüte, ein Stück Toilettenpapier oder ein Papiertaschentuch reichen aus. Über Hundehaufen auf Bürgersteigen und in öffentlichen Anlagen wird zu Recht geklagt. Jeder Hundebesitzer sollte sich persönlich verpflichtet fühlen, das Image aller Hundebesitzer und

Hier wurde selbst gemischt.

Industriell hergestelltes Nassfutter

Trockennahrung

Ein stabiler Napf

Auslauf in der freien Natur

Auf dem Weg zu einem erlaubten Gassiplatz

Nicht überall ist ein Hundehaufen erlaubt.

ihrer Vierbeiner zu verbessern. Beim Thema öffentliche Meinung über Hunde darf natürlich eines nicht unerwähnt bleiben: Ob Gassigehen oder Spaziergang, der Hund sollte nur von der Leine gelassen werden, wenn er auf Zuruf prompt herbeikommt – und nicht etwa Jogger, Fahrradfahrer oder andere Fußgänger hetzt. Was dem einen oder anderen robusten Hundefreund vielleicht nicht klar ist: Es gibt eine ganze Reihe von Menschen, die echte Angst vor Hunden haben. Und kein Hundehalter hat das Recht, diesen Menschen den Spaziergang zu verderben.
Grundsätzlich ist es für den Hund wesentlich angenehmer und seinem gesamten Wohlbefinden zuträglich, wenn er unangeleint herumlaufen darf. Das ist aber nicht überall erlaubt. Man erkundigt sich am besten schon vor der Anschaffung des Tieres bei der örtlichen Verwaltung, wo der Hund ohne Leine laufen darf – und auch, wo er sein Geschäft erledigen darf. Die einzelnen Gemeinden haben die Möglichkeit, unterschiedliche Regelungen zu treffen. Es gibt aber auch landeseinheitliche Vorgaben – zum Beispiel, ob Hunde außerhalb von Waldwegen angeleint werden müssen. Und einige Regelungen gelten bundesweit. Die Anfrage, wo dem Hund was erlaubt ist, lohnt sich, nicht nur im Sinne des friedlichen Umgangs von Hundefreunden mit ihren Mitmenschen, sondern auch finanziell, denn ein falsch gesetzter Hundehaufen kann unter Umständen ein ordentliches Bußgeld nach sich ziehen.

Gesunder und kranker Hund

Auch der Hund hat wie wir Menschen gute und schlechte Tage. Wenn er sich einmal offensichtlich nicht so wohl fühlt, dann muss das nicht gleich ein Anzeichen für eine ernste Erkrankung sein. Es kann vorkommen, dass er sich nach dem Fressen erbricht. Das muss nicht heißen, dass der Hund ernsthaft erkrankt ist. Möglich ist, dass er zu schnell gefressen hat. Man sollte ihn dann aber besonders sorgfältig beobachten – vielleicht hat er doch etwas Ernstes, das einen Tierarztbesuch erfordert. Mit der Einstellung „Es ist doch nur ein Hund, der wird sich schon wieder berappeln" läuft man Gefahr, ernste Erkrankungen im Frühstadium zu verharmlosen und damit wertvolle Behandlungs- und Heilungsmöglichkeiten endgültig zu verpassen.
Jeder Hundehalter sollte sich über typische Hundekrankheiten und ihre Symptome informieren. Aber der normale Hundehalter ist und bleibt ein Laie. Er kann zum Beispiel von einzelnen Symptomen auf falsche Erkrankungen schließen, denn das umfassende Wissen eines Tierarztes fehlt ihm. Manch einer vermeidet den Gang zum Tierarzt, weil er die hohen Kosten fürchtet. Tierarztrechnungen können durchaus hoch ausfallen. Aber die Rechnung wird in vielen Fällen höher, wenn man zu lange wartet – dann können teure Folgebehandlungen notwendig werden. Im Vordergrund solcher Überlegungen sollte allerdings ohnehin nicht das Geld stehen, sondern ausschließlich das Wohl des vierbeinigen Freundes. Der Mensch ist verpflichtet, für dessen Wohl zu sorgen. Diese Verpflichtung hat er schon ganz am Anfang übernommen – als er sich für einen Hund entschieden hat.
Schon der Welpe muss wiederholt geimpft werden. Man impft ihn gegen Staupe, Leberentzündung, Leptospirose, Parvovirose und Tollwut. Durch den Einsatz von Kombinationspräparaten wird es für den Hundehalter sehr einfach, den Impfplan einzuhalten. Er

bringt den Hund zum Nachimpfen einmal jährlich zum Tierarzt. Der Tierarzt verwendet eine Kombination der jeweils zu diesem Zeitpunkt benötigten Substanzen. Wenn der Hund das ganze Jahr über putzmunter ist und keinerlei Anzeichen von Erkrankungen zeigt, dann reicht der jährliche Besuch beim „Viehdoktor" aus. Zeigt der Hund jedoch Krankheitssymptome, wird zwischendurch ein Tierarztbesuch notwendig.

Es gibt Symptome, die auf bestimmte Erkrankungen hindeuten. Andere haben eher allgemeinen Charakter, können aber auch ein Anzeichen für eine ernste Erkrankung sein. So können sich beispielsweise hinter allgemeiner Unlust, Mattigkeit und Appetitlosigkeit ernsthafte Erkrankungen verbergen. Das gilt für den Welpen genauso wie für den erwachsenen Hund. Beispielsweise Durchfall kann für Welpen sehr schnell tragisch enden; sie „trocknen" gewissermaßen „aus". Auch Fell und Augen sind ein guter erster Indikator für den Gesundheitszustand des Hundes. Wenn das Fell matt ist, statt zu glänzen, wenn die Augen stumpf wirken, dann ist mit dem Hund etwas nicht in Ordnung. Weitere Anzeichen für Erkrankungen sind unter anderem: trockene, heiße Nase, häufiges Erbrechen, extremer Durst, ständiges Ohren- und Kopfschütteln, übermäßiges Kratzen und Beißen im Fell, dauerhaft schnellere Atmung, Ausfluss aus Augen und Nase, deutlich veränderte Ausscheidungen, häufiges Entleeren.

Kleine Liste der Hundekrankheiten

Nachfolgend sind einige Hundeerkrankungen und deren Symptome aufgeführt. Jeder verantwortungsvolle Hundehalter sollte sich aber über diese Kurzbeschreibungen hinaus genauer und selbstverständlich auch über weitere Erkrankungen informieren – um seinen vierbeinigen Schützling durch rechtzeitige und richtige Behandlung so lange wie möglich kerngesund zu halten.

Bindehautentzündung: Die Augen sind gerötet und tränen. Es kann auch sein, dass der Hund sie zukneift. Hat der Hund kein einziges weiteres Krankheitssymptom, dann ist die Entzündung vermutlich nicht Ausdruck einer weitergehenden Erkrankung. Sie kann auf Zugluft zurückzuführen sein; wenn sie einseitig ist, auch auf einen Fremdkörper im Auge. In ganz unkomplizierten Fällen kann man es zunächst mit einer Kamillenextraktbehandlung versuchen. Andernfalls hilft der Tierarzt mit einer Salbe, die – bei eitrigen Entzündungen – Antibiotika enthalten kann.

Erbrechen und Durchfall können harmlos sein, aber auch auf eine ernste Erkrankung hinweisen. Wenn der Hund ansonsten kerngesund wirkt, kann man ihm in einem solchen Fall zunächst abgekühlten Kamillentee zu trinken geben und ihn einen Tag fasten lassen. Sollten sich dann die Symptome nicht gebessert haben, ist es Zeit, zum Tierarzt zu gehen. Das gilt sofort bei blutigem Durchfall.

Gebärmutterentzündung äußert sich unter anderem durch übel riechenden Ausfluss aus der Scheide. Die Hündinnen lecken oft an der Scheide, haben großen Durst und meist erhöhte Temperatur.

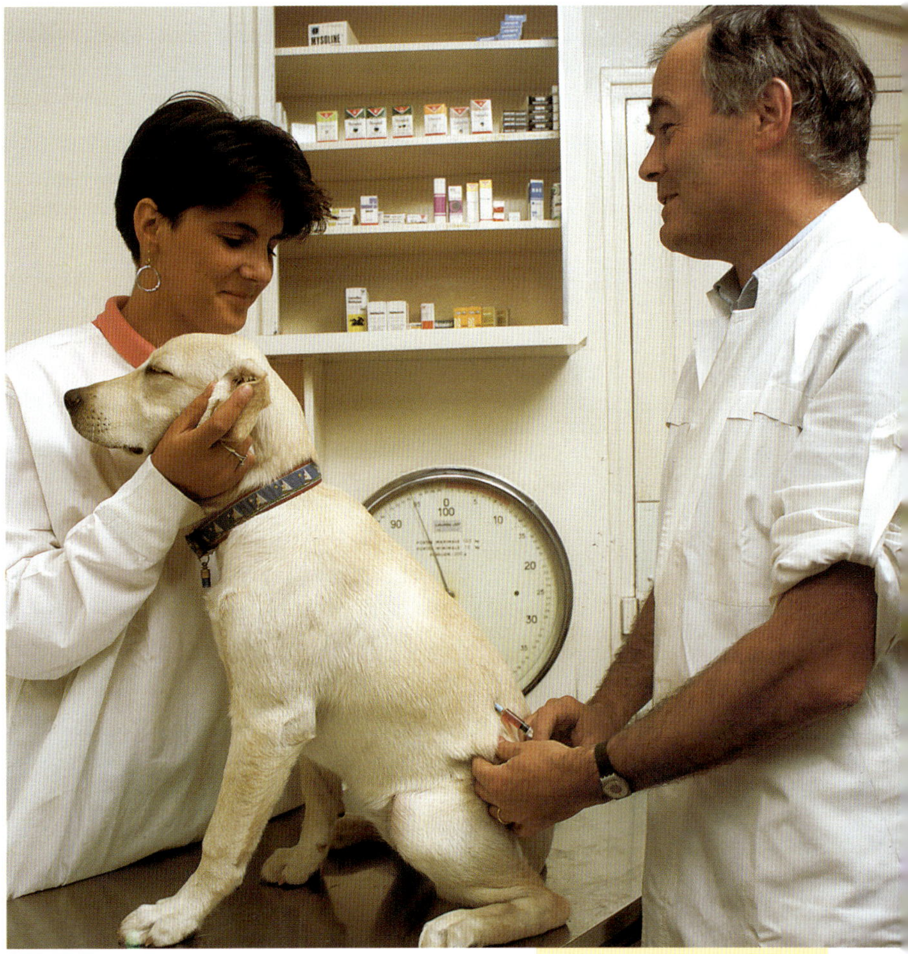

Beim Tierarzt zum Nachimpfen

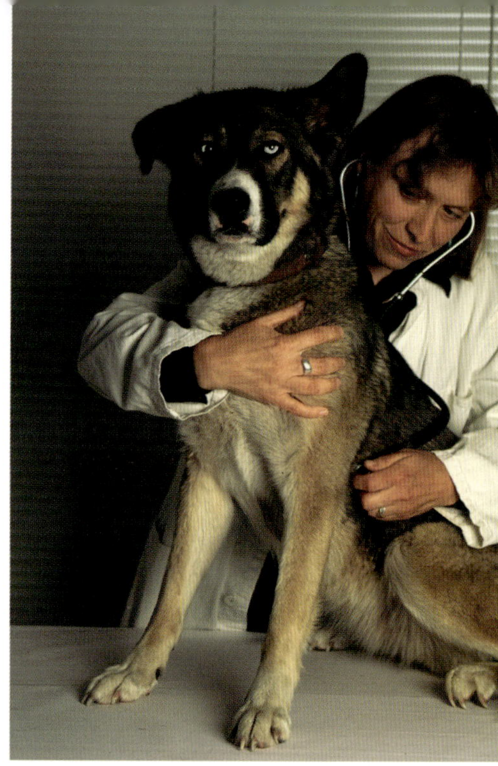

Diesem Vierbeiner wird geholfen.

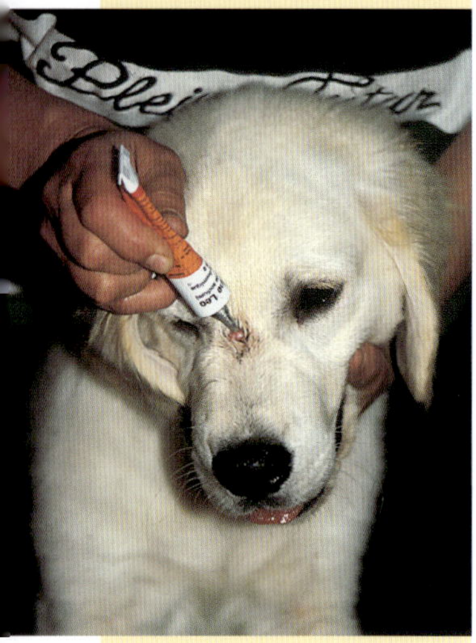

Salbe auf die Wunde

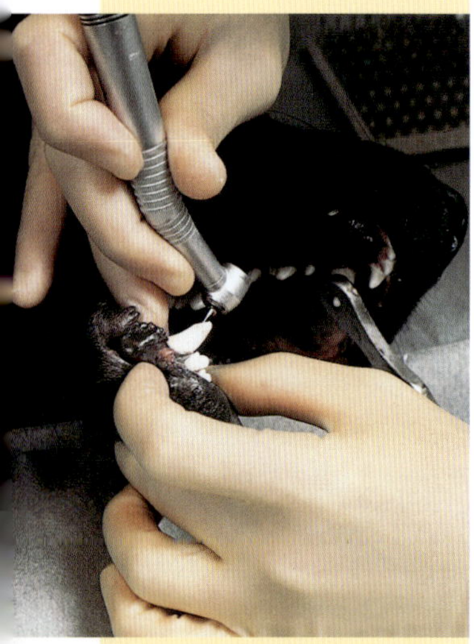

Zahnbehandlung

Harnwegs-, Blasen- und Nierenerkrankungen können gefährlich werden. Symptome sind unter anderem: Der Hund trinkt und uriniert viel. Es kommt auch tröpfchenweises Urinieren, teilweise mit Schmerzgewinsel, vor.

Knochenbrüche können nur vom Arzt behandelt werden. Schon beim Transport des Hundes ist größte Vorsicht geboten.

Leberentzündung: Gegen die ansteckende Leberentzündung (*Hepatitis contagiosa canis*, kurz H.c.c.) lässt man den Hund impfen.

Leptospirose: Sie wird auch als „Stuttgarter Hundeseuche" bezeichnet. Typische Symptome sind Absinken der Körpertemperatur, dann rapides Ansteigen, blutiger Durchfall, Gelbfärbung von Zunge und Schleimhäuten. Man lässt den Hund gegen Leptospirose impfen.

Parvovirose: Diese Erkrankung wird auch Katzenseuche genannt. Der Hund wird gegen Parvovirose geimpft.

Staupe: Es treten anfangs unter anderem folgende Symptome auf: Augen- und Nasenausfluss, Fieber. Gegen diese gefährliche, ansteckende Krankheit lässt man den Hund impfen.

Scheinschwangerschaft kann sich durch Dickwerden, einschießende Milch und auch ungewöhnliches Verhalten der Hündin äußern.

Schnittverletzungen können zum Beispiel durch Glassplitter entstehen, die auf dem Bürgersteig herumliegen. Blutet die Wunde stark, muss der Hund zum Tierarzt gebracht werden. Ein Druckverband gehört zur ersten Hilfe, notfalls muss die Wunde auch abgebunden werden.

Tollwut: Bei dieser Erkrankung geht man davon aus, dass sie tödlich verläuft. Impfschutz ist unerlässlich – ganz besonders, wenn der Hund in Gebieten herumläuft, in denen es Wild gibt.

Vergiftungen können verschiedene Symptome haben. Der Verdacht auf Vergiftung liegt nahe, wenn ein eigentlich kerngesunder

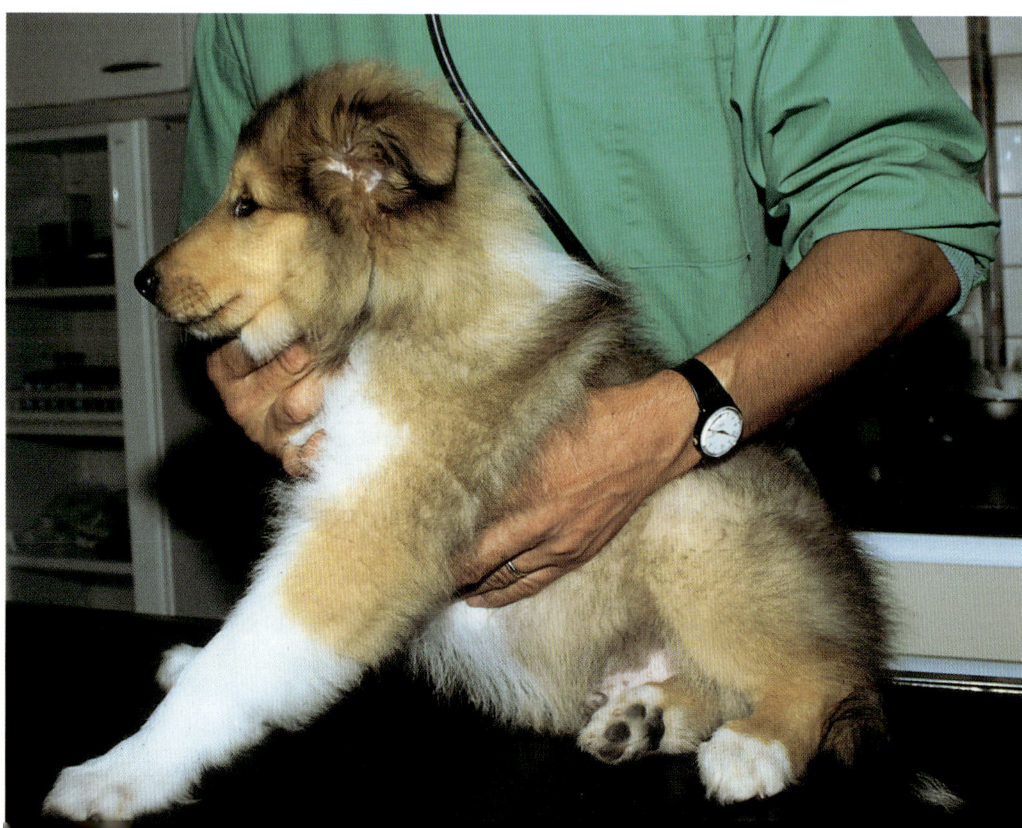

Bald wird es dem kleinen Racker wieder besser gehen.

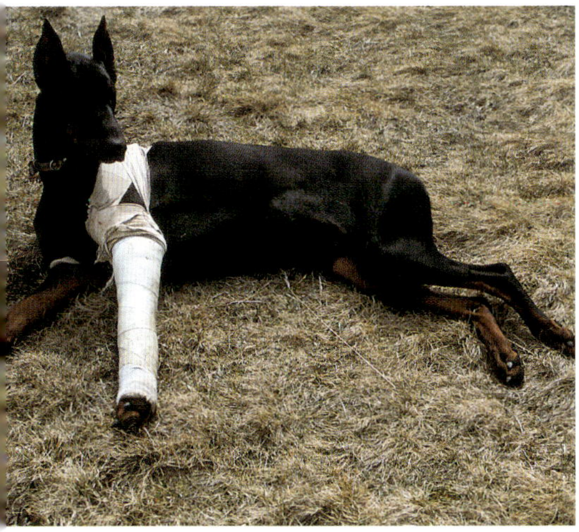

Das Bein muss heilen.

Hund plötzlich merkwürdige Symptome zeigt. Besonders gefährlich ist eine Vergiftung durch ein bestimmtes Rattengift, bei der Anzeichen wie Verfärbung der Innenohrflächen und Haarausfall erst mit mehrtägiger Verzögerung auftreten. Bei Verdacht auf Vergiftung sucht man sofort einen Tierarzt auf.

Wunden kann man selbst antiseptisch behandeln und dann verbinden. Heilen sie nicht schnell ab, muss der Tierarzt zu Rate gezogen werden – bei größeren Wunden sofort.

Hund und Vermehrung

Die Läufigkeit, auch Brunst oder Hitze genannt, dauert jeweils etwa drei Wochen. Eine Befruchtung kann am günstigsten in der zweiten Hälfte dieser Phase stattfinden. Dass die „heiße Phase" beginnt, ist deutlich an blutigem Ausfluss zu erkennen. Von da an werden Rüden bildlich gesprochen Kopf und Kragen riskieren, um der Dame näher zu kommen. Der Paarungsakt selber weist einige Besonderheiten auf, die dem hundeunerfahrenen Menschen vielleicht etwas befremdlich vorkommen. Bei der Paarung hängen Rüde und Hündin fest zusammen. Das liegt daran, dass der Schwellkörper des Hundepenis in der muskulösen Scheide festgehalten wird. Der Paarungsakt zieht sich über gut eine halbe Stunde hin; vorher kann man die beiden Vierbeiner schon aus technischen Gründen auf keinen Fall auseinanderbringen. Jeder Versuch wäre absolute Tierquälerei.

In der „heißen Phase" der Läufigkeit kann die Hündin theoretisch mehrfach gedeckt werden. Dann kommen möglicherweise Welpen von verschiedenen Vätern zur Welt. Als problematisch bei Mehrfachdeckungen gilt, dass der Zeitpunkt der Geburt mit dem Zeitpunkt der Befruchtung zusammenhängt und ein zu großer Zeitabstand zwischen den einzelnen Paarungsakten zu einem sehr langwierigen Geburtsvorgang führen kann. Die Phase der Trächtigkeit dauert ungefähr neun Wochen. Mit zunehmender Dauer der Trächtigkeit sollte man starke körperliche Anstrengungen der Hündin vermeiden. Ausreichende Bewegung braucht sie aber nach wie vor. Wie viele Welpen in einem Wurf sind, ist stark rasseabhängig.

Hundemutter mit ihren Welpen.

Körperpflege

Einen übel riechenden, verdreckten Vierbeiner will wohl niemand gern ins Wohnzimmer lassen – zu Recht. Aber mit übertriebenem Reinlichkeitssinn ist dem Hund auch nicht gedient. Ein Hund darf einen nicht zu strengen Eigengeruch haben. Und wenn er sich einmal im Schlamm wälzt, dann reicht oft klares Wasser aus, und nach einem ausgiebigen Schütteln ist das Tier wieder sauber. Zu häufiges Baden, möglicherweise auch noch mit Shampoo oder Seife, ist sehr ungesund für den Hund. Die körpereigene Rückfettung kommt dann nämlich nicht mehr gegen die eingesetzten Chemikalien an. Das kann Erkrankungen zur Folge haben. Es gibt unterschiedliche Meinungen darüber, wie oft man einen Hund höchstens

Info *Auch der niedlichste Hund hat grundsätzlich den Wunsch – oder besser gesagt, den Trieb –, ein Geschlechtsleben zu haben. Rüden gelten als immer paarungsbereit, bei Hündinnen ist diese Bereitschaft auf die Zeit der Läufigkeit beschränkt. Die erste Läufigkeit kann schon auftreten, wenn sie weniger als ein Jahr alt ist, manchmal schon mit einem halben Jahr. Danach wird die Hündin zweimal pro Jahr läufig. Man darf sie nicht zu jung decken lassen, denn dann ist sie körperlich noch nicht voll entwickelt. Experten empfehlen ein Mindestalter von achtzehn Monaten.*

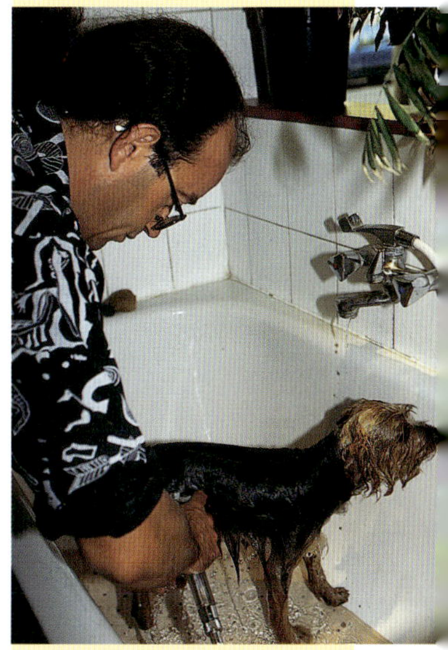

Das Wasser darf nicht zu heiß sein.

Bürsten fördert die Durchblutung.

Das Angebot an Pflegezubehör ist groß.

baden oder abduschen darf. Als Faustregel kann man sich merken: Zweimal pro Jahr reicht und ist auch nicht zu viel. Junge Hunde badet man noch seltener. Für das Hundebad erwärmt man das Wasser auf weniger als 35 °C und verwendet ein Hundeshampoo, das auf die Besonderheiten von Hundehaut und -haar zugeschnitten ist. Keinesfalls darf der Hund Wasser in die Ohren oder Augen bekommen. Im Gesicht verzichtet man, wenn möglich, ganz auf Shampoo. Der nasse Hund muss sehr gut abgetrocknet werden und darf dann nicht in Zugluft kommen, sonst erkältet er sich leicht.

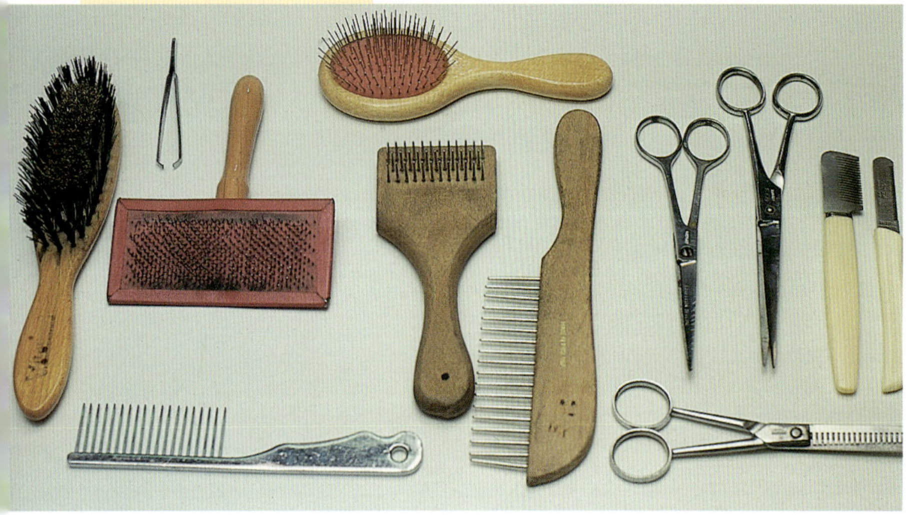

Beim Thema Bürsten darf der reinliche Mensch sich ein kleines bisschen mehr „austoben“. Es ist kein Fehler, den Hund täglich zu bürsten – im Gegenteil: Bei vielen Rassen ist das sogar unerlässlich. Abgestorbenes Haar muss gründlich entfernt werden. Das gilt besonders beim Wechsel von Sommer- und Winterfell. Zudem fördert das Bürsten auch die Durchblutung. Das Fell wird stets mit dem Strich gebürstet. Wenn man das alte Winterfell entfernt, schiebt man zunächst mit der Hand gegen den Strich.

Hunde mit extrem kurzen Glatthaar kann man mit einem kurzborstigen Striegel, einer so genannten Kardätsche, bürsten. Man kann das Fell gelegentlich auch mit einem leicht feuchten Tuch abreiben. Je länger das Fell, desto aufwändiger die Pflege. Langhaarige Tiere kämmt man vor dem Bürsten vorsichtig. Bei Tieren mit Wollhaar kann man das Fell nach dem Bürsten mit einem Kamm auflockern. Manche Experten schwören auf reine Naturborsten, andere erachten Kunststoffborsten als ebenso geeignet. Mit Drahtborsten muss man sehr vorsichtig sein, um dem Hund nicht weh zu tun. Hunde mit sehr dünnem Fell, unter dem man schon fast die Haut spürt, pflegt man am besten mit einem Borstenhandschuh.

Beim Bürsten entdeckt man vielleicht, dass der Hund Ungeziefer hat. Dagegen helfen Spezialmittel, die unter anderem beim Tierarzt erhältlich sind. Zecken kann man selbst entfernen, wenn man geschickt ist. Dabei darf keinesfalls der Kopf der Zecke in der kleinen Wunde stecken bleiben.

Bei manchen Rassen wird das Fell getrimmt: Das lose Fell wird mit dem Trimm-Messer oder der Hand herausgezogen. Dabei kann das Fell mit dem Trimm-Messer auch gekürzt werden. Einige Rassen werden in regelmäßigen Abständen geschoren, wobei das Fell mit einer Schere oder einem Scherapparat gekürzt wird. Ob Trimmen oder Scheren – Bürsten ist trotzdem notwendig.

Nicht nur das Fell muss täglich gepflegt werden. Die Winkel der Hundeaugen befreit man von Sekret, bevor es eintrocknet. Sonst können nämlich kahle Hautstellen entstehen.

Auch Ohren und Zähne wollen gepflegt werden. Die Reinigung der Ohren und des Gehörgangs lässt man sich am besten einmal von einem Tierarzt zeigen. Dabei ist nicht nur Gründlichkeit, sondern auch große Vorsicht angebracht. Bei der Zahnpflege geht es vor allem darum, Belag zu entfernen – sonst stellt sich schnell Zahnstein ein. Neben entsprechender Ernährung gibt es

Info *Bei allen Pflegemaßnahmen gilt: Liebevolle und vorsichtige Durchführung ist entscheidend. Dann hält der Hund nicht nur still, sondern genießt die eine oder andere Prozedur ganz offensichtlich. Hunde, die grob und falsch behandelt werden, haben dauerhaft Angst vor der Körperpflege.*

noch ein nahe liegendes Mittel zur Zahnsteinverhinderung: Das Putzen der Hundezähne mindestens zweimal pro Woche. Dafür verwendet man eine breite Zahnbürste und spezielle Hundezahnpasta. Diese Zahnpasta darf der Hund herunterschlucken. Die Krallen des Hundes laufen sich normalerweise auf härterem Untergrund ab und müssen dann nicht geschnitten werden. Überwiegende Wohnungshaltung und zu wenig Auslauf können dazu führen, dass die Krallen zu lang werden. Dann sollte man sie vom Tierarzt oder einem anderen Fachmann schneiden lassen.

Versicherungen für Hunde

Warum schließt man eine Versicherung ab? Weil man befürchtet, dass ein Schaden eintreten könnte, dessen Folgekosten man nicht tragen kann oder möchte. Für diese Sicherheit ist man bereit, eine Prämie zu zahlen. Das gilt auch für Versicherungen, die mit Hunden zu tun haben. Für den Hund kommen die Haftpflicht-, die Kranken- und die Lebensversicherung in Frage.
Die Haftpflichtversicherung ist die wichtigste Hundeversicherung. Für alle so genannten Luxushunde, also Hunde, die sich der Mensch zum Vergnügen hält, gilt in Deutschland eine verschärfte Haftungsform. Sie heißt Gefährdungshaftung. Der Hundehalter muss für den Schaden aufkommen, den sein Hund angerichtet hat, auch wenn kein typisches Verschulden vorliegt. Der Hundehalter kann sich also zum Beispiel nicht darauf berufen, dass er den Vierbeiner ordnungsgemäß beaufsichtigt hat.
Eine Krankenversicherung für den Hund schließt man ab, wenn man hohe Tierarztrechnungen fürchtet. Hierbei lohnt es sich, einmal die zu erwartenden Versicherungskosten und die Tierarztkosten zu vergleichen. Den Versicherungsschutz gibt es nämlich nicht umsonst, oft besteht auch eine Selbstbeteiligung in bestimmter Höhe.
Eine Lebensversicherung ist etwas für sehr teure Hunde – zum Beispiel Ausstellungs- und Zuchttiere. Wenn das Tier stirbt, erhält der Halter einen bestimmten Teil der Summe, die man als Wert des Tieres festgelegt hat.

Auch kleine Hunde können versehentlich große Schäden anrichten.

Info *Hunde können in ihrer temperamentvollen Art unter den heutigen Lebensumständen sehr große finanzielle Schäden anrichten. Man braucht sich nur einmal vorzustellen, dass ein Hund über eine befahrene Straße flitzt, einen Unfall verursacht und Menschen zu Schaden kommen – möglicherweise mit lebenslangen Folgen. Gegenüber solchen Schäden ist das viel zitierte Schnappen ins Hosenbein finanziell gesehen nicht der Rede wert – aber auch schon teuer genug.*

Hund im Auto

Viele Hunde sind begeisterte Mitfahrer im Auto. Sind sie es nicht, ist zu vermuten, dass bei ihren ersten Autofahrten etwas schief gelaufen ist. Dann sollte man behutsam das Vertrauen des Hundes wiederherstellen. Wie sich ein Hund im Auto fühlt, hängt zum einen von der Fahrweise ab. Kavalierstart, überhöhte Geschwindigkeit und ruckartiges Bremsen können jedem Vierbeiner das Autofahren gründlich verleiden.
Ob der Hund sich im Auto wohl fühlt, hängt auch davon ab, welchen Platz er bekommt. Der Kofferraum ist tabu! Für einen mittel-

Das ist der richtige Platz für den Hund.

Auch für den etwas kleineren Jack-Russel-Terrier ist der beste Platz im Auto der mit einem Gitter abgetrennte Kofferraum.

Der Urlaub steht bevor.

großen bis großen Hund ist der hintere Teil eines Kombis, mit einem Gitter vom Fahrgastraum getrennt, der geeignete Platz. Kleinere Hunde können schon einmal im Fußraum vor dem Sitz befördert werden, allerdings sehen sie dann nichts von der Umgebung. Wo der Hund genau seinen Stammplatz bekommt, das muss man von Fall zu Fall entscheiden. Ganz wichtig ist immer: Der Hund darf keine Möglichkeit haben, den Fahrer zu stören. Man stelle sich nur einmal vor, was alles passieren kann, wenn sich der Hund bei etwas höherer Geschwindigkeit in Richtung Lenkrad bewegt oder ganz unabsichtlich auf den Schalthebel tritt.

Auch wenn es lustig aussieht: Man lässt den Hund während der Fahrt nicht aus dem geöffneten Fenster herausschauen. Das kann schnell zu Bindehautentzündungen führen.

Es ist davon abzuraten, Hunde im Auto warten zu lassen. Für einen kurzen Moment mag das einmal erlaubt sein. Dann heißt es aber unbedingt: Leine und am besten auch Halsband abnehmen, damit sich der Hund nirgendwo verheddern und strangulieren oder auf andere Weise verletzen kann. Im Normalfall ist unbedingt davon abzuraten, den Hund im Auto zu lassen. Denn im Auto kann der Hund sich nicht ordentlich bewegen, Wasser hat er meist auch nicht, und frische Luft bekommt er nur, wenn man das Fenster einen Spaltbreit offen lässt. Am schlimmsten ist es für den Hund im Auto bei extremen Temperaturen. Auch wenn man das Auto im Schatten abstellt, ist kein Schutz gewährleistet, denn die Sonne „wandert". Im Winter kann es dem Hund schnell zu kalt werden.

Hund im Urlaub

Schon Wochen vor der geplanten Abreise beginnt man freudig mit den Vorbereitungen, und dann ist auch der Zeitpunkt gekommen, sich darüber Gedanken zu machen, wo die Haustiere in der Urlaubszeit bleiben. Katzen lässt man bei guter Betreuung besser zu Hause, genauso wie Vögel und Kleintiere. Aber den Hund kann man grundsätzlich sehr gut mitnehmen, wenn man in den Urlaub fährt. Lange bevor es losgeht, erkundigt man sich, welche Impfungen im Reiseland erforderlich sind. Man kann den Vierbeiner nicht ohne weiteres in jedes Land mitnehmen. Den Besuch beim Tierarzt kann man nutzen, um sich eine kleine „Reiseapotheke" für den Hund zusammenstellen zu lassen.

Wie erwünscht Hunde am Urlaubsort selbst sind, das klärt man vorher – am besten schriftlich – ab. Man sollte auch gut überlegen, ob die Umgebung überhaupt hundegeeignet ist – zum Beispiel was den Auslauf angeht. Kommt der Hund mit, dann kommt auch seine komplette Ausrüstung mit. Man

Da hat mancher Hund Angst.

macht es ihm leicht, wenn man auch Futter für die gesamte Zeit mitnimmt. Denn dann muss sich der Vierbeiner neben der fremden Umgebung nicht auch noch an fremdes Futter gewöhnen. Ein ganz wichtiges Utensil beim Urlaub mit dem Hund ist ein altes Handtuch. Damit kann man ihm die Pfoten abputzen. Das schont die Autositze und außerdem die Nerven des Wohnungsvermieters oder Gastwirtes im Urlaub.

Der Transport ist sehr unproblematisch, wenn man mit dem Auto in Urlaub fährt und sich an einige Regeln hält: Der Hund bekommt seinen gewohnten Platz. Alle zwei Stunden darf er sich – angeleint – die Beine vertreten. Weder unmittelbar vor der Fahrt noch während der Fahrt frisst der Hund. Dauert die Fahrt sehr lange, dann bekommt der Hund aus der Palette der gewohnten Kost etwas, das nicht zu schwer verdaulich ist. Frisches Wasser ist unerlässlich während der gesamten Fahrt. Die Versorgung ist unkompliziert: Man nimmt einfach eine große Flasche mit Wasser und einen kippsicheren Napf mit.

Auch wenn man mit der Bahn fährt, kann man den geliebten Vierbeiner mitnehmen. Allerdings muss man für den Hund in der Regel auch eine Fahrkarte kaufen. Wenn niemand sich gestört fühlt, darf der Hund mit ins Abteil. Eine weitere Möglichkeit: Man stellt dem Hund eine „Reisehundehütte" in den Gepäckwagen. Diesen Transport übersteht der Hund um so leichter, je besser er die ungewöhnliche Unterbringung kennt. Ein paar Mal Probeschlafen in der „Reisehundehütte" zu Hause hilft! Ungewohnt sind für Hunde auch die Transportkisten der Fluggesellschaften. Man kann davon ausgehen, dass die Vierbeiner nur wenig Begeisterung für eine solche Unterbringung entwickeln und einige sogar arg leiden. Schließlich kennen sie die Behausung nicht, Herrchen und Frauchen sind außer Sichtweite, und der Vierbeiner weiß nicht, wie lange dieser Zustand andauert. Auf Schiffen und Fähren gibt es unterschiedliche Regelungen. Man erkundigt sich vor der Reise danach, ob und wie Hunde zugelassen sind. Schlecht für die Tiere ist es, wenn sie auf Fähren im Auto bleiben müssen.

Egal wie man den Hund nach sorgfältiger Überlegung während der eigenen Abwesenheit betreuen lässt: Es wird ihm um so besser gehen, je mehr Gewohntes ihm erhalten bleibt. Deshalb macht man ihn vor der Reise mit seinen „Urlaubseltern" bekannt und informiert sie über die Vorlieben des Hundes. Der Hund bekommt seine Ausrüstung, also Schlafkorb, Decke, Näpfe, Halsband, Leine, Pflegezubehör und natürlich das gewohnte Futter mit.

Der alte Hund

Hunde können zwölf bis sechzehn Jahre alt werden. Im Laufe ihres Lebens verändern sie sich sehr. Verspielt bleiben sie bis ins hohe Alter. Wann ist ein Hund alt? Man sagt, ein Hundejahr entspricht in etwa sieben Menschenjahren. Der Hund beginnt die ersten typischen Altersvorboten mit etwa sechs bis sieben Jahren zu zeigen: graue Barthaare. Wann genau die ersten grauen Haare kommen, das kann von Tier zu Tier unterschiedlich sein. Es hängt auch mit der Fellfärbung zusammen. Manche Tiere ergrauen erst sehr spät.

Auch die anderen Alterserscheinungen treten nicht bei allen Hunden zum gleichen Zeitpunkt auf. Man sagt, ab etwa acht Jahren könne die Sehkraft nachlassen, ab etwa zehn Jahren auch das Hörvermögen. Mit zunehmendem Alter sind Herz und Kreislauf nicht mehr so stark belastbar wie früher.

Das heißt aber noch lange nicht, dass man mit dem alten Hund den ganzen Tag im

Info *Wenn man den Hund nicht mit in Urlaub nehmen kann oder möchte, dann bieten sich verschiedene Lösungen an. Man kann Bekannte bitten, für diese Zeit zu dem Hund in die Wohnung oder das Haus zu ziehen. Man kann aber auch ein privates Urlaubsdomizil für den Hund suchen. Weiß man im eigenen Bekanntenkreis keine gute Unterbringungsmöglichkeit, dann wendet man sich an den Deutschen Tierschutzbund oder an örtliche Tierschutzvereine. Diese Einrichtungen können oft zuverlässige Adressen vermitteln. Manche Züchter bieten an, die bei ihnen erworbenen Tiere während der Urlaubszeit bei sich unterzubringen. Der Hund kann auch in eine gewerbliche Tierpension gegeben werden. Bei der Auswahl der Tierpension geht man genauso kritisch vor wie bei der Züchterauswahl: Man lässt sich Adressen nennen und inspiziert die Anlagen gründlich. Bekommt man den Verdacht, der Hund könne sich dort nicht wohl fühlen, sucht man eine andere Adresse auf.*

Alte Hunde brauchen mindestens so viel liebevolle Aufmerksamkeit wie Welpen.

Wohnzimmer sitzen muss. Der liebevolle Hundebesitzer merkt im Laufe der Jahre ganz von selbst, wann dem Hund etwas schwer zu fallen beginnt. So begegnet man dem Alter des Hundes einerseits mit ganz einfachen Mitteln. Man mutet ihm weniger körperliche Anstrengungen zu, und man füttert statt einmal pro Tag mehrmals. Wenn der Hund kleinere Mengen auf einmal frisst, schont das Herz und Kreislauf. Andererseits kann man durchaus einmal in Ruhe mit dem Tierarzt besprechen, ob es sinnvoll ist, dem Hund bestimmte Stärkungs- und Aufbaupräparate zu verabreichen.

Wichtig für das Wohlbefinden des alten Hundes ist die liebevolle Zuneigung. Warum sollte das auch anders sein? Einen alten Baum verpflanzt man nicht, und einen alten Hund schiebt man nicht ab. Das wird wohl auch niemand können, der den Hund über Jahre bei sich gehabt hat. Manchmal wird geraten, doch einen jungen Hund „dazuzunehmen". Diese Frage ist recht heikel. Zu leicht entsteht der Eindruck, man wolle den alten Hund eigentlich nicht mehr haben und ziehe den jungen vor. Das kann vor allem auf den alten Hund so wirken, und zwar insbesondere, wenn der „Neue" heranwächst und es zu Rivalitätskämpfen kommt. Es kann nicht der Sinn einer langen Mensch-

Hund-Beziehung sein, dass sie ungerecht endet. Ein Hund gibt uns sehr viel im Laufe seines Lebens. Darum hat ein alter Hund immer einen Ehrenplatz verdient.

Ein Thema, das ebenfalls nicht ganz ohne Brisanz ist: Lässt man einen Hund einschläfern, wenn er sehr alt und krank ist? Man muss schon sehr gut abwägen, wenn man eine solche gravierende Entscheidung treffen will. Man beobachtet das Tier sehr sorgfältig Tag für Tag – und dann gilt vor allem: Ohne tierärztlichen Rat ist in dieser Angelegenheit nichts zu machen. Der Hund muss schon extrem stark leiden, wenn man ihn mit der Begründung, man wolle ihm weiteres Leid ersparen, einschläfern lässt. Manchmal drängt sich aber der Verdacht auf, dass eine solche Entscheidung auch durch unlautere Motive mitbedingt wird: dadurch, dass der Halter des Tieres nicht damit zurechtkommt, dass er nun vielleicht etwas mehr Aufwand hat und das Tier vielleicht auch nicht mehr so schön wie früher aussieht. Für einen echten Hundefreund sind solche Gedanken abwegig. Wie schon gesagt: Ein Leben lang hat der Hund uns Freude gemacht. Wenn er alt und unpässlich ist, dann hat er einen Ehrenplatz verdient.

Ein alter, in Ehren ergrauter Freund

Kinder und Hunde

Kinder und Hunde – da kann es Probleme geben, denken einige Menschen. Aus der Zeitung erfährt man manchmal, dass ein bösartig gewordener Hund Kinder angefallen hat. Gelegentlich wird versucht, eine Er-

klärung für das bösartige Verhalten des Hundes zu finden. In manchen Fällen gelingt es jedoch nicht auf Anhieb herauszufinden, warum der Hund sich so verhalten hat.
Grundsätzlich kann man aber sagen, dass Kinder und Hunde die besten Freunde werden können. Zwei Dinge sind dabei ganz wichtig: Zum einen ist es die Angelegenheit des Hundebesitzers, seinen Hund so zu erziehen und zu halten, dass er keinen Menschen grundlos angreift. Zum anderen kann jedes Kind versuchen, durch sein eigenes Verhalten mitzuhelfen, dass der Hund sich nicht bösartig benimmt.
Hunde und andere Haustiere sind bei Kindern äußerst beliebt. Kinder lesen Tierbücher und schauen sich Tierfilme an. Hunde laufen nicht weg, wenn man ihnen erzählen will, was in der Schule oder bei den Freunden passiert ist. Mancher Hund bringt sogar die Ruhe auf, beim Vokabellernen im Raum zu liegen. Ein Hund kann nicht nur durch seine Anhänglichkeit das Leben eines Kindes bereichern. Er kann auch sehr wertvoll bei der Erziehung eines Kindes sein. Das hat damit zu tun, dass Hunde Kindern Grenzen setzen. Ein Hund, der in Ruhe gelassen werden will, wird das durch Weglaufen, Knurren oder auch Schnappen signalisieren. Er kann in der Regel nicht überredet werden, doch mitzuspielen. Es ist für Kinder wichtig zu erkennen, dass Dinge so gemeint sind, wie sie geäußert werden, und dass man das auch akzeptieren muss.
Kinder und Hunde können ein tolles Team werden. Aber man darf nicht unterschätzen, dass Hunde schon einmal zubeißen können.

Kinder und Hunde werden Freunde – mit etwas Anleitung klappt es bestimmt.

Kinder können selbst eine Reihe von Gefahren vermeiden, wenn sie sich an einfache Regeln halten. Das ist ganz besonders wichtig, wenn ein Kind einem fremden Hund begegnet. Einen fremden Hund kennt das Kind nicht, und es kann deshalb nicht genau wissen, wie er reagiert. Was der eigene Hund zu Hause kennt und mag, das kann für einen fremden Hund ganz ungewohnt und ein Grund zum Zuschnappen sein. Der Hund kennt das fremde Kind auch nicht und neigt deshalb eher zu Misstrauen.
Fremder Hund und fremdes Kind – in dieser Situation ist besondere Vorsicht angebracht. Es geht nicht einmal so sehr darum, wie eine Verhaltensweise vom Kind gemeint ist. Es geht darum, möglichst auszuschließen, dass der Hund diese Verhaltensweise als etwas Bedrohliches auffassen könnte.
Wichtige Verhaltenstipps für Kinder im Umgang mit Hunden sind nachfolgend aufgeführt. Sie gelten im Übrigen nicht nur für Kinder im Umgang mit fremden Hunden. Auch mit dem eigenen Hund sollte sehr einfühlsam umgegangen werden. Und auch Erwachsene können die Möglichkeit einschränken, dass es zu ärgerlichen oder gar gefährlichen Zusammenstößen mit Hunden kommt, wenn sie sich an diese Tipps halten. Natürlich gibt es viele Ausnahmen, die die Einhaltung der einen oder anderen Verhaltensregel nicht unbedingt notwendig erscheinen lassen. Eine ganze Reihe von Hunden sind nicht nur sehr lieb – lieb sind

Die beiden kennen sich gut.

Kinder sollten auch Verantwortung für Pflege und Ernährung des Hundes übertragen bekommen.

Nicht gleich anfassen

In Ruhe fressen lassen

beinahe alle Hunde –, sondern sie sind auch ausgesprochen gutmütig. Sie schnappen nicht zu, obwohl es eigentlich in bestimmten Situationen natürlich für sie wäre. Aber darauf kann man sich nicht verlassen – schon gar nicht bei einem fremden Hund.

Jeder Hund ist anders

Viele Kinder haben bei sich zu Hause einen Hund, oder sie kennen einen Hund aus der Nachbarschaft. Es wäre aber ganz falsch und sehr gefährlich anzunehmen, sie würden deshalb gleich alle Hunde kennen.
Jeder Hund hat seine eigene Persönlichkeit und seine eigene Vorgeschichte. Zum Beispiel mag die Tante ja einen ganz lieben, gutmütigen Hund haben, der sich so schnell durch nichts aus der Ruhe bringen lässt. Ein fremder Hund sieht vielleicht fast genauso aus – und doch verhält er sich ganz anders. Vielleicht hasst er Stöckchen und hat Angst vor Kindern. Vielleicht mag er gar nicht von Fremden angefasst werden. All das kann man nicht wissen. Deshalb ist Vorsicht geboten. Kein Kind kann vor dem Kennen lernen sagen, ob ein fremder Hund es mag. Ob ein Hund einen mag, das kann man nur ganz in Ruhe feststellen – und zwar am besten, wenn Herrchen oder Frauchen dabei sind.

Herrchen oder Frauchen vorher fragen

Auf dem Bürgersteig vor der Bäckerei liegt ein strubbeliger weißbrauner Hund. Den Kopf hatte er eben noch auf den Pfoten abgelegt, jetzt hebt er ihn hoch und schaut einen an. Ganz süß sieht der Hund aus, so friedlich, wie er da liegt.
Aber Vorsicht: Die bloße Tatsache, dass der Hund da liegt, ist noch lange keine Einladung für einen Fremden, ihm zu nahe zu kommen oder ihn gar streicheln zu wollen. Kein fremder Mensch kann wissen, ob der Hund das jetzt möchte.
Manche Hunde kommen auch von selbst auf einen zu. Aber auch in diesem Fall ist eine gewisse Vorsicht ratsam: Nicht gleich anfassen! Man kann den Hund ja ruhig ein wenig schnüffeln lassen. Mehr macht man erst einmal nicht.
Eine wichtige Grundregel: Am besten spielt ein Kind nicht ganz allein mit einem Hund. Es ist in jedem Fall klüger, einen kräftigen und erfahrenen Erwachsenen in der Nähe zu haben, der eingreifen kann, wenn es Ärger gibt.

Nicht stören

Es gibt viele Situationen, in denen ein Hund sehr mit etwas beschäftigt ist, was ihm wichtig ist. In diesen Situationen hat er ein Recht darauf, in Ruhe gelassen zu werden. Was genau einen einzelnen Hund begeistert und beschäftigt, das lässt sich kaum sagen, wenn man ihn nicht kennt. Verschiedene Hund haben verschiedene Vorlieben. Aber es gibt einige Situationen, in denen alle Hunde in Ruhe gelassen werden wollen und deshalb auch sollen.
Ein Hund darf nicht beim Fressen gestört werden. Fressen gehört für jeden Hund zu den allerwichtigsten Dingen im Leben. Das kann man schon bei ganz jungen Hunden beobachten. Für einen Hund, der gerade seinen Fressnapf leert und dabei gestört wird, gibt es in der Regel nur eines: das Futter verteidigen. Und bei dieser Verteidigung wird er nicht zimperlich sein. Womit klar wird: Wer nicht gebissen werden will, lässt den Hund in Ruhe zu Ende fressen. „In Ruhe lassen", das ist durchaus wörtlich zu nehmen. Wenn der Hund frisst, dann ruft man nicht seinen Namen. Man schiebt auch nicht an seinem Napf herum. Man lenkt ihn in keiner Weise ab. Man lässt ihn ganz einfach fressen, bis er damit fertig ist. Das gilt nicht nur für die regelmäßigen Hundemahlzeiten. Auch ein kleiner Imbiss zwischendurch, zum Beispiel ein Knochen, ist dem Hund ungeheuer wichtig. Ein Kind, das versucht, einem Hund einen Knochen wegzunehmen, bringt sich in Gefahr. Diese Gefahr ist nicht zu unterschätzen. Ein Hund, der seinen Futternapf oder seinen Knochen verteidigt, tut nur, was er aus innerem Antrieb heraus tun muss.

Den Hund beim Nickerchen nicht stören

Tipp *Wenn man einen Hund nicht kennt, kann man nicht wissen, was in ihm vorgeht. Es kann ja zum Beispiel sein, dass er noch gestern von einem Kind geärgert worden ist und darum heute unwirsch reagiert, wenn ein Kind ihm zu nahe kommt. Deshalb der wichtige Tipp: Finger weg vom fremden Hund! Es sei denn, Frauchen oder Herrchen haben „Ja" zum Näherkommen oder Anfassen gesagt.*

Dabei kann es zu dem kommen, was dann als bösartiges Verhalten bezeichnet wird.
Hunde dürfen nicht im Schlaf gestört werden. Körbchen, Decke oder wie auch immer gearteter Ruheplatz – sie sind tabu für Menschen.
Für ein Kind ist es eigentlich nicht schwer einzusehen, wann es dem Hund nicht zu nahe kommen darf. Es braucht sich bloß vorzustellen, wie ihm selber zumute wäre, wenn es ein Hund wäre: Beim Essen, beim Schlafen, beim Spielen – da will man doch nicht dauernd gestört werden!

Mitdenken

Kinder ersparen sich eine ganze Menge unangenehmer Erfahrungen mit Hunden, wenn sie versuchen, sich vorzustellen, was der Hund empfindet. Darüber – wie auch über die anderen Verhaltensregeln – kann man mit Kindern gut sprechen. Kein Kind wird gerne gestoßen, gekniffen, am Ohr gezogen oder geschlagen. Anschreien, drohen oder einfach stehen lassen – das sind alles Dinge, die kein Kind ausstehen kann. Und genauso geht es den Hunden: Auch sie können es überhaupt nicht leiden, wenn sie grob, böse und ungerecht behandelt werden. Das können Kinder im Allgemeinen verstehen. Natürlich müssen sie ein gewisses Alter erreicht haben, bevor sie alles verstehen, was man ihnen zu erklären versucht.
Aber schon Säuglingen und Kindern im Krabbelalter kann man von Anfang an ein liebevolles Verhältnis zu Hunden – und auch anderen Tieren – angewöhnen. Wenn sie keine Angst davor haben, dann setzt man sich mit Kind und Hund zusammen, streichelt selbst den Hund, nimmt dann die Hand des Kindes, streichelt vorsichtig über das Fell und lobt mit Ausdrücken wie „fein!" Kind und Hund. Kinder und Hunde lernen beide schon sehr früh – und etwas Schönes, das sie früh gelernt haben, bleibt auch in Erinnerung.

Der Hund muss sehen, was los ist

Der Hund hat einen Schutzinstinkt. Wenn ihm plötzlich Gefahr zu drohen scheint, schnappt er zu. Das kann zum Beispiel in folgender Situation geschehen: Die Familie sitzt am Kaffeetisch, das jüngste Kind, gerade anderthalb Jahre alt, spielt neben dem Tisch mit einem Teddy. Der Hund liegt mit dem Rücken zum Kind unter dem Tisch. Vielleicht wird dem Kind langweilig. Es steht auf und sucht nach einer neuen Beschäftigung. Wenn nun das Kind von hinten auf den Hund zumarschiert und mit der Hand nach dem Rückenfell greift, dann kann es sehr gut sein, dass der Hund sich furchtbar erschreckt, sich reflexartig umdreht und nach der Kinderhand schnappt. Dabei kann er dem kleinen Kind durchaus weh tun – wenn auch ohne böse Absicht.
Der Hund hatte friedlich geschlafen. Plötzlich war da eine schmerzhafte Berührung auf dem Rücken. Den Schmerz konnte der

Hunde müssen sehen, was passiert.

Nur richtig anfassen

Viel Zeit miteinander verbringen

Hund fühlen. Er konnte aber im selben Moment nicht sehen, was den Schmerz verursacht hatte. Wie soll der Hund zwischen harmlosen und gefährlichen Situationen unterscheiden, wenn er nicht sieht, was los ist?

Deshalb ist es eine sehr wichtige Aufgabe der Eltern, dem Kind von Anfang an beizubringen, dass man seinen Hund nicht erschreckt und sich nicht heimlich auf ihn zubewegen darf. Der Hund muss sehen, was los ist.

Nicht in die Augen starren

Die Hundeaugen sollen sehen, was passiert. Das heißt aber auf keinen Fall, dass man dem Hund möglichst in die Augen schauen soll. Im Gegenteil – Experten raten nachdrücklich davon ab.

Der Grund dafür: Direktes Starren in die Augen kann als Aufforderung zum Kräftemessen verstanden werden. Im direkten Augenkontakt versuchen Hunde abzuklären, wer der Stärkere von beiden ist. In gewisser Weise ist der direkte Augenkontakt ein Ersatz für einen sofortigen Kampf. Er kann aber auch die Vorstufe sein. In jedem Fall ist er gefährlich nah am Kampf – und da hält man sich fern. Das können Eltern ihrem Kind erklären: Wenn man einen Hund ansieht, darf man ihm nicht direkt in die Augen schauen. Es reicht schon, ein klein wenig den Blick zu verschieben – zum Beispiel in Richtung Nase oder Ohr.

Schwanz und Schnauze sind tabu

Kein Hund kann es leiden, wenn man ihn am Schwanz zieht. Das ist Quälerei. Man tritt auch nicht auf den Hundeschwanz. Es tut dem Hund weh, und es ärgert ihn.

Der Hundeschwanz sieht je nach Hund anders aus. Mal hat er viel Fell und ist buschig, mal ist er nur mit wenig Fell bewachsen. Bei einigen Hunden ist er fast ein Kringel, bei anderen gerade. Ein wichtiges Ausdrucksmittel für die Hundesprache ist der Hundeschwanz immer. Zum Beispiel zeigt der Hund durch Schwanzwedeln an, dass er freundlich gestimmt ist. Ganz einfach: Ein Hundeschwanz ist wichtig, empfindlich und kein Spielzeug.

Das Hundegebiss ist kräftig und stark. Einige Zähne können sehr Spitz oder auch scharf sein. Mit den Zähnen greift der Hund alles, was er sich nehmen möchte – so wie der Mensch mit den Händen greift. Ein Mensch greift schon einmal mit den Händen zu fest zu. Das kann dem Hund mit den Zähnen auch passieren.

Darum ist es ratsam, sich von der Hundeschnauze fernzuhalten. Denn wenn der Hund einmal versehentlich zu fest zupackt, kann das sehr schmerzhaft sein. Und vom Hund ist das in ganz vielen Fällen nicht einmal Absicht. Gerade wenn er spielt, merkt er im Eifer des Gefechts nicht immer, wie viel Kraft er einsetzt – und wie weh das tun kann.

Flucht ist falsch

Wenn man Angst vor etwas bekommt, möchte man schnell weglaufen. Das ist in vielen Fällen klug. Einem Hund gegenüber ist es aber ganz falsch. Es ist nämlich so: Alles, was sich bewegt, ist besonders interessant für einen Hund. Ein Kind, das wegrennt, weckt das Interesse des Hundes. Und was passiert dann? Der Hund rennt hinterher und nimmt die Verfolgung auf. Er will

das Kind einholen. Er rennt und rennt, bis er es geschafft hat. Experten erklären das Hinterherrennen mit dem Jagdinstinkt des Hundes.
Der Hund wird das Kind in der Regel schon nach wenigen Augenblicken eingeholt haben. Die meisten Hunde sind nämlich sehr schnell, wenn es darauf ankommt. Sogar ein kleiner Rauhaardackel kann einen Fahrradfahrer einholen, wenn der nicht gerade ein Rennradfahrer ist. Hinzu kommt: Hunde können auch springen und sogar klettern. Wenn man also meint, sich auf eine Mauer gerettet zu haben, kommt der Hund vielleicht einfach mit einem Satz hinterher.
Es hat also keinen Sinn, vor einem Hund weglaufen zu wollen. Besser ist es, ruhig zu bleiben, auch wenn man Angst hat. Ruhig bleiben und einen Erwachsenen zu Hilfe rufen, das ist eine gute Lösung, wenn man Angst hat.
Ruhig bleiben, das gilt auch, wenn ein Hund einmal beim wilden Spielen nach der Hand oder dem Arm schnappt und dann seine Zähne ein wenig in die Haut gräbt. Wer in dieser Situation gleich die Nerven verliert und hektisch versucht, den Arm wegzuziehen, der kann Pech haben. Wenn sich die Hundezähne so richtig verfangen, tut das sehr weh. Auch hierbei ist es wieder so: Der Arm bewegt sich heftig und weckt das Interesse des Hundes. Der Hund wird dann um so mehr versuchen, den Arm festzuhalten – aus Instinkt. Hält man dagegen still, tut das vielleicht ein kleines bisschen weh, aber der Hund wird recht schnell von diesem uninteressanten „Spielzeug“ ablassen. Ruhig bleiben, nicht den Jagd- und Beuteinstinkt des Hundes wecken – das ist eine wichtige Regel, die Eltern ihren Kindern beibringen können.

Immer fair bleiben

Streit gibt es in den besten Familien. Egal, weshalb der Haussegen schief hängt, der Ärger darf auf keinen Fall am Hund ausgelassen werden. Daran müssen sich auch Kinder halten. Wenn sie sich einmal ungerecht von ihren Eltern behandelt fühlen, dann wäre eines ganz falsch: Ärger und Frust an den Hund weiterzugeben.
Es ist sehr wichtig, jedem Kind klar zu machen, dass ein Hund nicht als Sündenbock misshandelt werden darf. Der Hund kann nichts für den Streit. Wenn er nun plötzlich böse behandelt wird, kann er das überhaupt nicht verstehen. Es macht ihn furchtbar unglücklich, und es ist sehr gut möglich, dass er auch böse wird. Er wird sich möglicherweise merken, wer da gemein zu ihm war. Dann ist er selbst beim nächsten Mal auch nicht mehr so freundlich wie sonst. Ungerechte Behandlung verdirbt jede Beziehung, auch zwischen Mensch und Tier.
Der Hund hat seinen festen Platz in der Familie. Die Familie ist sein „Rudel“. Es gibt eine Rangordnung. Die muss ihren Sinn und immer Geltung haben. Dann wird sie vom Hund akzeptiert. Man darf diese Rangordnung nicht aus einer Laune heraus verändern wollen.

Hier läuft keiner weg

Tipp *Wenn ein fremder Hund einen beschnüffelt und man einfach ganz ruhig bleibt, dann ist es relativ wahrscheinlich, dass der Hund sehr bald das Interesse verliert. Er wird dann von selbst weggehen.*

Fair bleiben – das gilt für beide Seiten

Mensch und Hund: Eine lange Geschichte

Der Kojote galt als Vorfahr des Hundes.

Verschiedene Hunderassen – verschiedene Vorfahren?

Wissenschaftler waren sich lange Zeit nicht einig, von welchem Wildtier die Hunde abstammen. Sie waren sich noch nicht einmal einig, ob die Hunde nur von einer Tierart oder von mehreren Tierarten abstammen. Forscher, die annahmen, Hunde hätten gleich mehrere Wildtierarten als Urahnen, hatten einen guten Grund dafür: Die verschiedenen Hunderassen, die wir heute kennen, sehen sehr unterschiedlich aus. Wer würde vermuten, dass beispielsweise ein Dobermann und ein Chow-Chow identische Vorfahren haben könnten – und dass sie diese Vorfahren mit Pudel und Collie gemeinsam haben sollen? Man kann auch nicht behaupten, dass sich der Berner Sennenhund und der Yorkshireterrier ausgesprochen ähnlich sehen!

Wenn man nur vom Aussehen ausgeht, liegt die Vermutung nahe, dass verschiedene Rassen von verschiedenen Wildtierarten abstammen. Die äußeren Unterschiede zwischen den heutigen Hunderassen sind sogar noch größer als die äußeren Unterschiede zwischen den Wildtierarten, von denen man glaubte, sie könnten die Vorfahren sein.

Als wahrscheinliche Vorfahren waren der Wolf (lateinisch: Canis lupus), der Goldschakal (lateinisch: Canis aureus) und der Kojote (lateinisch: Canis latrans) in der wissenschaftlichen Diskussion. Man ging davon aus, dass die Unterschiede zwischen den heutigen Hunderassen vor allem durch Kreuzungen zustande gekommen seien. Durch immer wieder neue Kreuzungen hätten sich ganz unterschiedlich aussehende Rassen herausgebildet: Beispielsweise nahm man an, dass sich zwei verschiedene Wildtierarten gepaart hatten, deren Nachkommen sich mit den Nachkommen eines anders zusammengesetzten Elternpaares vereinten und wiederum „neuartigen" Nachwuchs zeugten. In der Fachsprache werden diese Kreuzungen Introgressionen genannt.

Vieles spricht dafür, dass der Wolf der Urahn aller Hunde ist.

Stammesgeschichtliche Zusammengehörigkeit

Die Tiere, die wir heute kennen, lassen sich nach ihrer stammesgeschichtlichen Zusammengehörigkeit ordnen. Ein einzelnes Tier gehört zu einer bestimmten Rasse, diese Rasse gehört zu einer bestimmten Art, und auch für diese Art lassen sich weitere Oberbegriffe finden. Gebräuchliche Oberbegriffe einer stammesgeschichtlichen Systematik sind zum Beispiel der Begriff der Gattung, der Begriff der Familie und der Begriff der Ordnung. Die Oberbegriffe werden in der Literatur aber leider nicht immer einheitlich verwendet. Zum Beispiel werden „Hundeartige" einmal als Überfamilie, ein anderes Mal als Gattung bezeichnet.

Nach Grzimeks Tierleben lassen sich Wolf, Schakal und Kojote, die ja alle einmal als mögliche Vorfahren der heutigen Haushunde in der Diskussion waren, wie folgt einordnen: Wolf, Schakal und Kojote sind unterschiedliche Tierarten. Sie gehören einer gemeinsamen Gattung an, und zwar der Gattung der Wolfs- und Schakalartigen (lateinisch: Canis). Gattung ist also ein Oberbegriff, der verschiedene Arten zusammenfasst. Für den Begriff der Gattung lässt sich in der wissenschaftlichen Systematik wiederum ein Oberbegriff finden – und auch dieser lässt sich weiter einordnen.

Die Gattung der Wolfs- und Schakalartigen gehört zu einer Unterfamilie. Diese Unterfamilie wird die Unterfamilie der Echten Hunde (lateinisch: Caninae) genannt. Neben der Gattung der Wolfs- und Schakalartigen gehören ihr unter anderem auch die Fuchsgattungen an. Die Unterfamilie der Echten Hunde kann man weiter einordnen: Sie gehört zur Familie der Hundeartigen (lateinisch: Canidae). Die Familie der Hundeartigen bildet zusammen mit der Familie der Katzenartigen (lateinisch: Felidae) die Überfamilie der Hunde- und Katzenartigen (lateinisch: Cynofeloidea).

Die Überfamilie der Hunde- und Katzenartigen wird gemeinsam mit weiteren Überfamilien zu einer so genannten Unterordnung zusammengefasst. Diese Unterordnung heißt Landraubtiere (lateinisch: Fissipedia). Und auch die Unterordnung der Landraubtiere hat ihren Platz in der wissenschaftlichen Systematik. Sie gehört zusammen mit der Unterordnung der Wasserraubtiere (lateinisch: Pinnipedia) zu einer gemeinsamen Ordnung, der Ordnung der Raubtiere (lateinisch: Carnivora).

Urahn Wolf

Noch vor gar nicht langer Zeit wurde vermutet, dass sowohl Wolf, Schakal als auch Kojote Vorfahren des heutigen Haushundes sind. Inzwischen herrscht jedoch unter den Wissenschaftlern übereinstimmend die Auffassung, dass alle Hunderassen auf nur einen gemeinsamen Vorfahren, den Wolf, zurückgehen. Der Wolf wird damit heute als Urahn aller Haushunde betrachtet – ob Dackel, Schäferhund oder Karelischer Bärenhund, ob Pudel, Kanadischer Eskimohund oder Sibirischer Husky, sie alle stammen vom Wolf ab. Allein in Deutschland leben heute ungefähr viereinhalb Millionen der unterschiedlich aussehenden Nachkommen des Wolfes.

Viele Anzeichen sprechen für die Annahme, dass der Wolf tatsächlich der Urahn aller dieser Haushunde ist. Die heute zu beobachtende Vielfalt der Hunderassen entspricht dem teilweise sehr unterschiedlichen Aussehen der Unterarten des Wolfes. Sie unterscheiden sich in der Größe, im Gewicht und in der Fellfarbe. Auffällig sind außerdem Verhaltensübereinstimmungen zwischen Wolf und Hund. Auch die Untersuchung von Gehirn, Herz, Schädel und Zähnen hat starke Ähnlichkeiten zwischen Wolf und heutigen Haushunden zutage gefördert. Sogar beim Bluteiweiß wurden Übereinstimmungen gefunden.

Ähnelt einem großen Deutschen Schäferhund: der Wolf.

Gegen die Vermutung, auch der Schakal könne ein Vorfahre des Haushundes sein, wurden unter anderem folgende Beobachtungen angeführt: Bei allen Haustieren ist das Gehirn im Verhältnis zur Körpergröße kleiner als bei ihren wild lebenden Verwandten. Beim Hund aber ist das Gehirn im Verhältnis zur Körpergröße größer als beim Schakal. Da man nicht glaubt, dass ausgerechnet in diesem einen Fall bei einem Haustier die relative Gehirngröße die des wild lebenden Verwandten übersteigt, kam man zu dem Schluss, der Hund stamme nicht vom Schakal ab.

Da man heute davon ausgeht, dass der Wolf der Urahn aller Haushunde ist, hat man dem Hund einen lateinischen Namen gegeben, der der lateinischen Bezeichnung für den Wolf sehr ähnlich ist. Der Wolf heißt „Canis lupus“, der Hund hat den lateinischen Namen „Canis lupus familiaris“ bekommen.

Der Wolf, Canis lupus

Der Europäische Wolf wurde in Deutschland beinahe ausgerottet.

Der Wolf in der Neuzeit

Auch in unserer Zeit leben noch Wölfe. Es gibt nicht nur eine Art, sondern eine Vielzahl von Unterarten. Von der Gestalt her ähneln Wölfe einem großen Deutschen Schäferhund mit hängender Rute. Unter einem „typischen" Wolf stellt man sich in unseren Breitengraden meist einen grauen Wolf vor. So wird er in Märchen und Fabeln beschrieben. In vielen Geschichten wird der Wolf als ausgesprochener Bösewicht dargestellt, beispielsweise im Märchen von Rotkäppchen und dem bösen Wolf. Auch Kinofilme über Werwölfe greifen die Idee vom Wolf als einem bedrohlichen Lebewesen auf.

Tatsächlich stellten Wölfe in früheren Jahrhunderten eine reale Gefahr für die Menschen dar. Ein Beispiel aus dem Dreißigjährigen Krieg: In Europa lebte der größte Teil der Bevölkerung in bäuerlichen Verhältnissen. Die Viehhaltung war eine wichtige Nahrungsgrundlage. Wenn ein Wolfsrudel in eine Viehkoppel einfiel und das Vieh tötete, so bedeutete das für die Bauernfamilie häufig das Ende ihrer wirtschaftlichen Existenz. Es fiel nicht nur lebensnotwendige Nahrung aus, auch die Abgaben, die einige Bauern in Naturalien an ihre Fürsten zahlen mussten, konnten nicht mehr aufgebracht werden.

Der Mensch nahm in den vergangenen Jahrhunderten verbissen den Kampf gegen den Wolf auf. Schusswaffen wurden dabei eingesetzt. Viele Wölfe wurden aber auch erschlagen, nachdem sie von einem großen Aufgebot an Treibern gegen locker befestigte Netze getrieben wurden. Zu Beginn der Napoleonischen Kriege war der Wolf in Deutschland fast vollständig ausgerottet.

In der Wirklichkeit sind nicht alle Wölfe grau. Je nach Verbreitungsgebiet weisen sie eine unterschiedliche Körpergröße und Fellfarbe auf. Es gibt nicht nur graue Wölfe, sondern auch Wölfe mit graugelbem, rötlich getöntem, sandfarbenem oder schwarzem Fell. Auch nach Größe und Gewicht unterscheiden sich die Wölfe erheblich. Das Gewicht der kleinsten Wolfsform wird mit 15 bis 30 kg angegeben, Vertreter großer Wolfsformen erreichen nicht selten ein Gewicht von 75 bis 80 kg.

Wölfe können, wenn sie nicht zu stark verfolgt werden, in sehr vielen Gebieten der Erde leben. Das hängt damit zusammen, dass sie hinsichtlich ihrer Ernährung nicht wählerisch sind. Sie fressen zum Beispiel größere Tiere, die sie selbst überwältigen können. Sie reißen die Tiere nicht wahllos, sondern treffen eine Vorauswahl. In der Regel konzentrieren sie sich auf alte und geschwächte Beutetiere. Beim Zerlegen der Beute hilft den Wölfen ihr ungewöhnlich massiger Schädelbau. Mit ihrem Gebiss können Wölfe selbst die Knochen weitaus größerer Tiere, beispielsweise die von Elchen, zerkleinern. Kann kein großes Tier erlegt werden, begnügen sich Wölfe auch mit Kleintieren, Vogeleiern und Aas.

Das Nahrungsangebot in freier Wildbahn ist nicht immer gleich groß. Gibt es viel zu fressen, lehnt der Wolf nicht ab. Mehr als 10 kg Fleisch kann er an einem Tag fressen. Er kann andererseits aber auch mehrere Tage ganz ohne Nahrung auskommen. Wenn kein Fleisch vorhanden ist, halten sich Wölfe auch an Pflanzenkost, zum Beispiel Kartoffeln, Kürbisse und Melonen.

Wölfe sind aber in erster Linie Großwildjäger. Da die Beutetiere in der Regel größer und auch viel schwerer sind als die Wölfe selbst, ist das Jagen in Rudeln vorteilhaft.

Es gibt eine optimale Größe für ein Wolfsrudel innerhalb eines Reviers. Umfasst das Rudel zu viele Mitglieder, können nicht mehr alle ausreichend ernährt werden. Jedes Wolfsrudel ist daher bemüht, das eigene Jagdrevier zu verteidigen. Die Reviergrenzen werden mit Kot und Urin gekennzeichnet.
Wolfsrudel sind keine unorganisierte Ansammlung von einzelnen Tieren. Vielmehr zeichnen sich Wolfsrudel durch einen hohen Organisationsgrad aus. Innerhalb des Rudels gibt es bestimmte Familienstrukturen und eine Rangordnung, die strikt eingehalten werden muss. Das Rudel kann von einem männlichen oder auch von einem weiblichen Wolf angeführt werden. Kommt es zu Auseinandersetzungen zwischen den Tieren, so bricht nicht immer gleich ein lebensbedrohlicher Kampf aus. Die Wölfe setzen bestimmte Gebärden als ungefährlicheren Ersatz ein. Der schwächere Wolf wird sich durch Demutsgebärden in der Regel davor retten können, getötet zu werden. Eine solche Demutsgebärde ist zum Beispiel, sich auf den Rücken zu werfen. In der Wolfssprache bedeutet diese Gebärde, dass dem Gegner verwundbare Stellen präsentiert werden. Der überlegene Gegner wird dann darauf verzichten, den Schwächeren tatsächlich ernsthaft zu verletzen.
Auch heute noch vermeiden die zahmen Verwandten des Wolfes auf diese Weise manche vielleicht lebensgefährliche Auseinandersetzung. Die Demutsgebärde, bei der derjenige, der sich schwächer fühlt, sich auf den Rücken wirft, haben viele Hundebesitzer schon beobachten können. So mag ein Rauhaardackelrüde vielleicht herausfordernd auf einen Schäferhundrüden zurennen und diesen laut anbellen. Wenn der Schäferhund dem kleinen Angreifer klar gemacht hat, wer der Stärkere ist, wird dieser das vermutlich einsehen und durch die Rückenlage auch signalisieren. Es ist übrigens zu beobachten, dass solche Mechanismen zwischen Hunden in vielen Fällen um so besser funktionieren, je weniger die Hunde dabei von Menschen gestört werden. So manche unfreundliche Begegnung zwischen Rüden verliert viel von ihrer Schärfe, wenn beide nicht an der Leine sind.

Seine wilden Ahnen sieht man ihm nicht mehr an.

Vom Wildtier zum Haustier

Alle Haustiere stammen von Wildtieren ab. Der Übergang vom Wildtier zum Haustier wird mit dem Fachausdruck Domestikation bezeichnet. Domestikation ist ein lateinischer Begriff, der von dem Wort „domus“ abgeleitet worden ist. „Domus“ bedeutet „Haus“. „Domestikation“ ließe sich mit „Haustierwerdung“ übersetzen.
Die Domestikation ist zu einem großen Teil das Werk von Menschen. Sie geht aber nicht ausschließlich auf den Menschen zurück. Zumindest für frühe Jahrtausende ist davon auszugehen, dass auch die Tiere den Kontakt zu Menschen gesucht haben. Dennoch: Hätten die Menschen nicht eingegriffen, wären die Wildtiere vermutlich wild geblieben oder hätten sich zumindest anders weiterentwickelt, als sie es unter dem Einfluss des Menschen getan haben. Der britische Naturforscher Charles Darwin (1809–1882) hat die Domestikation von Wildtieren mit einem großen Experiment verglichen: Tierarten verändern sich über Generationen hinweg. Es werden Unterschiede zwischen einzelnen Tieren deutlich, und diese Unterschiede werden an die nachfolgenden Generationen weitergegeben.

Dieser arktische Hund sieht sehr ursprünglich aus.

Ein Wolfsjunge

Veränderungen durch Domestikation

Wie kann man die Veränderungen erklären, die die Tiere einer Art über Generationen durch die Domestikation erfahren? Man kann sich vorstellen, dass innerhalb einer Art eine Vielzahl verschiedener Gene vorhanden ist. Einer Art gehören viele Mitglieder an. Vermehren sie sich in Freiheit, dann werden die Gene mehr oder weniger gleichmäßig weitergegeben. Durch die Mischung vieler verschiedener Gene kommen Merkmale zustande, die man als „normal" für diese Art bezeichnen könnte. Was bedeutet nun aber das Eingreifen des Menschen? Er wählt Tiere mit bestimmten Merkmalen aus, und zwar den Merkmalen, die ihm nützlich erscheinen. Tiere, die diese Merkmale tragen, werden von den anderen Tieren isoliert. Diese ausgesuchten Tiere paaren sich untereinander. Sie paaren sich aber nicht mehr mit den anderen Artgenossen, die die vom Menschen gewünschten Merkmale nicht oder weniger stark aufweisen. Durch dieses künstliche Ausleseverfahren setzen sich die gewünschten Merkmale im Verlauf von Generationen durch.

Kojote

Welche Merkmale und Eigenschaften waren es, die den Menschen an den vormals wilden Tieren gefielen? Von welchen Tieren wollte er, dass sie Nachwuchs bekommen? Welche Tiere wählte er zur Zucht aus? Diese Fragen lassen sich alle nicht pauschal beantworten. Es kam ganz auf den Zweck an, zu dem die Tiere benutzt werden sollten. Menschen haben – und das tun sie bis heute – Tiere mit den Eigenschaften gezüchtet, die ihnen nützlich erschienen. Diese Eigenschaften sind über viele Generationen stärker geworden. Zum Beispiel weisen Hunde heute insgesamt eine große Bereitschaft auf, sich dem Menschen anzuschließen. Anders als ihre Vorfahren haben sie offensichtlich keinen sehr starken Drang mehr, mit ihren Artgenossen in einem großen Rudel zu leben.

Eine Reihe weiterer Verhaltensmerkmale hat sich durch die Domestikation verändert, und zwar nicht nur bei Hunden, sondern bei Haustieren im Allgemeinen. Diese veränderten Verhaltensmerkmale sind zum Teil erblich. Beispielsweise haben Haustiere in der Regel einen weniger starken Bewegungstrieb als ihre wild lebenden Vorfahren und Artgenossen. Sie sind zudem meist weniger aggressiv als Wildtiere. Ein anderes Verhaltensmerkmal, das jeder kennt, der schon einmal Rehe beobachtet hat: Haustiere flüchten nicht so schnell wie Wildtiere.

Eine weitere Beobachtung wurde durchgängig bei Haustieren gemacht: Die Hirngröße nimmt in der Domestikation ab. Die Hirngröße der Haushunde gegenüber den Wildformen ist um fast ein Drittel zurückgegangen. Wie schon erwähnt, tritt dieses Phänomen nicht nur bei Hunden, sondern bei allen Haustieren auf. Dabei wurde folgende Regel festgestellt: Die Abnahme ist um so stärker, je höher entwickelt das Wildtier war. Bei Kaninchen wurde eine Abnahme um weniger als zehn Prozent festgestellt.

Manchmal wird davon gesprochen, Haustiere seien „degeneriert“. Der Ausdruck „degeneriert“ hat einen negativen Beigeschmack. Er bedeutet, dass die Tiere eine Reihe ungünstiger Eigenschaften vererbt bekommen haben. Als Argument für diese Behauptung wird angeführt, die Haustiere würden sich ja in freier Wildbahn gar nicht mehr durchsetzen können. Dieser Vorwurf ist ungerecht und auch alles andere als korrekt. Haustiere sind für bestimmte Zwecke gezüchtet worden. Sie sind nicht für die Wildnis, sondern für Aufgaben im oder am Haus gezüchtet worden. Deshalb haben sich bei ihnen bestimmte Eigenschaften entwickelt. Wer meint, ein Haustier beurteilen zu wollen, der darf als Maßstab nicht die freie Wildbahn heranziehen.

Vorteile für beide Seiten

Entscheidend ist: Hätte der Kontakt zwischen Mensch und Hund nicht Vorteile für beide Seiten gebracht, wäre er möglicherweise nicht fortgesetzt worden. Dieser Gedanke ist sehr wichtig. Domestikation hat als besondere Form des Zusammenlebens zwischen zwei fremden Arten zum Vorteil beider begonnen.

Betrachtet man heute das Verhältnis von Menschen und Tieren, so muss man allerdings feststellen, dass die anfänglich gleichberechtigte Situation sich grundlegend gewandelt hat. Menschen konnten in den über Jahrtausenden gewachsenen Beziehungen zu Tieren ihre Interessen weitaus stärker durchsetzen. Die ursprünglich für beide Seiten profitable Situation hat sich zum einseitigen Vorteil für die Menschen gewandelt. Das Schlagwort von der Ausbeutung der Tiere hat durchaus seine Berechtigung. Es gibt auch und gerade heute Menschen, die die Tiere schlecht behandeln und rücksichtslos ausbeuten – oft allein aus Geldgier. Man braucht nur daran zu denken, wie Tiere gejagt werden, damit modische Artikel aus Fell oder Zähnen hergestellt werden. Auch bei der Massentierhaltung ist es keineswegs übertrieben, von einseitiger Ausbeutung zu sprechen.

Auch zahme Hunde schnüffeln an Mülltonnen.

Erste Begegnungen

Doch zurück zu den Anfängen. Anfangs muss die Beziehung zwischen Hundevorfahren und Menschen zu beiderseitigem Vorteil gewesen sein. Sonst hätte sie sich nicht bis heute fortentwickelt. Es lässt sich nicht eindeutig sagen, wie diese ersten Begegnungen ausgesehen haben. Auch ist nicht unumstritten, wann sie stattgefunden haben. Meist wird als Zeitraum die frühe oder mittlere Steinzeit genannt.

Wissenschaftler versuchen genauer herauszufinden, wann es zu den ersten Begegnungen gekommen ist. Knochenfunde sind dabei ein wichtiger Ansatzpunkt. Man geht davon aus, dass jüngst gefundene, etwa 14 000 Jahre alte Knochen zu dem ältesten Haushund gehören. Man geht sogar so weit anzunehmen, dass es sich nicht nur um den ältesten Hund, sondern um das älteste Haustier überhaupt gehandelt haben könnte.

Aber es gab auch andere Knochenfunde, die vermutlich jüngeren Datums sind. In England gab es einen Fund, den man auf etwa 7500 vor Christus datierte. In Nordamerika fand man Knochen, von denen man annahm, das sie aus dem 8. bis 9. Jahrtausend vor Christus stammten. Auch wird von Hunden als Grabbeigaben im Gebiet von Israel und vom Iran berichtet.

Hunde als Menschennahrung

Forscher gehen davon aus, dass Hunde den Menschen auch als Nahrung dienten. Das

Info *Knochenfunde lassen vermuten, dass sich erste Begegnungen zwischen Menschen und wilden Hundevorfahren in der Steinzeit zugetragen haben. Forscher nehmen an, dass sich Wölfe ganz freiwillig in die Nähe steinzeitlicher Menschensiedlungen begeben haben. Es könnte sich dann etwas zugetragen haben, was auch in der heutigen Zeit noch gelegentlich bei frei laufenden Wölfen zu beobachten ist: Die Tiere fanden am Rande menschlicher Siedlungen eine recht bequeme Möglichkeit, an Nahrung zu kommen – sie konnten sich an Essensresten gütlich tun. Doch nicht nur die Tiere hatten einen Vorteil davon, sich in die Nähe der Menschen zu begeben. Auch die Menschen profitierten davon.*

Info *Haushundvorfahren und Menschen haben wahrscheinlich seit der Steinzeit Kontakt gehabt. Vor allem in späteren Jahrtausenden war dieser Kontakt meist friedlich. Wildhunde und Menschen übernahmen gemeinsam Aufgaben, zum Beispiel bei der Jagd. Sie teilten sich die Arbeit und profitierten beide davon. Aber nicht immer verliefen die Zusammentreffen friedlich.*

Vorsicht! Hier wache ich!

wird unter anderem für den Norden Europas in der Mittelsteinzeit angenommen. Auch im 21. Jahrhundert ist das Thema „Hund als Nahrung“ bei einigen Völkern Afrikas und Asiens kein Tabu. Hunde, die verspeist werden – das mag in europäischen Kulturkreisen dem, der sich heute einen Haushund hält und ihn liebt, grausam erscheinen.
Tröstlich für viele Hundeliebhaber ist dagegen folgende Überlegung von Forschern: Einige der Wölfe oder Wildhunde, die die Menschen eigentlich als Nahrungsvorrat bei sich hielten, fanden so viel Gefallen bei den Menschen, dass sie nicht verspeist wurden. Aus der geplanten Nahrungsreserve kann in nicht wenigen Fällen ein geliebtes Tier geworden sein.

Wildhunde als Wachposten

Es gibt mehrere Vermutungen darüber, wie die Domestikation von Hunden begonnen hat. Einige Wissenschaftler halten es für gut möglich, dass Wildhunde den Menschen schon sehr früh als Wachhunde und damit als Schutz vor anderen Raubtieren gedient haben. Der bekannte Forscher Konrad Lorenz beschreibt in einem seiner Werke eine Szene, die vielleicht der Wirklichkeit vor vielen Jahrtausenden nahe kommt:
Eine Horde Menschen wird von einem stärkeren Menschenverband aus dem angestammten Jagdgebiet vertrieben. Die Menschenhorde weicht in eine unbekannte Steppe aus. In dieser Steppe gibt es mehr Raubtiere als in dem angestammten Gebiet. Der Anführer der Menschenhorde ist von einem Tiger getötet worden. Die Menschen sind ängstlich und ruhelos. Schlafmangel ist ein großes Problem für sie. Plötzlich hören die Menschen ein Geräusch, das sie noch aus ihrem alten Revier kennen. Sie hören das Heulen einer dem Wolf verwandten Wildhundform. Die Wildhunde hatten sich im alten Gebiet in der Nähe des Lagers der Menschen aufgehalten. Eigentlich waren sie den Menschen lästig gewesen. Konrad Lorenz stellt nun folgende Überlegung an: Vielleicht hat in dieser Situation ein Mitglied der Menschenhorde, einer inneren Regung folgend, ein Stück Beutefleisch auf den Boden geworfen. Möglich, dass es ihm andere später nachgetan haben. Auf diese Weise könnte sich eine erste Art der Fütterung nützlicher Tiere zugetragen haben. Dienlich waren die Wildhunde den Menschen, weil sie heulten, sobald sich ein Raubtier dem Lager der Menschen näherte. Die Wildhunde kamen ohne Mühe an Futter, und die Menschen hatten aufmerksame Wächter, die sie durch ihr Geheul vor den gefährlichen Raubtieren schützten.

Wildhunde als Jäger

Eine erste Hundeaufgabe wurde bereits genannt: Das Warnen der Menschen vor gefährlichen Raubtieren. Doch dies wird früher vermutlich nicht die einzige Hundeaufgabe gewesen sein. Es kann davon ausgegangen werden, dass die Menschen die wilden Vorfahren der Haushunde auch schon zur Jagd anderer Wildtiere eingesetzt haben. Auch diese frühe Zusammenarbeit wird nicht geplant, sondern durch eine Reihe von Zufällen entstanden sein.
Konrad Lorenz hat nicht nur ausgemalt, wie Wildhunde zu ihrer Bewacheraufgabe gekommen sein könnten. Er hat ebenfalls beschrieben, wie es dazu gekommen sein könnte, dass Mensch und Wildhund gemeinsam auf die Jagd gingen: Wildhunde blieben schon seit mehreren Generationen in der Nähe von Menschenhorden. Einige hatten sich bereits so stark an den Lebensrhythmus der Menschen gewöhnt, dass sie sie tagsüber bei den Jagdzügen begleiteten. Nun könnte es einmal so gewesen sein, dass die Menschenhorde wenig Jagdglück gehabt hatte und nur wenig Nahrung für die Wildhunde übrig blieb. An diesem Tag waren alle hungrig. Die Menschen waren einer verletzten wilden Stute auf der Spur, die jedoch versuchte ihre Verfolger abzuhängen: Sie lief eine Weile in eine Richtung, dann drehte sie um und lief auf derselben Spur zurück – bis zu einem mit Büschen bewachsenen Fleck, wo sie nun in eine andere Richtung abbog. Eine solche Spur war für die Menschen schwer zu verfolgen. Das

Wildpferd konnte sich in Sicherheit bringen. Nur die Wildhunde waren durch den Blutgeruch des verletzten Tieres, den sie in der Nase hatten, fähig, der Spur zu folgen und das Wildpferd aufzuspüren. Das Erstaunliche an diesem Verhalten der Wildhunde ist, dass sie ein Tier verfolgten, welches sie ohne Menschenbegleitung nicht verfolgt hätten. Aber Konrad Lorenz vermutet, dass die Wildhunde eine Verbindung herstellen konnten zwischen der Blutspur und dem Beuteanteil, den die Menschen ihnen üblicherweise zukommen ließen. Sobald die Wildhunde die Beute aufgespürt hatten, zeigten sie dies durch Heulen an. Was nun geschehen sein mag, liegt auf der Hand: Die Menschen folgten den Wildhunden an den Beuteplatz, erlegten das Wildpferd und belohnten die Wildhunde mit einem Teil der Beute. So oder ähnlich mag sich die erste erfolgreiche Zusammenarbeit von Menschen und Haushundvorfahren bei der Jagd zugetragen haben.

Neben der Bewachung und der Hilfe bei der Jagd können weitere Funktionen von den Hunden übernommen worden sein, etwa die der „Müllabfuhr", wenn sie Essensabfälle vertilgten.

Hundeaufgaben haben sich verändert

Im Laufe der Zeit kamen weitere Aufgaben für die Hunde hinzu. Diese neuen Aufgaben richteten sich nach den neuen Formen des Wirtschaftens und Zusammenlebens, die die Menschen entwickelten. Zunächst waren die Menschen Jäger und Sammler. Sie blieben nicht sehr lange an einer Stelle, pflanzten kein Gemüse an und hielten auch kein Vieh. Ackerbau und Viehzucht wurden in Gebieten begonnen, in denen die Nahrungsmittel knapp geworden waren. Als die Menschen sesshaft geworden waren und begannen, Schafe zu domestizieren, übertrugen sie den Hunden eine zusätzliche Aufgabe: die Bewachung der Schafsherden. Fortan wurden von den Menschen auch solche Hunde zur Zucht ausgesucht, die gut Schafe hüten konnten. Durch die Viehhaltung war eine neue Aufgabe für Hunde entstanden.

Eine neue Aufgabe für Hunde: die Bewachung von Schafsherden.

Dieser Golden Retriever apportiert Wild.

Info *Hunde helfen dem Jäger, das Wild aufzuspüren. Sie können auch Wild apportieren, also zum Jäger tragen. Aber das ist nicht ihre einzige Aufgabe. Es kommt von Zeit zu Zeit vor, dass Wild von einem Auto angefahren wird. Oft schleppt sich das so verletzte Tier tief in den Wald. Hunde helfen dabei, das Tier aufzuspüren. Wer einmal ein Reh gesehen hat, das von einem Auto angefahren wurde, weiß, wie sinnvoll diese Hilfe der Hunde sein kann.*

Ein kleiner Wildhundwaise

Viele Erklärungen, wie frühe Menschen und Hundevorfahren zusammengekommen sein könnten, betonen die Gesichtspunkte von Überleben, Arbeit und Arbeitsteilung. Der Verhaltensforscher Konrad Lorenz nennt eine weitere Möglichkeit. Sie hat mit einem Gefühl von Menschen zu jungen Tieren zu tun, das uns bis heute sehr gut bekannt ist. Vielleicht war einmal ein kleiner Wildhundwelpe der einzige aus seinem Rudel, der einen Raubtierangriff überlebt hatte. Wenn nun dieses kleine Tier, und sei es durch Zufall, in die Nähe von Menschen der Steinzeit geraten war, dann ist es vorstellbar, dass sie den Kleinen einfach aufgrund seines drolligen Aussehens „adoptierten". Rund, weich und wollig, könnte das Gesicht eines solchen Welpen durchaus dem entsprochen haben, was heute als „Kindchenschema" bekannt ist. Dem Charme eines Welpen kann sich kaum ein Mensch entziehen. Einmal bei steinzeitlichen Menschen geduldet, könnte sich das Wildhund- oder Wolfsjunge durchaus gut in die menschliche Gemeinschaft eingefügt haben. Das Leben in der Gesellschaft ist für einen Wolf etwas ganz Selbstverständliches. Wölfe haben mit ihren Rudeln schließlich selbst äußerst streng strukturierte Gemeinwesen. Auch im Wolfsrudel herrschen soziale Beziehungen, die durchaus einige Parallelen zur menschlichen Gesellschaftsstruktur aufweisen.

Hundeaufgaben heute

In der Steinzeit war der Wolf für den Menschen ein Beutetier wie viele andere auch. Und doch war es zur Zusammenarbeit zwischen den beiden Arten gekommen. Der Wolf war ein nützlicher Helfer für den Menschen geworden. Wölfe waren Jäger und Wächter, und sie vertilgten Essensabfälle. Manch ein Mensch mag damals auch schon so etwas wie Freundschaft zum Tier entwickelt haben.

Die Zusammenarbeit zwischen Mensch und Hund ist immer weiter ausgebaut worden. Heute gibt es nicht nur zwei oder drei Aufgaben, die Hunde für Menschen erledigen. Hunde helfen Menschen heute in vielen Lebensbereichen. Die Kraft der Hunde, ihre Geschicklichkeit, ihre Schnelligkeit, ihre Wachsamkeit und nicht zuletzt ihre Zuneigung und Treue werden vom Menschen sehr geschätzt.

Jagdhunde heute

In den modernen Industrieländern ist der Mensch nicht mehr darauf angewiesen, wilde Tiere zu seiner Ernährung zu jagen. Dennoch ist die Jagd erhalten geblieben. Jäger sorgen auch dafür, den Wildbestand in Grenzen zu halten. Sie übernehmen eine Art Ersatzfunktion für die natürlichen Feinde des Wildes.

Überall dort, wo der Mensch stark in den Naturkreislauf eingegriffen hat, ist das ursprüngliche Gleichgewicht gestört. Wo natürliche Feinde fehlen, können sich bestimmte Wildarten vermehren. Da kann es angemessen sein, bei der Jagd Tiere zu töten und so ihren Bestand in Grenzen zu halten. Zum anderen kann es auch als Aufgabe des Jägers angesehen werden, kranke Tiere zu töten.

Jagdhunde gehören in die Hand von Jägern. Es ist nicht angebracht, sie in einer kleinen Stadtwohnung ohne Grün drumherum halten zu wollen. Sie brauchen viel Auslauf und eine gute Anleitung. Die Zulassung zur Jagd ist in Deutschland in den einzelnen Bundesländern im Rahmen von so genannten Brauchbarkeitsprüfungen oder Prüfungen des Jagdgebrauchshundverbands (JGHV) geregelt. Die Hunde brauchen nicht nur einen ausgezeichneten Geruchssinn, Temperament, Mut und Ausdauer. Sie müssen auch viele Aufgaben verstehen und lösen lernen, bevor sie dann wirklich jagen dürfen. Und auch bei den Ausbildern ist man streng: Lange nicht jeder Mensch ist geeignet, einen Hund zum Jagdhund auszubilden. In Deutschland muss man einen Jagdschein haben, um Hunde für die Jagd auszubilden und zu führen.

Der Jagdtrieb des Hundes ist ein Erbe des Wolfes. Er ist – wenn auch in ganz unter-

Eine Hundemeute sammelt sich um den Reiter.

schiedlichem Ausmaß – in jedem Hund vorhanden. So braucht es niemanden zu verwundern, wenn auch ein Hund, der zu Hause meist friedlich an einem Knochen kaut, im Wald in helle Aufregung verfällt, sobald er glaubt, auf einer Wildfährte zu sein. Um den Jagdtrieb zu wecken, reicht es schon aus, wenn ein Kaninchen durch den Vorgarten flitzt. Bei den Jagdhunden wird der Jagdtrieb aber bewusst vom Menschen eingesetzt. Durch gezielte Ausbildung wird er unterstützt und gelenkt. Auch die mit dem Jagdtrieb verwandten Triebe versucht der Mensch gezielt zu beeinflussen. Unter anderem versucht man, den Bewegungstrieb und den Beutetrieb zu beeinflussen. Der Jagdhund beherrscht nach einer solchen Ausbildung die für die Jagd typischen Verhaltensweisen. Dabei lernt jeder Hund den Teilbereich, der für seine speziellen Aufgaben entscheidend ist.

Vorstehhund

Zum Beispiel suchen Vorstehhunde in Feldern nach Hasen und Fasanen. Haben sie das Wild aufgespürt, bleiben sie starr davor stehen und heben eine Pfote. Damit signalisieren sie dem Jäger: „Da ist etwas.“ Deutsch Drahthaar, Setter und Pointer gehören zu den Hunderassen, die sich als Vorstehhunde eignen. Stöberhunde gehen

Info *Apportierhunde haben die Aufgabe, geschossenes Wild zum Jäger zu tragen. Dazu müssen sie das Wild jedoch erst einmal finden. Das kann aufwändig sein, zum Beispiel, wenn eine Ente in das Schilf am Seeufer gefallen ist. Als Apportierhunde eignen sich unter anderem alle Retrieverarten und Labradore. Schweißhunde verfolgen die Spur verletzten Wildes. Das gelingt ihnen oft selbst dann, wenn die Spur über eine lange Strecke verläuft und nicht mehr frisch ist. Der Ausdruck „Schweißhund" ist von „Schweiß", dem Jägerausdruck für Wildblut, abgeleitet. Zu den Schweißhunden zählen unter anderem der Bayerische Gebirgs-Schweißhund und der Hannoversche Schweißhund.*

unter anderem in Dornenhecken auf die Suche nach dem Wild. Oft kann der Jäger weder Stöberhund noch Beute sehen, so dicht ist das Gestrüpp. Deshalb lernt der Stöberhund, das Auffinden des Wildes durch „Laut geben" anzuzeigen. Zu den ältesten Stöberhunden gehören die Spaniel. Die Spaniel können aber auch gut bei anderen Jagdaufgaben eingesetzt werden. Man kann sie als „Universalhunde" bezeichnen.

In Deutschland ist der Jagdgebrauchshundverband maßgebend für das Prüfungswesen von Jagdhunden. Er erfasst die Prüfungen und veröffentlicht sie im Deutschen Gebrauchshund-Stammbuch. Dem Verband gehören eine Reihe von Vereinen und Verbänden an. Zur Zeit sind unter den Mitgliedern auch rund 130 Zuchtvereine vertreten. Die große Zahl der Mitgliedsvereine kommt nicht daher, dass so viele verschiedene Jagdhundrassen vertreten wären. Vielmehr ist es so, dass Vereine, die dieselbe Rasse züchten, häufig nicht nur an einem Ort vertreten sind, sondern an mehreren Orten.

Welche Hunde werden über den Jagdgebrauchshundverband in Deutschland eingesetzt? Das sind Deutsch Drahthaar, Griffon, Pudelpointer, Deutsch Stichelhaar, Deutsch Kurzhaar, Weimaraner Vorstehhund, Ungarischer Vorstehhund, Bretonischer Vorstehhund, französische Vorstehhunde, Deutsch Langhaar, Große Münsterländer, Kleine Münsterländer Vorstehhunde, Hannoverscher Schweißhund, Bayerischer Gebirgs-Schweißhund, Retriever, Cockerspaniel, English Springerspaniel, Deutscher Wachtelhund, Bracke, Dachs-Bracke, Jagdterrier, Foxterrier, Teckel, Beagle, Pointer, Setter, Irish Setter, English Setter, Gordon-Setter, Beagle, Labrador, Teckel, Laika.

Hirten-, Hüte- und Treibhunde

Schon lange werden Weidetiere, vor allem Schafe, Rinder und Ziegen, in großen Herden gehalten. Die längste Tradition der Herdenhaltung findet man bei den Schafen. Erstaunlich, dass eine große Herde meist nur mit einem einzigen Hirten unterwegs ist. Aber der Mensch ist mit dieser Aufgabe schon lange nicht mehr allein. Hunde helfen ihm, die Schafe zu hüten.

Das ist eigentlich überraschend. Diese Hilfe war in früheren Jahrtausenden auch keine Selbstverständlichkeit. Denn was könnten die halb wilden Hundevorfahren mit einer Herde Schafe naheliegenderweise tun? Einige der Schafe als Nahrung erbeuten und vertilgen. Schafe sind für den Wolf Beutetiere. Dass Wolfsnachkommen Schafe hüten, ist, wenn man den im Wolf verwurzelten Trieb zur Nahrungsbeschaffung berücksichtigt, alles andere als selbstverständlich.

Wie kam der Mensch darauf, Hunde als Bewacher für Weidetiere einzusetzen? Ein Grund könnte gewesen sein, dass sich die Weidegebiete nicht nur in den Ebenen befunden haben. Sie wurden auch bis in das Hochland vergrößert. In diesen oft unübersichtlichen Regionen schaffte es der Mensch nicht mehr allein, die Weidetiere im Blick zu behalten. Er brauchte schnelle, wendige und mutige Unterstützung.

Dennoch stellt sich die Frage, warum die Hunde die Schafe bewacht haben, anstatt sie anzugreifen und zu fressen. Eine Theorie besagt, dass sich beides nicht ausgeschlossen haben muss. Die Hunde könnten zwar einige Schafe gefressen, die restlichen Schafe aber gut bewacht haben.

Folgende Situation ist vorstellbar: Eine Menschengruppe, die seit vielen Generationen ein Rudel Hunde bei sich hat, hält sich eine große Schafherde. Die Hunde sind nicht wirklich zahm wie unsere heutigen Haus-

Ungarischer Hirtenhund

hunde, aber sie haben sich an den Menschen gewöhnt. Die Menschen können die wachsamen Hunde gut als Helfer in den Weidegebieten gebrauchen und lassen sich daher auf einen Kompromiss ein: Einen Teil der Herde opfern sie den Hunden. Dafür bewachen die Hunde den Rest der Herde. Sie bewachen die Schafe, weil sie sie gegen fremde Raubtiere schützen wollen.

Dies wäre theoretisch nicht die einzige Verhaltensmöglichkeit für die Hunde gewesen. Es hätte noch eine andere Möglichkeit gegeben: Hunde und fremde Raubtiere hätten die Herde als Beute unter sich aufteilen können. Forscher haben aber festgestellt, dass ein solches Verhalten nicht üblich ist. Stattdessen wurde diese Beobachtung gemacht: Wenn ein Wolfsrudel ständig satt wird, bleiben die Wölfe unter sich. Sie bilden keine größeren Rudel mit anderen. So kann man die frühe Zusammenarbeit zwischen Menschen und Herdehunden als Tauschgeschäft verstehen: Schutz und Ordnung gegen Futter.

Wenn man heute an Schafsherden und an Hunde als ihre Bewacher denkt, dann fällt einem vielleicht auf Anhieb der Deutsche Schäferhund ein. Aber viele Schäferhunde kommen heute gar nicht mehr zum Einsatz beim Schafehüten. An diese Aufgabe erinnert bei vielen Tieren nur noch ihr Name. Dafür gibt es neben den Schäferhunden weitere Rassen, die als Hirten- und Hütehunde in Frage kommen.

Der englische Border-Collie gehört zum Beispiel dazu, der Große Schweizer Sennenhund, der ungarische Kuvasz, der italienische Maremmano-Abbruzzese, ebenso der Südrussische Owtscharka und der französische Berger des Pyrénées. Aber die Liste der Hirten- und Hütehunde ist damit noch lange nicht erschöpft.

Die Menschen haben bei ihrer Arbeit mit den Weidetieren nicht nur Hirten- und Hütehunde gebraucht. Sie haben auch so genannte Treibhunde eingesetzt. Die Treibhunde haben Mensch und Vieh unter anderem auf dem Weg vom Land in die Stadt und wieder zurück begleitet. Wenn beispielsweise ein Viehhändler eine Herde Vieh gekauft hatte, brachte er die Viehherde zu einem Markt. Dabei gaben die Treibhunde Herde und Mensch Schutz. Auch auf dem Rückweg konnte der Viehhändler den Schutz der Treibhunde gut gebrauchen. Er hatte nun viel Geld in der Tasche, nämlich den ganzen Erlös aus dem Verkauf der Herde. Die Treibhunde beschützten den Händler vor Räubern und Dieben.

Berichten zufolge sollen solche Treibhunde die Menschen bis zum Beginn des letzten Jahrhunderts auf ihren Wegen zu und von den Viehmärkten begleitet haben. Der Rottweiler wird bis heute als gute Treibhundrasse betrachtet. Er ist ein aufmerksamer Bewacher. Auch heute noch werden Rottweiler als Wachhunde eingesetzt. Der Riesenschnauzer zählt ebenfalls zu den Treibhundrassen. Darüber hinaus gibt es einige Rassen, die heute stark an Treibhunde erinnern. Der Appenzeller Sennenhund, der Berner Sennenhund, der Entlebucher Sennenhund, aber auch der Westerwälder Kuhhund sowie weitere Rassen gehören dazu.

Hunde, die hüten, bewachen und lenken sollen, müssen sehr gut ausgebildet werden. Sie haben anspruchsvolle Arbeitsabläufe zu bewältigen. Man denke an die Aufgabenstellungen: Die Schafe einer Herde sind in einem Gebiet verstreut. Alle müssen erst einmal aufgespürt werden. Dann muss

Collie vor einer Schafsherde, die er bewacht

Ein Labrador als Blindenhund

Info *Vergleicht man das Verhalten eines Blindenhundes mit dem eines anderen Hundes, der zum Spaß gehalten wird, dann ist schnell klar, wie groß die Unterschiede sind. Ein Hund darf normalerweise sein kleines und großes Geschäft erledigen, wann immer eine geeignete Stelle da ist und es ihm passt. Ein Blindenhund darf nicht mitten auf der Kreuzung an einem Pfeiler das Bein heben. Er darf nicht einfach stehen bleiben, wenn ihm jemand aus einer Laune heraus einen Leckerbissen oder ein Stöckchen hinhält. Andere Hunde flüchten, wenn sie einen lauten Knall hören oder auch schon, wenn ihnen ein bedrohlich wirkender Artgenosse entgegenkommt. Ein Blindenhund darf nicht flüchten. Er darf sich einfach nicht aus der Ruhe bringen lassen, weder von dem Hund auf der anderen Straßenseite noch von dem Bockwurststand um die Ecke. Er muss viele seiner angeborenen Triebe und Instinkte zurückstellen, um dem Menschen eine Hilfe zu sein.*

Der Labrador führt über die Straße.

die Herde zu einem bestimmten Ort getrieben werden. Dabei müssen die Hunde schnell reagieren, wenn einzelne Schafe ausbrechen. Sind alle Schafe am gewünschten Ort, ist die Arbeit des Hundes noch nicht erledigt. Zum Beispiel gilt es nun, einzelne Tiere von der Herde zu trennen. Die Tiere müssen dann einzeln oder zu mehreren in einen gesonderten Bereich der Koppel getrieben werden.

Die Zusammenarbeit zwischen einem Schäfer und seinem Hund kann nur funktionieren, wenn zwei Voraussetzungen erfüllt sind: Das Tier muss gut ausgebildet sein. Es muss etwa auf Zurufe wie „Links!“ schnell reagieren. Es ist aber auch unerlässlich – wie in allen Beziehungen zwischen Mensch und Hund –, dass der Mensch den Hund respektiert und sich in ihn einfühlt. Dauerndes Kritisieren oder für den Hund unverständliches Schimpfen nimmt dem Hund die Lust, seine schwierigen Aufgaben zu erfüllen. Liebe und Verständnis müssen allen Hunden entgegengebracht werden.

Blindenhunde

Schon in der Antike hat es wahrscheinlich Blindenhunde gegeben. Wandgemälde weisen darauf hin. In größerem Umfang sind Blindenhunde aber erst in unserem Jahrhundert zum Einsatz gekommen. Sie wurden für Kriegsblinde des ersten Weltkriegs ausgebildet. Heute gehören Blindenhunde in vielen Städten zum gewohnten Straßenbild. Sie tragen ein Führgeschirr. Mit diesem Führgeschirr hat der blinde Mensch engeren Kontakt zu dem Hund, als wenn er ihn an einer lockeren Leine führen würde.

Blindenhunde sind die „menschlichsten“ aller Hunde. Das kommt daher, dass sie sich außerordentlich gut in den Menschen einfühlen müssen. Sie sollen dem blinden Menschen ja das Augenlicht ersetzen, das ihm fehlt. Das können sie aber nur, wenn sie die Umgebung anders wahrnehmen, als Hunde es üblicherweise tun. Sie müssen Gefahren und für den Menschen unangenehme Dinge vermeiden, die für sie selbst normalerweise kein Problem wären. Eine Pfütze

auf der Straße zum Beispiel ist für einen normalen Hund überhaupt kein Problem. Wenn er nicht gerade eine ausgesprochene Abneigung gegen Wasser hat, läuft er einfach hindurch. Ein Blindenhund darf das nicht. Er muss vor der Pfütze stehen bleiben oder einen Bogen machen, damit der blinde Mensch nicht in die Pfütze tritt.

Die Wasserpfütze ist nur einer der zahlreichen Anlässe, bei denen der Blindenhund sein Hundeverhalten hintanstellen muss. Es gibt weitaus gefährlichere Dinge als eine Wasserpfütze. Der Hund muss den Menschen auch vor Zäunen, herumliegenden Kartons oder Löchern im Bürgersteigpflaster warnen. Unerwartet aufgehende Autotüren, herunterhängende Schilder und offen stehende Fensterläden sind ebenfalls Hindernisse, die dem blinden Menschen gefährlich werden, wenn er nicht rechtzeitig gewarnt wird. Das Besondere für den Blindenhund bei Fensterläden oder auch Ästen: Er muss Gefahren erkennen, die hoch über seinem eigenen Kopf auftreten. Das ist eine erstaunliche Leistung.

Blindenhunde lernen, ihr Herrchen oder Frauchen auf Aufforderung zu den gewünschten Zielen zu bringen. Das kann eine bestimmte Bushaltestelle sein, eine Telefonzelle oder auch der Fahrkartenschalter in der Bahnhofshalle. Ampelkreuzungen dürfen erst bei grünem Licht überquert werden. Ist keine Ampel vorhanden, muss ein Fußgängerstreifen gesucht werden.

Ein Blindenhund im Dienst muss alle gefährlichen Situationen für den Menschen vermeiden. Nur dann kann der Mensch ihm vertrauen und folgen. Ein blinder Mensch mit einem Blindenhund vertraut im alltäglichen Leben stark auf die Hilfe des Vierbeiners. Sein Verhältnis zum Hund ist von sehr ungewöhnlicher Nähe und Zuneigung geprägt.

Nicht alle Hunderassen eignen sich gleichermaßen zum Blindenhund. Die Anforderungen an Körper, Intelligenz und Wesen der Tiere sind sehr hoch. Ungefähr 60 cm groß und kräftig sollte das Tier sein. Der Gesundheitszustand muss gut sein. Lernfähigkeit ist eine ganz wichtige Voraussetzung. Um den Menschen sicher an allen Hindernissen vorbeizuführen, muss der Blindenhund ein ruhiges und wenig angriffslustiges Wesen haben. Der Labrador gilt als besonders geeignet für die vielen verantwortungsvollen Aufgaben des Blindenhundes. Gute Eignung wird auch dem Golden Retriever zugesprochen. In Deutschland ist der Deutsche Schäferhund ein beliebter Blindenhund, der sich bewährt hat. Aber auch andere Rassen sind zu Blindenhunden ausgebildet worden. Eingesetzt wurden auch Riesenschnauzer, Airedaleterrier, Königspudel und Setter. Auch Mischlinge haben schon die Aufgabe übernommen, blinde Menschen sicher durchs Leben zu führen.

Die Ausbildung eines Hundes zum Blindenhund muss sehr sorgfältig erfolgen. Sie ist auch teuer: Es werden Preise bis zu 10 000 Euro genannt. Damit zwischen Mensch und Blindenhund ein wirklich verlässliches Verhältnis entstehen kann, gibt es eine Eingewöhnungsphase. In dieser Phase gewöhnen sich Mensch und Tier aneinander und der Hund lernt, Kommandos von seinem neuen Herrchen oder Frauchen entgegenzunehmen.

Katastrophenhunde

Auch wenn der Mensch durch Technik einige Dinge berechenbarer gemacht hat – im Grunde hat er die wenigsten Dinge in der Hand. Naturkatastrophen und technische Defekte können in wenigen Augenblicken die Arbeit von Jahren zunichte machen. Eine Lawine kann Menschen im Schnee einschließen. Wie Hunde hier durch ihren Einsatz helfen, davon wird noch die Rede sein. Durch ein Erdbeben kann in kurzer Zeit eine Stadt in ein Trümmerfeld verwandelt werden. Ein Flugzeug, das in ein Wohnhaus

Info *Das Erdbeben von Friaul 1976 ist nur ein Beispiel für die vielen Anlässe, bei denen Katastrophenhunde sich bewährt haben. Genaue Zahlenangaben über gefundene Überlebende und Tote sind nicht immer ganz zuverlässig. Im Zusammenhang mit dem Erdbeben von Friaul wird von 209 Gefundenen berichtet. Nicht alle von ihnen konnten geborgen werden, und nur wenige lebten noch. Diese traurige Bilanz zeigt aber, wie gut die Katastrophenhunde ihre Sinnesorgane bei der Suche einzusetzen vermögen. Die geschulten Hunde „orten" selbst Überlebende oder auch Tote, die so ungünstig eingeschlossen sind, dass man nicht mehr an sie herankommt.*

Ein Katastrophenhund im Einsatz

Auf dem Weg zum Einsatzort

stürzt, kann das Haus zusammenbrechen lassen. Unter Mauerstücken, Balken, zersplitterten Fensterrahmen und Wandplatten sind möglicherweise Überlebende eingeschlossen.

Wenn es darum geht, Überlebende aus solchen Notlagen zu befreien, können Hunde eine entscheidende Hilfe sein. Suchhunde werden dazu ausgebildet, Menschen aufzuspüren – und zwar die Menschen, die sich nach einer Katastrophe nicht mehr aus eigener Kraft befreien, ja meist nicht einmal mehr bemerkbar machen können. Schäferhunde sind nur eine der Rassen, die zu Katastrophenhunden ausgebildet werden.

Die Katastrophenhunde arbeiten oft unter stark erschwerten Bedingungen. Man stelle sich etwa ein eingestürztes Hochhaus vor: Rettungsmannschaften suchen in den Trümmern nach Überlebenden. Glas-, Kunststoff- und Stahlsplitter liegen in den Trümmern. Raupenfahrzeuge sind unterwegs und wirbeln Staub auf. Steine, Holz- und Stahlteile werden hin und her geworfen. Maschinen, mit denen Beton- und Steinbrocken auseinandergeschnitten werden, arbeiten in voller Lautstärke. Dazwischen kratzen die Greifzangen der Bagger an großen Brocken. Zurufe hallen durch die Luft. In dieser Atmosphäre von Staub, Lärm und Verzweiflung vollbringen die Katastrophenhunde Höchstleistungen. Beim Klettern in den Trümmerbergen und zwischen einzelnen Teilen rutschen sie manchmal aus, geraten selbst in Trümmerhaufen und müssen dann befreit werden.

Hat ein Katastrophenhund einen verschütteten Menschen aufgespürt, kann er dies auf verschiedene Weisen anzeigen. Er kann zum Beispiel scharren und bellen.

Anders erfolgt die Fundmeldung bei der so genannten „Bringsel"-Methode. Der Hund trägt dabei einen wurstförmigen Lederbeutel, der am Halsband befestigt wird. Ohne Leine macht sich der Hund auf die Suche. Hat er eine verletzte, verschüttete oder eingeschlossene Person gefunden, nimmt er das „Bringsel" in die Schnauze, kehrt zu seinem Hundeführer zurück und führt diesen dann an die Stelle, an der die Person ist. Diese Methode ist ursprünglich für Sanitätshunde entwickelt worden.

Schäferhund bei der Ausbildung zum Rettungshund

Lawinensuchhunde

Eine weiße Winterlandschaft, verschneite Wipfel, ringsherum Berge und ein wunderschöner Himmel – so stellt man sich den Wintersportort vor. Ein Winterurlaub in den Bergen kann ein unvergesslich schönes Erlebnis sein. Doch nicht immer verläuft alles reibungslos. Unfälle und Unglücke kommen immer wieder vor. Bei Schneestürmen gelingt Bergwanderern der Abstieg ins Tal nicht mehr. Es kann auch zu Lawinenunglücken kommen, bei denen Bergwanderer oder Skifahrer verschüttet werden. Und sieht man einmal vom Wintersport ab: Auch in früheren Zeiten drohten im Winter in den Bergen Gefahren für die Menschen. Man braucht nur an verschneite Passstrecken zu denken.

Bei einem Lawinenunglück ist schnelle Hilfe gefordert. Selbst wenn der verschüttete Mensch noch genügend Luft zum Atmen bekommt, muss er so rasch wie möglich befreit werden. Denn ohne Bewegung sinkt die Körpertemperatur im Schnee bald auf gefährlich niedrige Werte ab.

Aber woher will man wissen, wo Menschen vom Schnee eingeschlossen sind? Eine Rettungsmannschaft kann den ungefähren Ort der Eingeschlossenen kennen. Aber wo sich die Verunglückten genau befinden, das können die menschlichen Helfer nicht ohne weiteres herausfinden. Sie stoßen an die Grenzen ihrer Fähigkeiten. In dieser schweren Situation helfen ihnen Lawinensuchhunde. Viel schneller und sicherer können die Tiere mit ihrem ausgeprägten Geruchssinn Verschüttete aufspüren.

Lawinensuchhunde und Hundeführer bemühen sich gemeinsam, den Verunglückten zu helfen. Sie müssen ein gut aufeinander eingespieltes Team sein. Wenn die Unglücksstelle zu Fuß nicht erreichbar ist, muss ein Hubschrauber eingesetzt werden. Kann der Hubschrauber an der Unglücksstelle nicht landen, bleibt oft keine andere Wahl, als die Retter an einem Seil aus dem Helikopter herunterzulassen. Das macht deutlich, dass die Lawinensuchhunde starke Nerven, Gelassenheit und Mut mitbringen müssen. Denn bevor es an die eigentliche Arbeit geht, gleiten die Tiere in einem speziellen Geschirr durch schwindelnde Höhen. In solchen Geschirren können sie auch an einer Felswand heruntergelassen werden. Erst nach dieser Reise durch die Luft beginnt dann die eigentliche Arbeit des Lawinensuchhundes.

Schnüffeln, Bellen, Scharren, und das alles hoffentlich, solange es noch nicht zu spät ist – so sieht die Arbeit eines Lawinensuchhundes aus. Dabei werden eine erste grobe Suche und daran anschließend eine so genannte Feinsuche unterschieden.

Starke Nerven sind gefordert.

Ein professioneller Helfer, solange er nicht abgeseilt werden muss, denn dafür ist der Bernhardiner meist zu schwer

Nicht alle Hunderassen kommen für diese Aufgabe in Frage. In früheren Zeiten waren es vor allem die Bernhardiner, die, ihrer Nase folgend, im Schnee Menschen vor dem Erfrierungs- oder Erstickungstod bewahrten. Die Vorfahren der Bernhardiner waren römische Hunde, die über die Alpenpässe mitgeführt worden waren. Ab dem 17. Jahrhundert wurde aus den Nachkommen dieser Hunde ein eigener Stamm von den Mönchen des Großen St. Bernhard gezüchtet.

Bernhardiner gehören zu den schwergewichtigsten Hunderassen. Heute werden

Gegenüberliegende Seite: Ein Drogenspürhund bei der Arbeit

viele leichtere Hunde eingesetzt. Airedaleterrier, Deutsche Schäferhunde, Rottweiler, aber auch Collies, Labradors, Jagdhunde und Mischlinge kommen im Schnee zum Einsatz.

Der wohl berühmteste aller Lawinensuchhunde war ein Bernhardiner mit dem Namen „Barry". Überlieferungen zufolge hat er in den Jahren 1800 bis 1812 vierzig Menschen das Leben gerettet. Nach diesem ersten „Barry" soll es noch einen zweiten „Barry" gegeben haben, der sich ebenfalls durch ungewöhnlich erfolgreiche Rettungsaktionen ausgezeichnet haben soll.

Wachhunde

Forscher halten es für gut möglich, dass die wilden Verwandten der Haushunde den Menschen schon in der Steinzeit als Wächter der nächtlichen Schlafstätten gedient haben. Wachaufgaben erfüllen viele Hunde bis heute.

Im Laufe der Jahrhunderte wurden verschiedene Hunderassen als Wachhunde eingesetzt. Welche Rasse besonders geeignet zur Bewachung war, hing von dem Objekt ab, das beschützt werden sollte. Wohnungen, Häuser, ganze Güter und Anwesen wurden und werden von Hunden bewacht, ebenso Geschäfte, Fabrikgelände und Ausstellungshallen.

Ein guter Wachhund reagiert nicht erst, wenn eine fremde Person sichtbar wird, sondern schon vorher. Geräusche, die der Fremde beim Herannahen macht, Gerüche, die von ihm ausgehen – sie werden vom Hund sehr früh wahrgenommen. Dem Menschen entgehen sie vielleicht ganz. Ein guter Wachhund macht bereits zu diesem frühen Zeitpunkt darauf aufmerksam, dass er etwas Ungewohntes bemerkt hat. Das Warnen vor dem Fremden kann dann etwa durch Knurren, Bellen und Zähnefletschen geschehen. Aggressiven Wachhunden, die sich besonders stark fühlen, wird ein typisches Drohknurren nachgesagt. Wer einen guten Wachhund aufziehen möchte, sollte nicht besonders lärmempfindlich sein. Einen Wachhundwelpen, der sich im Warnbellen übt, sollte man nämlich nicht durch Schimpfen zur Ruhe bringen.

Nicht jeder Wachhund ist gleich mutig. Ängstliche Hunde bellen meist frühzeitig. Aber auf das Sprichwort „Hunde, die bellen, beißen nicht" sollte sich niemand bei einem Wachhund verlassen. Denn auch ein sehr ängstlicher Hund kann gerade aus Angst zum Zubeißen neigen.

Viele Rassen werden als Wachhunde eingesetzt. Günstig ist es, wenn sie von so kräftiger Statur sind, dass ein Eindringling schon bei ihrem Anblick eingeschüchtert wird. Daher sind kleine Hunde nicht unbedingt als Wachhunde geeignet, auch wenn sie bei verdächtigen Veränderungen aufmerksam Laut geben. Als sehr guter Wachhund ist heute beispielsweise der Bullmastiff bekannt. Diese gut hundert Jahre alte Rasse entstand aus einer Kreuzung von Mastiff und English Bulldog.

Info *Grundsätzlich eignen sich alle Hunde mit ausgeprägtem Wachtrieb als Wachhunde. Als Wachtrieb wird die Eigenschaft bezeichnet, Fremde zu warnen und möglicherweise anzugreifen, die das Gebiet betreten, in dem sich der Hund zu Hause fühlt. Ein Hund, der zu jedem Fremden gleich Vertrauen fasst, ist nicht als Wachhund geeignet.*

Haus und Hof werden gut bewacht.

Diensthunde

Wer die Kinohits der letzten Jahre verfolgt hat, weiß, dass ein ganz bestimmter Typ von Paaren in der Gunst vieler Zuschauer weit oben steht. Gemeint sind an dieser Stelle einmal nicht die klassischen Liebespaare, sondern Teams mit insgesamt sechs Beinen: der Polizist und sein Hund. Auf der Leinwand kämpfen sie gemeinsam mit vielen Tricks gegen das Böse. Und das ist nicht nur auf der Leinwand so. In der Realität leisten Polizeihunde ganz Erstaunliches, und das nicht erst seit heute. Für viele Verbrecher hat ihre „Karriere" ein jähes Ende genommen, weil ihnen ein vierbeiniger Gesetzeshelfer auf die Spur kam. Und das „Auf-die-Spur-kommen" ist durchaus wörtlich zu nehmen.

Die Arbeit bei der Polizei ist aber nur eines der Einsatzgebiete von Diensthunden. Die „offiziellen" Vierbeiner werden bei verschiedenen Behörden eingesetzt. Ihren Dienst absolvieren sie gemeinsam mit Soldaten, Sanitätern, Zöllnern, Grenzschützern, in Gefängnissen – und wie schon erwähnt, mit Polizisten. Viele Hunderassen kommen als Diensthunde in Betracht – je nach Einsatzgebiet. Beliebte Rassen sind unter anderem der Airedaleterrier, der Große Schweizer Sennenhund, der Rottweiler, der Riesenschnauzer und der Boxer.

Polizeihunde erhalten eine aufwändige Ausbildung. Am Ende dieser Ausbildung beherrschen sie eine Reihe beeindruckender Fähigkeiten. Um einige Beispiele zu nennen: Sie gehorchen dem Befehl des Hundeführers auch aus der Entfernung. Sie klettern über Hindernisse und springen hoch und weit. Auf Befehl greifen sie an.

Der Angriff wird mit Personen in besonderer Schutzkleidung – mit einem Unterarmpolster – geübt. Die Schutzkleidung ist unbedingt notwendig, denn der Biss eines Polizeihundes in den Unterarm ist nicht ungefährlich.

Diensthunde verlassen sich bei ihrer Arbeit wesentlich auf ihren Geruchssinn. Drogenhunde bei Polizei und Zoll sind darauf abgerichtet, bestimmte Substanzen schnüffelnd zu entdecken. Ein Hund, der auf das

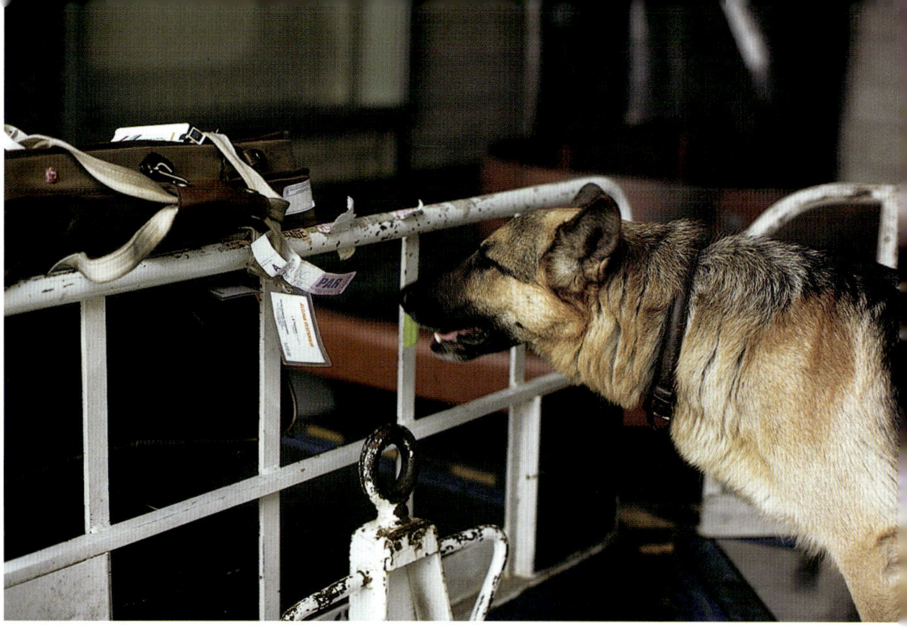

Aufspüren von Drogen spezialisiert ist, beendet seine Suche auch dann oft erfolgreich, wenn die Drogen mit viel Mühe versteckt worden sind – im Gepäck oder in Fahrzeugen beispielsweise. Drogen sind nicht die einzigen Stoffe, denen Diensthunde auf der Spur sind. Andere Diensthunde sind speziell dazu ausgerichtet, Sprengstoff zu erschnüffeln.

Schon in der Frühgeschichte wurden Hunde als Unterstützung des Militärs eingesetzt. Diese Tradition hat sich bis in unser Jahrhundert fortgesetzt. Ganz wichtiges Kriterium der Eignung der Kriegshunde ist stets unbedingter Gehorsam gewesen. Durch ihren Einsatz haben Militärhunde oft Soldaten das Leben gerettet. Manche von ihnen sind zu fast menschlichen Ehren gekommen – ihnen wurden Orden verliehen. Eine Frage, die sich in diesem Zusammenhang aufdrängt: Ob mit der Ordensverleihung wohl auch eine kleine Anerkennung verbunden war, die durch den Magen ging?

Hofhunde

Ein Alleskönner, und das am besten ohne komplizierte Ausbildung, das soll der Hofhund sein. Aufpassen, Laut geben, Vieh begleiten, auch schon einmal einen Karren ziehen – das sind nur einige der Aufgaben, die einem Hund auf einem Bauernhof gestellt werden können. Dabei gibt es „den" Hofhund eigentlich nicht. Im Prinzip kann fast jeder Hund Hofhund sein. Eine gewisse Größe sollte er nach Möglichkeit haben. Das ist günstig, weil eine der wichtigsten Auf-

Info *Als Polizeihund wird nicht nur in Deutschland gerne der Deutsche Schäferhund eingesetzt. Was ihn so beliebt macht, sind sein Mut und seine Lernfähigkeit. Auch die Polizeihunde haben eine Vorgeschichte. Englische Bluthunde wurden bereits im 19. Jahrhundert auf Schafdiebe angesetzt. Berichten zufolge soll schon im ersten Jahrzehnt des 19. Jahrhunderts in England ein Mensch von einem Bluthund gestellt worden sein. Der Name „Bluthund" oder englisch „Bloodhound" bedeutet in etwa „reinblütig". Mit Blutrünstigkeit hat er – entgegen der Vorstellung mancher Menschen – nicht das Geringste zu tun. Die Bluthunde gehören zu den Bracken und Laufhunden. Sie eignen sich nicht nur zur Verbrecherjagd, sie können auch ganz hervorragend verletztes Wild aufspüren.*

Ein Hofhund

gaben von Hofhunden das Bewachen des Bauernhofes ist. Und wie jeder andere Wachhund hat auch der Hofhund einen Vorteil gegenüber unerwünschten Eindringlingen, wenn er nicht zu harmlos aussieht.
Hofhunde sind häufig Mischlinge mit recht großen vierbeinigen Vorfahren. Aber es gibt auch reinrassige Kollegen unter ihnen. In der Schweiz zum Beispiel haben Bernhardiner schwere körperliche Arbeiten übernommen: Ein Bernhardiner wird auch schon einmal vor einen Milchwagen gespannt.
Auf einem Bauernhof können einem Hund recht gute Bedingungen für ein glückliches Leben geboten werden. Ein Hofhund kann viel Bewegung und ebenso viel Abwechslung haben. Voraussetzung ist allerdings, dass das Tier genügend freien Auslauf hat und nicht etwa dauernd im engen Zwinger oder an der kurzen Kette gehalten wird. In Deutschland enthält die Verordnung für das Halten von Hunden im Freien (VHHF) die einschlägigen Bestimmungen zu den Haltungsbedingungen. Eine weitere ganz entscheidende Voraussetzung für ein glückliches Hofhundeleben ist die Zuneigung der menschlichen Bewohner des Hofes.
Die Bezeichnung „Hofhund" sollte übrigens nicht mit den Bezeichnungen „Hofwart" oder „Bauernhund" gleichgesetzt werden. Die beiden letzten Begriffe stehen nämlich jeweils für eine bestimmte Rasse, die als Hofhund eingesetzt worden ist. Der Begriff des Hofhundes ist aber, wie schon erwähnt, umfassender. Hunde vieler Rassen und auch Mischlinge dienen als Hofhunde. „Hofwart" ist eine der alten Bezeichnungen für die heute noch „Hovawart" genannte Hunderasse. Diese lässt sich bis ins Mittelalter zurückverfolgen. Der Hovawart war schon damals ein bekannter Hofhund. Mit „Bauernhund" ist die Rasse „Norwegischer Buhund" gemeint. „Bu" ist das norwegische Wort für einen Hof oder allgemein einen Platz zum Wohnen.

Auf dem Feld

Schlittenhunde

Schlittenhunde arbeiten im Team. Das ist notwendig, wenn es schwere Lasten zu befördern gilt. Das Hundeteam wird von einem Leithund angeführt. Der Leithund ist nicht unbedingt der Hund, der am schnellsten laufen und am kräftigsten ziehen kann. Intelligenz und schnelles Reaktionsvermögen zeichnen ihn aus. Für die Menschen in den arktischen Gebieten leisten die Schlittenhunde unentbehrliche Dienste. Wie sonst sollten Güter durch Schnee und Eis transportiert werden? In einigen Regionen der arktischen Gebiete hilft kein Fahrrad, kein Auto, kein Motorschlitten und bei Schneestürmen nicht einmal ein Hubschrauber, wenn Menschen von einem Ort zum anderen gelangen wollen. Ein Schlitten mit Hunden im Gespann kommt dagegen ans Ziel.
Bei den Schlittenhunden gibt es einige Rassen und darüber hinaus viele Hunde, die man zwar gleich als Schlittenhunde erkennen kann, die aber nicht zu einer bestimmten Rasse gehören. Die meisten Schlittenhunde weisen eine Reihe gemeinsamer äußerer Kennzeichen auf. Dazu gehören behaarte Fußsohlen, ein doppeltes Fell, das aus Unterwolle und Deckhaar besteht, und leicht schräg stehende Augen. Für ihre anstrengende Arbeit brauchen die Tiere gut ausgebildete Brustmuskeln. Die „Schlittenhund-Mischlinge" werden ebenso wie ihre reinrassigen Kollegen eingesetzt. Zu den Rassehunden unter den Kämpfern in Eis

und Schnee zählen unter anderen der Grönlandhund, der Alaskan Malamute und der Siberian Husky. Schlittenhunde sind nicht sehr zimperlich. Das sagt man auch über die Einstellung des Siberian Husky zu seinem Futter. Er verschlingt auch Brocken, die andere Hunde nicht anrühren würden.

Viel Schnee und Eis gibt es auch in mittel- und nordeuropäischen Gebirgen. Auch hier sind schon Schlittenhunde zum Einsatz gekommen. Ihre ursprüngliche Aufgabe war es dabei, Post, verschiedene Gegenstände und vor allem auch Nahrung auf abgelegene Bergstationen zu bringen. Später kam eine neue Aufgabe hinzu: Urlauber amüsierten sich bei Gletscherfahrten mit dem Hundeschlitten.

Schlittenhunde werden nicht nur zu Transportzwecken im Alltag eingesetzt. Es hat sich darüber hinaus auch der Schlittenhundesport entwickelt. Er fand schon in früheren Jahrhunderten Anhänger bei den Inuit. Die Durchschnittsgeschwindigkeit der von Vierbeinern gezogenen Schlitten liegt bei 20 km/h. Spitzengeschwindigkeiten werden mit 40 km/h angegeben.

Wie in jeder Sportart üblich, hat auch der Schlittenhundesport eine eigene Fachsprache entwickelt. Der Mensch, der den Schlitten lenkt, wird „Musher" genannt. Er ruft den Hunden Kommandos zu.

Für ein paar hundert Meter machen sich die vierbeinigen Sportler erst gar nicht auf den Weg. Ihre Rennstrecken sind ausgesprochen lang. Rennen in Mitteleuropa beginnen bei etwa fünf Kilometern. In Übersee sind die Strecken wesentlich länger. Als traditionell härtestes und längstes Rennen ist das von Anchorage in Kanada nach Nome in Alaska bekannt geworden. Die Strecke ist über 1000 Kilometer lang.

Bei den Rennen werden die Hunde in unterschiedlicher Anordnung angespannt. Üblich sind drei Anordnungsweisen: Das Fächergespann, das Tandemgespann und das so genannte Doppel- oder Amerikanergespann. Jede Gespannart hat ihre besonderen Vor- und Nachteile in verschiedenen Geländeformen.

Beim Fächergespann zieht jeder Hund an einer eigenen Leine. Die Hunde laufen nebeneinander her. Von oben aus der Luft betrachtet, sieht ein solches Gespann wie ein Fächer aus. Vorne sind die Schlittenhunde und ihre Zugleinen gehen in der Mitte beim Schlitten zusammen. Beim Tandemgespann hat dagegen nicht jeder Hund seine eigene Zugleine. Vielmehr laufen alle Hunde zwischen zwei Zugleinen hintereinander her. Die Zugleinen sind bei jedem Hund am Geschirr befestigt. Bei der dritten Variante, dem Doppel- oder Amerikanergespann, laufen jeweils zwei Hunde nebeneinander. Ein Hund läuft links, einer rechts von der Zugleine. Jeder Hund hat an seinem Geschirr einen Zugstrang, der nach hinten mit der großen Zugleine verbunden ist. Außerdem werden die Hunde bei dieser Gespannart durch eine weitere Leine an der großen Zugleine gehalten. Sie wird am Hundehalsband befestigt. Vorneweg läuft in der Regel noch ein einzelner Leithund. Das Doppel- oder Amerikanergespann erfreut sich großer Beliebtheit, weil die Hunde sehr hohe Geschwindigkeiten erreichen.

Schlittenhunde sorgen nicht nur für den Transport in arktischen Gebieten, es gibt auch den Schlittenhundesport.

Schlittenhunde sind stark.

Sehr schnelle Hunde

Schon die Schlittenhunde kommen beim Rennen auf Geschwindigkeiten, die man einem Hund nicht ohne weiteres zutrauen würde. Windhunde übertreffen diese Geschwindigkeiten noch bei weitem: Bis zu 70 km/h können sie erreichen.

Auffällig und schnell: der Afghane

Man unterteilt die Windhunde in zwei Gruppen: nördliche und südliche Windhunde. Zur ersten Gruppe gehören unter anderem der Greyhound, der Chinesische Windhund, der Deerhound und der Whippet.
Der Whippet ist ein kleiner Windhund. Er kommt in allen Farben vor. Ein Whippet kann im Haus gehalten werden und braucht viel Wärme. Feuchtigkeit bekommt ihm schlecht. Ein ruhiger Schoßhund ist der Whippet aber keineswegs: Wie seine größeren Rennkollegen braucht er viel Bewegung.
Zur zweiten Gruppe, zu den südlichen Windhunden, zählen unter anderem der Griechische Windhund, der Pharaonenhund und der Afghanische Windhund.
Die heutigen Windhundrassen gehen teilweise auf jahrtausendealte Züchtungen zurück. So haben Historiker verschiedene Hinweise darauf gefunden, dass es schon vor mehr als 5000 Jahren Windhunde gegeben hat. Eine der wichtigsten Aufgaben früher Windhunde war das Hetzen des Wildes bei der Jagd. Kräftige Windhunde, die durch Kreuzung mit anderen Rassen entstanden, wurden auch eingesetzt, um großes Wild zu reißen. Diese Aufgabe entfiel später durch die Verbreitung von Schusswaffen.
Ein Einsatzgebiet, das auch schon die frühen Windhunde kannten, ist heute in den Vordergrund getreten: die Rennen. Ähnlich wie beim Pferderennen gibt es eine Vielzahl besonderer Ausdrücke, die die Rennhunde, ihr Verhalten und das Zubehör beschreiben, das im Sport eingesetzt wird. Als „spooky“ werden beispielsweise solche Hunde bezeichnet, die eine gewisse Scheu vor den Zuschauern zeigen. Rennhunde tragen eine kleine Decke mit ihrer Nummer in diesem Rennen. Sie wird „blanket“ genannt. In den angelsächsischen Ländern fanden die Hunderennen schon früh viele Anhänger, eine plausible Erklärung für die vielen englischen Ausdrücke, die bei Hunderennen verwendet werden.
Windhunde, die Rennen laufen, werden ähnlich wie Hochleistungssportler in Form gebracht. Schon die Welpen werden mit einer spezielle Diätnahrung gefüttert. Ab einem gewissen Alter bekommen die Hunde einen Trainer. Und in Fachkreisen spricht man von erfolgreichen Rennhunden wie von Stars in anderen Branchen.

Hunderennen

Der Hund als Freund

Hunde übernehmen spektakuläre Aufgaben in vielen Bereichen. Sie rennen um die Wette, sie ziehen schwere Lasten durch den Schnee, sie spüren Kriminelle auf, sie spielen in Fernseh- und Kinofilmen mit, sie graben in Trümmern nach Verschütteten, sie spüren Verschüttete im Schnee auf und vieles mehr. Einige dieser Hunde sind berühmt geworden; ihre Namen kennt man in der Öffentlichkeit.
Es gibt aber Millionen von Hunden, deren Name nicht über die Nachbarschaft hinaus bekannt wird. Sie sind längst nicht alle reinrassig, und viele von ihnen haben nichts gelernt, was man vor laufender Kamera einem großen Publikum zeigen wollte. Aber sie erfüllen eine Aufgabe, die mindestens genauso wichtig ist wie die anderen Spezialaufgaben: Sie sind dem Menschen ein guter Freund. Für viele Menschen sind die bellenden Vierbeiner unverzichtbar geworden.
Das gilt immer mehr in einer Zeit, in der sich die Gesellschaft wandelt. Die Familienstrukturen verändern sich schon seit langer Zeit, verschiedene Generationen leben häufig nicht mehr unter einem Dach. An die Stelle

der Großfamilie ist die Kernfamilie, bestehend aus Mutter, Vater und ein oder zwei Kindern, getreten. Daneben leben viele Menschen heute ohne einen festen Partner. Auch viele alte Menschen leben nach dem Tod ihres Partners allein.

Der Hund ist für eine große Zahl von Menschen heute ein wertvoller Ersatz für Familienmitglieder geworden. Hunde geben dem Menschen, der sich gut um sie kümmert, Treue, Sicherheit und dauernde Zuneigung. Ein Hund freut sich, wenn man mit ihm spazieren geht. Er lässt sich gerne auf ein kleines Spielchen mit einem Ball ein. Ein Hund begrüßt einen freudig, wenn man nach Hause kommt. Er gibt einem das Gefühl, nicht allein zu sein und gebraucht zu werden.

Psychologen haben festgestellt, dass es beruhigend auf den Menschen wirkt, wenn er ein Haustier bei sich hat, dass er streicheln kann. Das alles gilt nicht nur für den, der alleine lebt. Auch in der Familie macht ein Hund viel Freude und erfüllt viele Funktionen. Für Kinder ist der frühe, verantwortungsvolle Umgang mit dem Hund eine wertvolle Erfahrung. Ein ausgedehnter Sonntagsspaziergang mit Hund macht der ganzen Familie Spaß.

Der Hund ist für viele Menschen heute ein ständiger treuer Begleiter geworden. Für all die Freude, die er dem Menschen schenkt, darf er etwas erwarten – gute Behandlung. Das bedeutet nicht in erster Linie: viele Leckerbissen. Sie schaden dem Hund sogar möglicherweise. Gute Behandlung bedeutet für den Hund, dass der Mensch sich immer bemüht, ihn zu verstehen und ihn als eigenständiges Lebewesen schätzt und respektiert.

Eine artgerechte Haltung, zu der eine angemessene, aber nicht zu strenge Erziehung gehört, und viel Auslauf sind unabdingbar. Der Hund muss seinen eigenen festen Platz haben, an den er sich zurückziehen kann. Beim Fressen darf er nicht gestört werden. Wenn der Hund krank wird, kommt es vor, dass er es nicht mehr schafft, sein Geschäft an einer der erlaubten Stellen zu erledigen. Das darf nicht zur Gewohnheit werden, aber wenn er krank ist, ist er krank und kann nicht anders. Ein gut gehaltener Hund ärgert seinen Besitzer nicht mit Absicht. Böse werden Hunde durch falsche Behandlung.

Heute, mit einer viele Jahrtausende alten Geschichte der Beziehung zwischen Mensch und Hund, sollte der Mensch sich zurückbesinnen auf die Anfänge dieser Beziehung. Hundevorfahren und frühe Menschen haben sich gegenseitig etwas gegeben. Heute trägt der Mensch die Verantwortung dafür, dass diese Beziehung nicht zur Einseitigkeit verkommt.

Spaß mit dem Hund

Unzertrennliche Freunde

Die Hundesprache

Der Hund „sieht“ mit der Nase.

Hunde nehmen anders wahr als Menschen.

Info *Die Hundenase leistet hervorragende Arbeit – auch wenn sie auf den ersten Blick kleiner erscheint als die menschliche Nase. Tatsächlich ist die Hundenase eigentlich nicht kleiner – wenn man von der Fläche ausgeht, die für das Riechen zuständig ist. Die Hundenase hat weitaus mehr Riechzellen als die Menschennase – mehr als fünfzigmal so viele, schätzen Experten.*

Hunde nehmen anders wahr

So nimmt der Hund wahr

Auch wenn manch einer den Hund auf dem Sofa sitzen lässt, modisches Zubehör für den Vierbeiner kauft und behauptet, der kleine Racker würde jedes Wort verstehen, auch wenn ein anderer seinen Hund so dressiert, dass der durch Pfotenklopfen scheinbar selbstständig das Ergebnis einer Rechenaufgabe anzeigt: Es ist Unsinn, Hunde vermenschlichen zu wollen.

Sie sind keine Menschen, auch keine, oder besser: schon gar keine unvollkommenen Menschen. Sie sind Hunde – und damit in vielem ganz anders als wir. Das fängt schon bei einer ganz grundlegenden Sache an, bei der Wahrnehmung. Hunde lesen keine Zeitung. Das bunteste Gemälde kann für einen Hund ganz langweilig sein. Auch Fernsehen verleitet Hunde eher zum Einschlafen. Sehen steht für sie nicht an erster Stelle. Sie finden sich anders in der Umwelt zurecht als wir.

Hunde „sehen“ mit der Nase

Der Geruchssinn ist für den Hund so wichtig, dass man mit unseren Worten fast sagen könnte: Der Hund „sieht“ mit der Nase. Das ist für einen Menschen nicht leicht vorstellbar, denn der menschliche Geruchssinn ist im Vergleich zum Hundegeruchssinn ausgesprochen schwach entwickelt. Experten haben versucht, die sehr genaue Wahrnehmung des Hundes in Bilder zu übersetzen – aber auch solche Bilder können die Geruchseindrücke nur unvollkommen wiedergeben.

Man kann ja einmal versuchen, sich vorzustellen, welche verschiedenen Gerüche ein Hund beim Spaziergang über einen Bürgersteig wahrnimmt und welche Informationen diese Gerüche für den Hund liefern: Am Fuß eines Laternenpfahles sehen wir einen größeren, schon fast eingetrockneten Urinfleck. Für den Hund wird geruchsmäßig viel mehr deutlich, als er sehen kann. Er riecht, dass sein Rivale aus dem Nachbarhaus hier noch vor kurzer Zeit das Beinchen gehoben

hat, er riecht, dass davor eine Hündin uriniert hat, die er kennt – und die gerade läufig geworden ist. Ein kleiner Erdklumpen, den wir sehen, riecht für den Hund nach dem Beet, aus dem er stammt, nach der Pflanze, die daneben wächst, und nach dem Schuh, an dem er hergetragen wurde. Eine Tüte, vom Wind über den Bürgersteig gefegt, riecht nach einem bestimmten Geschäft und nach der Frau, die sie getragen hat.

Der Hund „sieht“ durch die Nase so viel mehr, als wir uns auf Anhieb vorstellen können. Man sagt, Hunde riechen sogar Salz sehr deutlich. Und Lebewesen haben einen Eigengeruch, den Hunde ausgesprochen deutlich wahrnehmen. Wir stellen einen solchen typischen Eigengeruch anderer Menschen normalerweise kaum fest. Uns steigen eher ein Parfüm oder andere Kosmetika und Pflegemittel in die Nase. Man nimmt auch schon einmal Schweißgeruch wahr oder den Geruch von Tabak oder auch von Alkohol. Aber einen typischen, unverwechselbaren Eigengeruch stellt man nur dann fest, wenn man einer Person sehr nahe kommt. So nahe brauchen Hunde längst nicht zu kommen. Sie brauchen nicht einmal im selben Moment in der Nähe einer Person zu sein, um sie mit der Nase identifizieren zu können. Für Hunde ist anhand von Duftspuren klar, wer vor einiger Zeit im Zimmer gewesen ist.

Schnüffeln ist für Hunde mindestens so wichtig wie für uns Menschen das Zeitunglesen und Tratschen. Darum gehören zu einem glücklichen Hundeleben ja auch unbedingt viele Schnüffelmöglichkeiten in der näheren und weiteren Umgebung. Beim Schnüffeln erfahren die Hunde, was in letzter Zeit passiert ist. Und nicht nur das: Sie treten aktiv ins Geschehen ein, indem sie mit einem kurzen Hinhocken oder Beinheben gleich auch noch Nachrichten von sich an die anderen Vierbeiner hinterlassen.

Hunde „sehen" auch mit den Ohren

Auch was die Hörfähigkeit angeht, sind uns Hunde überlegen. Sie können Töne hören, die für das menschliche Ohr nicht wahrnehmbar sind. Diese Tatsache hat man sich bei den so genannten Galton-Pfeifen zunutze gemacht. Solche Pfeifen können hervorragend bei Diensthunden im Bereich der Verbrechensbekämpfung eingesetzt werden: Mit der für Menschen „lautlosen" Pfeife kann man den Hund herbeirufen, ohne dass der Einbrecher etwas davon merkt.

Mit den Ohren wackeln, das kann längst nicht jeder Mensch. Hunde dagegen setzen ihre Muskeln im Ohrbereich ganz souverän ein. So können Hunde mit angeborenen Stehohren beispielsweise die Ohren zu Trichtern formen. Sie hören dann ein Geräusch, das in einem bestimmten Moment aus einer bestimmten Richtung kommt, besser.

Einige Geräusche, die der Hund nicht hören will, kann er gewissermaßen ausschließen – zum Beispiel die Stimme einer Person, die ihn ruft, wenn er nicht kommen möchte. Das heißt aber noch lange nicht, dass er in diesem Moment nichts hört: Füllt man Futter in seinen in der Nähe befindlichen Napf, wird ihm das wohl trotzdem nicht entgehen.

Wie sieht der Hund?

Man weiß nicht ganz genau, wie das Sehvermögen des Hundes gestaltet ist. Es ist insgesamt wohl weniger differenziert als das menschliche Sehvermögen. Hilfsweise kann man sich vorstellen, dass der Hund so etwas wie eine Schwarz-Weiß-Wahrnehmung hat. Das heißt nicht zwingend, dass er tatsächlich nur schwarzweiß sehen kann. Aber es verdeutlicht ein wenig, dass Farben für ihn vermutlich keine so wichtige Rolle spielen wie bei uns.

Eine Eigentümlichkeit des Sehens bei Hunden ist wohl auch, dass Gegenstände, die sich in Bewegung befinden, intensiver wahrgenommen werden als solche, die sich nicht bewegen. Das kann man sich zunutze machen, wenn man einen Hund ruft, der sich bei einem Spaziergang etwas weiter entfernt hat. Man ruft ihn und winkt gleichzeitig mit dem Arm. Das ist wirkungsvoller, als wenn man reglos stehen bleibt. Auch Jäger profitieren von dieser Wahrnehmungsweise der Hunde. Jagdhunde können teilweise weit entferntes Wild erkennen, das sich bewegt. Eine weitere Eigentümlichkeit des

Die Ohren sind gespitzt.

Schnüffeln ist besonders wichtig.

Hundesehens besteht darin, dass ihr Blickfeld teilweise erheblich weiter ist als das des Menschen. Das heißt, sie sehen nicht nur einen recht kleinen Ausschnitt, der vor ihnen liegt, sondern auch Dinge, die sich in einem bestimmten Abstand links und rechts davon befinden – ohne den Kopf zur Seite drehen zu müssen.

Hundekommunikation

Hundewahrnehmung und Hundesprache

Es ist interessant zu untersuchen, wie sich Hundewahrnehmung und Menschenwahrnehmung voneinander unterscheiden. Wenn man Hunde wirklich verstehen will, reicht es aber nicht, bei solchen Betrachtungen stehen zu bleiben. Wer begreifen will, was wichtig im Hundeleben ist, der muss auch die Sprache dieser Vierbeiner kennen lernen. Hundewahrnehmung und Hundesprache gehören so eng zusammen wie Menschenwahrnehmung und Menschensprache. Es ist ganz einfach: Wer anders wahrnimmt, äußert sich auch anders und umgekehrt. Das fängt schon damit an, dass Hunde keine Visitenkarten brauchen. Ihre Duftmarken reichen aus. Sie brauchen auch keinen Schmuck, keine noble Kleidung und keine Autos als Statussymbole. Wer der Stärkste ist und am meisten Macht besitzt, das machen sie auf andere Weise aus als wir Menschen.

Unterhaltung im Rudel: die Hundegesellschaft

Hunde sind gesellige Wesen. Sie brauchen das Leben in der Gemeinschaft, um sich wohl zu fühlen. Der Rudeltrieb ist ein Trieb, der zum Wesen des Hundes gehört. Vieles, was Hunde an sozialen Verhaltensmustern ererbt haben, kann man lernen, wenn man sich ansieht, was in einem Wolfsrudel vor sich geht.

Ein Wolfsrudel ist eine Gemeinschaft, die auf Erfolg aus ist: Anstatt alles allein anzugehen, tun sich die Tiere zusammen. Sie jagen, fressen und ruhen gemeinschaftlich. Als Rudel erreichen sie weit mehr, als wenn jedes Tier auf sich selbst gestellt wäre. Das aber ist nur möglich, wenn die Tiere nicht

Was dieser Hund wohl denkt?

Das ist ein liebevolles Spiel.

unorganisiert nebeneinander her leben. Das Miteinander will organisiert sein, und in diesen Organisationsfragen sind die Wölfe weiter entwickelt, als mancher Mensch ahnt.

Es gibt eine strenge Hierarchie und Arbeitsteilung im Rudel. Der Rudelführer hat viel Macht, aber auch viel Verantwortung. Bei Aufgaben, die er nicht allein bewältigen kann, gibt er Verantwortung und Macht ab. So erklärt sich auch die Position des „Stellvertreters“ oder Zweitmächtigsten. Rudelführer wird grundsätzlich das Tier, das dafür die besten körperlichen und geistigen Fähigkeiten mitbringt – dieses Tier wird allerdings nicht in einer Abstimmung gewählt. Rangkämpfe entscheiden darüber, wer diese Position besetzt. Dabei gibt es eine Reihe von Zeichen, Gebärden und Ritualen, die den ernsthaften Kampf ersetzen. Die Tiere signalisieren sich so auf unblutige Weise, wer stärker und wer schwächer ist.

Drohgebärden, Imponiergehabe, Unterwerfungsgesten – das ist noch längst nicht alles, was im Wolfsrudel an Kommunikation vorkommt. Signale werden auch gebraucht, um sich bei der gemeinsamen Jagd zu verständigen, beim Hetzen der Beute, beim Anpirschen oder auch, um das Revier nach außen hin abzugrenzen, um nahende Feinde anzukündigen, und in vielen Bereichen des täglichem Umgangs miteinander. Es muss klar gemacht werden, wem welcher Anteil an der Beute zusteht, Jungtiere müssen geschützt und erzogen werden. Um all diese Angelegenheiten zu regeln, haben die Rudelmitglieder eine Vielzahl typischer Verhaltensweisen entwickelt.

Viele solcher Verhaltensweisen kann man auch bei den heutigen Haushunden beobachten. Einiges, was Hunde tun, mag auf den ersten Blick merkwürdig, rätselhaft oder skurril erscheinen. Wer seinen Hund besser verstehen will, ist gut damit beraten, sich zu überlegen, in welchem Zusammenhang das Hundeverhalten entwickelt wurde. Das ist der Schlüssel zum Verständnis des Hundeverhaltens. Vieles klärt sich ganz einfach, wenn man sich einmal überlegt, welche Funktion damit im Rudel erfüllt wurde. Schließlich lebt der Hund ja auch heute noch in Rudeln – allerdings in gemischten, mit Menschen als Rudelführern.

Info *Was Hunde sagen wollen, das kann man mit etwas Geduld leicht lernen: Man sieht es an der Haltung ihres Körpers, ihres Kopfes und der Ohren. Ob Freude, Sympathie, Neugier, Ärger, Angst – man sieht es an der Mimik, an der Schwanzhaltung und daran, ob die Haare hochgestellt sind. Man hört es teilweise auch, denn Hunde geben eine Reihe verschiedener Laute von sich.*

Die beiden sind sich noch nicht einig.

Der Mensch hat die dominante Rolle im Zusammenleben und bei der Zucht der Hunde über viele Generationen hinweg eingenommen. Die heute verbreiteten Rassen sind nach Maßstäben gezüchtet worden, die Menschen wichtig erschienen und erscheinen. Viele Hunde werden heute aber gar nicht mehr in den Bereichen eingesetzt, für die man sie gezüchtet hat. Sie sind in großer Zahl Haushunde geworden – Begleiter des Menschen. Die geliebten Vierbeiner beweisen auch hierbei große Anpassungsfähigkeit. Die Sprache der Menschen sprechen sie aber nicht – auch wenn unsere Laute in Verbindung mit Gesten durchaus im Laufe der Erziehung Bedeutung für sie gewinnen. Es ist jedoch ebenso wichtig, dass der Mensch die Sprache des Hundes versteht. Die Hundesprache verstehen zu lernen, das ist nicht nur eine sinnvolle Angelegenheit, das macht sogar sehr großen Spaß! Eines sollte man vorweg wissen: Eine wörtliche Übersetzung gibt es nicht in allen Fällen. Was bestimmte Feinheiten bedeuten, wird sich dem Menschen nicht immer erschließen. Zudem haben Hunde eine ganze Reihe typischer Verhaltensweisen, einen Standard gewissermaßen. Aber es gibt auch individuelle Besonderheiten – so wie bei den Menschen ja auch der eine oder andere seine Lieblingsausdrücke in bestimmten Situationen benutzt.

Hier herrscht Harmonie.

Was sagt der Hund, wenn er bellt?

Das Bellen als typisches Hundeverhalten könnte so entstanden sein, dass Menschen über Generationen wiederholt die stimmgewaltigsten Vorfahren der heutigen Haushunde zur Vermehrung gebracht haben. Dass das Bellen nicht zwingend die natürliche Art der Hundeverständigung ist, führt man darauf zurück, dass Wölfe zu ihrer Verständigung auch kein Gebell brauchen. Sie setzen aber wohl differenzierte Laute ein.

Was der Hund von heute mit seinem Gebell meint, ist situationsabhängig: Es hat je nach Situation eine unterschiedliche Bedeutung, ist mal in einer bestimmten Weise und mal auch recht allgemein gemeint. Wenn ein wachsamer Hund bemerkt, dass sich jemand dem Grundstück nähert, dann bellt er. Damit zeigt er zunächst nur an, dass jemand kommt. Das Bellen drückt noch nicht konkret aus, ob es sich um einen fremden oder einen bekannten Menschen handelt. Wenn dieser Mensch sich als Fremder entpuppt, dann wird vielleicht weitergebellt und geknurrt – um den Eindringling zu warnen und um seine Ankunft den Menschen im eigenen „Rudel“ zu melden. Stehen Fremder und Hund sich gegenüber, wird der Hund den Fremden aber nicht in erster Linie durch sein Gebell „in Schach halten“ wollen. Der Hund setzt vielmehr Körperhaltung, Kopfhaltung und auch Mimik ein, um zu zeigen, was er meint. Wenn der Eindringling ein Bekannter ist, hört der Hund vielleicht auf zu bellen. Es kann aber auch sein, dass der Hund weiterbellt, weil er sich sehr über die Ankunft eines Menschen freut, den er mag. Es gibt viele verschiedene Anlässe für den Hund zu bellen. Der hundeunerfahrene Mensch wird vielleicht behaupten, Gebell sei Gebell, alles höre sich gleich an. Aber das stimmt so nicht. Am Klang des Gebells kann man häufig erkennen, was der Hund eigentlich meint. Das wird jeder bestätigen, der einen Hund näher kennen gelernt hat und in etwa weiß, was der Hund in verschiedenen Situationen ausdrücken will. Dennoch sollte das Bellen als Hundesprache nicht überbewertet werden. Die anderen Ausdrucksmittel, die dem Hund zur Verfügung stehen und eingesetzt werden, sind von ebenso großer Bedeutung.

Alles hat seine Bedeutung

Hunde unter sich und Hunde unter Menschen

Wölfe finden sich zu Rudeln zusammen. Die Haushunde, die heute von Menschen gehalten werden, können das nicht. Das Rudel, zu dem sie dauerhaft gehören, besteht in erster Linie aus Menschen, in manchen Fällen gehören auch noch andere Hunde dazu. Begegnungen von Hund zu Hund finden meist außerhalb des eigenen Rudels statt. Wenn die Hunde nicht gerade auf dem Land leben und den ganzen Tag frei herumlaufen, dann sind die Begegnungen mit Artgenossen von eher kurzer Dauer und davon abhängig, welchen Weg Herrchen oder Frauchen einschlägt. Die Begegnungen bei Spaziergängen dauern wenige Augenblicke, einige Minuten oder auch schon einmal mehrere Stunden – wenn mehrere Menschen sich zusammentun, um gemeinsam mit ihren Hunden spazieren zu gehen.

Obwohl die Begegnungen recht kurz sind, werden die typischen Verhaltensweisen eingesetzt, die man in ihrer Entstehung auf die Rudelzeit zurückführen kann. Der Hund setzt ein, was er schon als Welpe in seiner Hundefamilie gelernt hat. Viele der Verhaltensweisen sind nicht auf Begegnungen von Hund zu Hund beschränkt. Der Hund setzt sie auch ein, um dem Menschen Mitteilungen zu machen. Und dann gibt es noch weitere Verhaltensweisen, die der Hund speziell im Umgang mit dem Menschen zeigt, zum Beispiel das anerzogene Pfötchenheben, mit dem der Hund um etwas bettelt.

Info *Der Hund spricht nicht in Worten. Man geht sogar davon aus, dass das Bellen, das ja häufig als Hundesprache bezeichnet wird, nicht die typische natürliche Ausdrucksweise der beliebten Vierbeiner ist. Bellen wird vielmehr als typische Domestikationserscheinung gesehen. Man nimmt an, dass Hunde zur Verständigung nicht bellen würden, wenn der Mensch das Bellen im Laufe der Domestikation nicht gezielt gefördert hätte.*

Ein „gemischtes" Rudel: Mensch und Hund

Begrüßung von Hund zu Hund

Info *Hunde, die sich Auge in Auge gegenüberstehen und den Blick eine ganze Weile nicht voneinander abwenden, tragen einen Machtkampf aus. Es geht bei diesem gewaltlosen Ritual darum, festzustellen, wer der Überlegene und wer der Unterlegene ist. Der Überlegene behält den Blick auf die Augen des Rivalen gerichtet. Der Unterlegene wendet den Blick ab und gibt damit seine Unterlegenheit zu.*

Hochspringen

Das Hochspringen kann verschiedene Bedeutungen haben. Je nach Situation drückt der Hund etwas Freundliches oder etwas Unfreundliches damit aus. Ein Beispiel für die mehr oder weniger unfreundliche Absicht: Wenn zwei Hunde miteinander raufen, kann es sein, dass sie beide versuchen hochzuspringen. Sie stellen sich auf die Hinterbeine, wobei sie versuchen, mit den Hinterbeinen einen möglichst festen Stand zu gewinnen. Mit dem „Oberkörper", den Vorderpfoten und der Schnauze wird dann weitergerangelt. Als Teil einer solchen Situation kann das Hochspringen mehr oder weniger ernst gemeint sein – je nachdem, wie ernst die Lage ist. Es kann sich auch um eine rein spielerische Auseinandersetzung handeln.

Das Hochspringen kann aber auch außerordentlich freundlich gemeint sein. Eine typische Situation hierfür ist in Verbindung mit Hochschauen die Begrüßung des nach Hause kommenden Menschen – der darüber allerdings möglicherweise weniger erfreut ist, zum Beispiel, wenn er seine Sonntagskleidung trägt und der Hund noch vor wenigen Sekunden über den nassen Erdboden im Garten gelaufen ist.

Der spontane Wunsch nach Zuneigung kann ein weiterer Grund für das Hochspringen sein. Hund und Herrchen oder Frauchen sind vielleicht schon seit ein paar Stunden im Wohnzimmer. Plötzlich kommt der Hund angelaufen und springt an Herrchen oder Frauchen hoch, kratzt vielleicht gleichzeitig noch mit einer Pfote am Bein. In diesem Moment möchte der Hund, dass man sich um ihn kümmert, ihn anspricht und krault.

Ein guter Lösungsansatz, wenn man das Hochspringen nicht mag: den Hund mit einem nachdrücklichen, aber mild gesprochenen Befehl darauf hinweisen, dass dieses Verhalten nicht erwünscht ist und gleichzeitig einen Schritt zur Seite treten. Der Hund springt ins Leere. Beim Begrüßungshochspringen des Hundes muss man, wie bei allen anderen Erziehungsfragen auch, konsequent sein. Entweder man erlaubt es ihm grundsätzlich, oder man verbietet es ihm grundsätzlich.

Anstarren

Das Anstarren wird gelegentlich als Ersatz für den Kampf, gelegentlich aber auch als Vorstufe zum Kampf angesehen. In jedem Fall besteht eine starke inhaltliche Nähe zum Kampf. Manche Fachleute raten daher eindringlich davon ab, einem fremden Hund lange unverwandt in die Augen zu schauen, da er das als Herausforderung zum Kräftemessen interpretieren könnte.

Schwanzwedeln

Es gibt zwei Interpretationen für das Schwanzwedeln. Zum einen sagt man, es sei Teil des Begrüßungsrituals. Eine zweite Meinung sieht das Schwanzwedeln als Ausdruck für Unentschlossenheit an. Beide Meinungen schließen einander nicht aus. Als Teil des Begrüßungsrituals kann Schwanzwedeln die Aufgabe haben, den jeweiligen spezifischen Hundeduft zu verbreiten. Das würde bedeuten, dass der Hund sich mit dem Schwanzwedeln sozusagen vorstellt. Der typische Geruch eines Hundes kommt nämlich zu einem entscheidenden Teil aus den Duftdrüsen der Analregion. Indem der Hund den Schwanz hebt, kann der Duft stärker wahrgenommen werden; wenn der Hund mit dem Schwanz wedelt, wird der Duft sozusagen in der Umgebung verteilt.
Nach der zweiten Meinung wedelt der Hund mit dem Schwanz, wenn er zwei eher gegensätzliche Gefühle im selben Moment hat. Als Beleg dafür werden Beobachtungen angeführt, dass Welpen ab einem gewissen Alter mit dem Schwanz wedeln, wenn sie nebeneinanderliegend von der Mutter gesäugt werden. Das Schwanzwedeln wird als Ausdruck dafür gewertet, dass sich die Welpen einerseits bei ihren Geschwistern geborgen fühlen, diese andererseits aber auch als Rivalen erleben. Nach landläufiger Auffassung gilt das Schwanzwedeln allerdings eindeutig als Ausdruck der Freude.

Wälzen

Ein Hund wälzt sich grundsätzlich nur an Stellen, an denen es für ihn angenehm riecht. Wohlgemerkt: für ihn. Für den Menschen können diese Gerüche sehr unangenehm sein. Hunde wälzen sich nämlich zum Beispiel in Aas und Kot anderer Tiere. Dass ein Duft einem Hund besonders angenehm ist, kann durchaus einen in der Stammesgeschichte verwurzelten praktischen Grund haben. Diese Vermutung liegt nahe, wenn man beobachtet, in welchem Zusammenhang das Wälzen manchmal bei Wölfen auftritt: Ein Wolf, der sich in Aas oder Kot gewälzt hat, hat möglicherweise bessere Chancen, sich unbemerkt an seine Beute heranschleichen zu können. Das hängt damit zusammen, dass der eigentliche Wolfsgeruch bei den Beutetieren Angst auslöst und damit auch eher zur Flucht führt als Kot- und Aasgeruch. Wälzen kann man also einerseits als Versuch des Hundes sehen, sich zu tarnen. Dabei gehen Hunde sehr sorgfältig vor. Sie prüfen den Geruch an dieser Stelle zunächst gründlich und reiben zunächst eine Gesichtshälfte darauf. Nach dem Gesicht kommen die Schultern an die Reihe.
Eine zweite Erklärung für Wälzen ist weniger spektakulär: Hunde wälzen sich auch gerne einfach einmal aus Wohlbefinden. Es gibt noch eine dritte Erklärung, die wohl fast

Lob und ein Leckerchen sind gefragt.

Wälzen im sonnigen Gras

Findet sich noch etwas Brauchbares?

jeder Hundebesitzer kennt: Der Hund wälzt sich aus Gründen der Körperpflege, zum Beispiel nach einem Bad. Je nachdem, wo er sich wälzt, ist das Ergebnis des Bades dann wieder mehr oder weniger zunichte gemacht.

Aasfressen und Mülleimer leeren

Hunde und Menschen haben teilweise einen ausgesprochen unterschiedlichen Geschmack. Auch sehr teures Futter kann für den Hund unter Umständen langweilig schmecken – ein Knochen, der tagelang im Garten herumlag, ist dagegen eine Delikatesse für ihn. Hunde können mit Genuss so einige Dinge verzehren, die dem Menschen ausgesprochen widerlich erscheinen. Es kann bei unseren vierbeinigen Freunden manchmal sogar vorkommen, dass sie den Kot fremder Tiere fressen.

Die Vorliebe des Hundes für Aas hängt wohl nicht in erster Linie mit dem strengen Geschmack zusammen. Es ist grundsätzlich so, dass Hunde nur selten „nein" sagen, wenn sie irgend etwas gerade noch Verzehrbares finden. Man kann das mit ihrem ererbten Jagd- und Fresstrieb erklären. Wenn sie eine unbeaufsichtigte Mülltüte entdecken, kann es sehr gut sein, dass sie diese Tüte eifrig durchwühlen – nach dem Motto: Mal sehen, ob sich da nicht noch etwas Brauchbares für mich findet! Dieses Triebverhalten ist bei verschiedenen Hunden unterschiedlich stark ausgeprägt. Grundsätzlich ist das „unersättliche" Verhalten leicht zu verstehen: In freier Wildbahn fanden ihre Vorfahren nicht jeden Tag einen gefüllten Fressnapf vor. Man kann das Aasfressen auch bei wild lebenden Wölfen beobachten. Wilde Tiere müssen in der Regel nehmen, was sie finden, und können es sich nicht leisten, wählerisch zu sein. Die Tatsache, dass Hunde bei der Nahrungsauswahl nicht eben wählerisch sind, stößt auch nicht überall auf Kritik. Wie schon in frühen Jahrtausenden üblich, werden in einigen Regionen noch heute Hunde als Abfall- und Aasvertilger gehalten oder zumindest gern geduldet.

Urinieren, Koten und Scharren

Hunde trinken, fressen, verdauen und müssen sich der Verdauungsprodukte zu einem späteren Zeitpunkt entledigen – das ist ganz natürlich.

Aber sie erledigen ihr Geschäft gerne nicht an irgendeiner Stelle, sondern an bestimmten bevorzugten Stellen. Das Urinieren und Koten erfüllt in sehr vielen Fällen noch einen ausgesprochen wichtigen Nebenzweck: Die Ausscheidungen enthalten Duftstoffe, mit denen die Reviergrenzen markiert werden. Der Urin enthält einen körpereigenen Duft. Ebenso der Kot: Die „persönliche" Duftnote kommt aus Duftdrüsen in der Analgegend. Auch frei lebende Wölfe markieren die Grenzen des Reviers, in dem sie und ihr Rudel leben, mit solchen Duftstoffen. Grundsätzlich kommen nicht nur Urin und Kot, sondern auch andere Körperausscheidungen, zum Beispiel der Speichel, als Markierungsmittel in Frage.

Gleich zwei Funktionen werden mit dem Markieren erfüllt: Das Tier erkennt, ob es sich im eigenen Revier befindet, wenn es später an eine solche Stelle zurückkehrt. Fremde Tiere, die sich den markierten Stellen nähern, bemerken, dass sie in ein fremdes Gebiet eindringen. Der Informationsaustausch auf diesem Weg ist rege. Ein Hund uriniert an einer bestimmten Stelle. Der nächste Hund, der vorbeikommt, schnuppert und weiß, ob sein Vorgänger ein Rüde oder eine Hündin ist – und in letzterem Fall auch, ob die Hündin gerade läufig ist. Es werden ganz selbstverständlich auch ältere Duftspuren identifiziert – und in vielen Fällen wird dann gleich das eigene Erkennungszeichen daraufgesetzt.

Rüden sind in diesem Geschehen aktiver als Hündinnen. Sie heben ihr Beinchen an sehr vielen Stellen. Eine Schätzung besagt, dass Hunde ohne Probleme bis zu achtzigmal pro Stunde urinieren könnten – hier ein oder zwei Tröpfchen, dort auch noch ein oder zwei. Hündinnen markieren besonders eifrig, wenn sie läufig sind. Je mehr Stellen sie mit ihrem Urin benässen, um so größer ist die Wahrscheinlichkeit, dass ein Rüde erfährt, dass sie läufig sind. Dass Hunde gern an Baumstämmen urinieren, kann man damit erklären, dass sich der Duft dort besonders lange hält. Dabei wird die Duftmarke meist in Nasenhöhe hinterlassen.

Menschen benutzen Zeitungen, Annoncen, Visitenkarten, Werbeplakate und vieles mehr, um Informationen weiterzugeben – Hunde geben einen großen Teil der für sie wichtigen Informationen über die Platzierung ihrer Ausscheidungen weiter. Wer das weiß, wird beim Gassigehen und auf Spaziergängen den schnüffelnden, urinierenden und kotenden Hund nicht guten Gewissens weiterziehen: Der Vierbeiner muss ja nicht nur sein Geschäft erledigen; er hat gleichzeitig noch eine zweite wichtige Aufgabe zu erfüllen.

Man kann auch beobachten, dass Hunde im Zusammenhang vor allem mit der Kotabsonderung scharrende Bewegungen machen. Warum sie das tun, ist nicht eindeutig geklärt. Man nimmt unter anderem an, dass sie dieses Verhalten zeigen, um den Geruch noch weiter zu verteilen. Zu dieser Überlegung passt allerdings nicht die Beobachtung, dass die Hunde den Kot selbst nicht berühren, ihn also nicht direkt verteilen. Ein anderer Erklärungsversuch geht davon aus, dass sie einen kleinen Erdhügel zusammenzuscharren versuchen, um so die Reviermarkierung auch besser sichtbar zu machen.

Der eine markiert ...

... der andere schnüffelt.

Zähne fletschen

Hunde verteidigen ihr Revier. Sie verteidigen Wohnungen, Häuser und ganze Grundstücke gegen Eindringlinge. Sie verteidigen aber auch schon einmal einen sehr kleinen Raum, zum Beispiel ein Auto. Dabei ist es – ob Auto oder großes Gelände – in der Regel so, dass ein Hund nicht plötzlich und ganz ohne Ankündigung auf den Eindringling zu stürzt. Es ist üblich, den unerwünschten Besuch vorher zu warnen. Eine Warnung läuft in typischer, ritualisierter Weise ab.

Zum Warnverhalten gehört das Zähnefletschen. Der Hund zieht die Lefzen hoch und entblößt seine Zähne. Er macht damit nichts anderes, als seine Waffen zu zeigen – frei übersetzt: Sieh her, was ich hier habe, willst du es dir nicht besser anders überlegen und weggehen?

Drohen kann auch zum Spiel gehören.

Knurren und Zähnefletschen gehört zum Warnverhalten.

Das Zähnefletschen als Aufforderung an den Eindringling, das Feld zu räumen, kann von anderen Verhaltensweisen unterstützt oder abgelöst werden. Dazu gehört das Bellen. Begleitend können auch in typischer Weise die Ohren gehalten werden, was bei angeborenen Stehohren besonders deutlich wird: Aufgerichtete Ohren symbolisieren eher die Absicht, Stärke zu beweisen und es notfalls auf einen Kampf ankommen zu lassen.

Wenn ein Hund warnt, sollte man die Warnung unbedingt ernst nehmen. Wer trotz Zähnefletschen meint, den Hund streicheln zu müssen, vielleicht weil er bisher die Erfahrung gemacht hat, dass Hunde ihn ganz gerne mögen, der liegt ganz schnell falsch mit seiner Einschätzung. Ungerechterweise kommt es immer mal wieder vor, dass in einem solchen Fall der Hund auch noch angebrüllt wird, wenn er zuschnappt – dabei hatte er doch ordnungsgemäß gewarnt und ist nicht ernst genommen worden!

Eine ganze Reihe von Drohgebärden sind auch ohne die Lektüre von Fachliteratur schon intuitiv zu verstehen. Ein Hund, der die Zähne fletscht, sieht nun einmal alles andere als einladend aus. Für den Hundefreund empfiehlt es sich aber durchaus, auch die Drohgebärden und die Drohmimik des Hundes einmal genauer zu studieren. Auch für den, der große Angst vor Hunden hat, kann es sehr vorteilhaft sein, sich mit diesem Thema gründlich zu befassen. Die Reaktion der gefürchteten Vierbeiner wird damit nämlich ein ganzes Stück berechenbarer, was vielleicht schon dazu führt, dass man weniger ängstlich ist.

Durch das Gesicht lecken

Unter hygienischen Gesichtspunkten ist es abzulehnen, dass der Hund einem mit der Zunge durch das Gesicht fährt. Das wird schnell klar, wenn man sich überlegt, wo der Hund sonst noch mit seiner Zunge entlangschleckt. Er reinigt sich selbst gründlich mit der Zunge. Er leckt auch am Körper eines anderen Hundes. Er ist zudem nicht zimperlich, wenn es darum geht, etwas interessant Riechendes von der Straße aufzulecken.

Dennoch meint der Hund es sehr gut, wenn er einem Menschen durch das Gesicht zu lecken versucht. Er will dem Menschen seine Zuneigung und seine Unterwerfung demonstrieren. Es zeugt also nicht gerade von Feinfühligkeit, den Hund für einen solchen Liebesbeweis strafen zu wollen. Der vernünftige Hundehalter hält seinen allzu liebevollen Hund durch mildes, aber entschlossenes Vorgehen davon ab, seine Zuneigung so zu äußern.

Dass der Hund gerade das Gesicht und nicht eine andere Stelle am Körper leckt, lässt sich aus seiner frühen Entwicklung erklären. Ganz banal gesprochen: Liebe geht durch den Magen. Hundemütter erbrechen gelegentlich Nahrung, um sie so – in vorverdautem und deshalb für die Welpen ungefährlicherem Zustand – dem Nachwuchs anzubieten. Die Kleinen können dieses Verhalten fördern, indem sie sich dem Maul der Hundemutter nähern, es stupsen oder lecken. Betteln um Nahrung und Zuneigungsbekundung finden sich in einer Geste vereint.

Auf den Rücken werfen

Hunde können es ganz offen zeigen, wenn sie sich unterlegen fühlen und einem anderen Hund unterwerfen. Der Ausdruck „unterwerfen" ist dabei durchaus wörtlich zu nehmen. Ein Hund, der weitere Auseinandersetzungen vermeiden will, macht sich klein und zeigt sich ungeschützt. Im Extremfall, der nicht selten vorkommt, legt der Hund sich auf den Rücken, hebt die Pfoten ein wenig an und bietet dem vierbeinigen Gegner die empfindliche Kehle und den empfindlichen Bauch ungeschützt dar. Beim Gegner bewirkt dieses Verhalten in der Regel, dass er sich als Sieger fühlt und von weiteren aggressiven Handlungen absieht.

Unterwerfung zeigen, das ist in der Konfrontation von Hund zu Hund ganz klar ein demütiges Friedensangebot. Gegenüber dem Menschen kann diese Gebärde durchaus mit dem Wunsch nach Zärtlichkeit verknüpft sein. Ein Hund, der sich vor einem auf den Rücken wirft, sagt damit nicht nur, dass er selbst nichts Böses tun will. Er will vielmehr auch, dass man ihm etwas Gutes tut. Und wie zeigt man, dass man den Hund verstanden hat? Man tätschelt und krault Brustkorb und Bauch. Die Verständigung zwischen Hund und Mensch kann ganz einfach sein.

Hat der Hund ein schlechtes Gewissen?

Viele Hundebesitzer kennen das: Der Hund kommt mit eingezogenem Schwanz langsam auf Frauchen oder Herrchen zu, zeigt eine geduckte Körperhaltung, hat den Kopf ebenfalls geduckt und schaut scheinbar schuldbewusst von unten herauf. Aufgrund solcher Verhaltensweisen wird oft gesagt, mein Hund weiß schon, wenn er etwas ver-

Auch Hunde unter sich sind sehr liebevoll.

Info *Durch Unterwerfungsgesten werden schlimmere Auseinandersetzungen vermieden. Die Gesten erfüllen damit eine ausgesprochen wichtige Funktion. Dieses Auf-den-Rücken-werfen ist längst nicht die einzige Ausdrucksmöglichkeit in dieser Richtung. Unterordnung können Hunde auch zeigen, indem sie dem Blick ausweichen, den Kopf hängen lassen, die Ohren anlegen oder den Kopf einziehen. Dabei sollten solche einzelnen Gesten immer im Situationszusammenhang gesehen werden. Nicht jede Geste hat in jeder Situation dieselbe Bedeutung.*

Zuneigungsbekundungen auf besondere Weise – durchs Gesicht lecken

Vollständige Unterwerfung

brochen hat. Er guckt dann ganz schuldbewusst!
An dieser Vermutung wird wohl etwas Wahres, aber auch viel Unwahres sein. Der Hund wird wahrscheinlich kein schlechtes Gewissen, wie wir es definieren, haben. Was er hat, ist einfach zu verstehen. Er hat das Gefühl, etwas falsch gemacht zu haben, und nun hat er Angst vor einer Bestrafung. Diese Angst lässt ihn so geduckt herumschleichen. Von Einsicht oder auch einem schlechten Gewissen zu reden, wäre allerdings eine Vermenschlichung.

Führt das zu einem schlechten Gewissen?

Auf dem Sofa sitzen

Wer hat eine solche Szene noch nicht beobachtet: Da mag der Hund im Flur ein teures Körbchen haben, im Wohnzimmer noch eine Luxusdecke – und wo liegt der Hund am liebsten? Auf dem Sofa! Es muss auch nicht immer das Sofa sein – das Bett oder der Fahrersitz im Auto erfüllen die gleiche Funktion. Eine achtlos auf den Boden geworfene getragene Jeans übrigens auch: Es ist gut möglich, dass sich der Hund, sobald er sich unbeobachtet glaubt, spätestens aber, wenn Herrchen oder Frauchen weg sind, zufrieden darauf zusammenrollt.
Der Hund will den Menschen damit nicht ärgern. Er will lediglich den geliebten Menschen besonders nahe sein. Und deshalb sind Plätze, an denen sie selbst am liebsten sitzen, und Sachen, die nach ihnen riechen, besonders attraktiv. Das Verhalten des Hundes ist also eigentlich nicht „schlimm". Aber es ist trotzdem jedem Hundebesitzer zu empfehlen, Bett, Sessel und Sofa gleich von Anfang an liebevoll, aber energisch zu Tabuzonen für den Hund zu erklären und auch bei dieser Linie zu bleiben. Denn einmal nachhaltig erobert, wird das Sofa für den Hund zum persönlichen Besitz. Damit, dass der Hund sich auf den Fahrersitz schleicht, wenn man ihn einmal für kurze Zeit im Auto lassen muss, kann man vielleicht schon eher auskommen. Wer seinen Hund oft im Auto mitnimmt, sollte allerdings einen hinteren Bereich für den Hund mit einem Netz abteilen. Andernfalls ist der Ärger vorprogrammiert, denn wer will schon bei jeder Autofahrt seine helle Kleidung beschmutzen, wenn er sich auf den Sitz setzt, der in der Abwesenheit zum Hundesitz wird?

Sphinx-Haltung

Wenn der Hund sich in eine Haltung begibt, die dem berühmten ägyptischen Bauwerk ähnelt – wobei der Hund allerdings die Hinterläufe stark aufstützt – dann ist das eine Aufforderung zum Spiel. Der Hund schaut den Artgenossen oder auch den Menschen mit einem besonderen Gesichtsausdruck an

Der Vierbeiner auf dem Sofa

und macht möglicherweise ruckartige Bewegungen nach vorne. Für einen Menschen, der so fixiert wird, ist es genau dann Zeit, die Lieblingsspielzeuge des Hundes herauszuholen und sich vielleicht auch auf eine kleine, nicht ernst gemeinte Rangelei einzulassen.
Es ist umstritten, woher diese Haltung und die Bewegungen kommen. Klar ist, dass der Hund, der wie auch der Mensch sogar in hohem Alter noch sehr verspielt sein kann, irgendwie signalisieren muss, dass man sich doch jetzt bitte auf ein Spielchen mit ihm einlassen möge. Gleichzeitig darf diese Aufforderung aber nicht als Aggression missverstanden werden. Damit wird wiederum deutlich, dass recht ähnliche Gebärden je nach Kontext eine abweichende Bedeutung haben können.

Sphinx-Haltung – Aufforderung zum Spiel

Die Sphinx-Haltung ist nicht die einzige Möglichkeit des Hundes, zum Spiel aufzufordern. Eine weitere typische Verhaltensweise besteht darin, dass der Hund das Spielzeug herbeibringt und danach schnappt, sobald man sich ihm nähert. Ärgern will er seinen potenziellen Spielkameraden damit nicht, aber herausfordern. Und etwas einfach so hergeben, das liegt nicht in der Natur des Hundes.

Der Hund bekommt fast alles mit.

Woher weiß der Hund, wann wir in Urlaub fahren?

Wer einen Hund hat, kennt die folgende Situation: Ein, zwei Tage vor der Abreise wird der Hund unruhig, er bleibt nicht an seinem Platz liegen, er beobachtet Herrchen und Frauchen aufmerksamer als sonst und weicht ihnen nicht von der Seite.
Warum verhält sich der Hund so? Wohl kaum, weil er das Telefongespräch mit dem Fremdenverkehrsamt belauscht hat. Der Hund reagiert so aufgeregt und misstrauisch, weil er bemerkt, dass sich etwas verändert in seiner Umgebung. Hunde sind Gewohnheitstiere. Es entgeht ihnen keinesfalls, dass auf dem Bett plötzlich ein Koffer liegt, dass Schuhe dort stehen, wo sie sonst nicht stehen. Was dem Hund auch nicht entgeht: dass Herrchen und Frauchen ein wenig aufgeregt sind und deshalb auch ein wenig anders riechen als sonst. Für uns Menschen mag das unmerklich sein, für den Hund nicht. Er „sieht“ schließlich mit der Nase.

Info *Der Hund spielt um so angenehmer, je besser er das Spielen als Welpe gelernt hat. Welpen untereinander setzen sich klare Grenzen. Wer dem anderen weh tut, wird zurechtgewiesen. Ein Hund, der diese wesentlichen frühen sozialen Kontakte nur in unzureichendem Maß genossen hat, wird auch später beim Spielen nicht der angenehmste Kamerad sein. Man kann ihn durch energische, aber unbedingt beherrschte Reaktionen darauf hinweisen, dass er sich zu grob verhält. Das werden auch die Artgenossen tun, mit denen er spielt – wenn sie ihm gewachsen sind. Gerade kräftige, große und aggressive Hunde, die die Grenzen zwischen Spiel und Ernst nur ungenügend kennen, können unangenehme Spielkameraden sein.*

Kleines Hunde-Wörterbuch

Abhaaren: Wenn der Haarwechsel stattgefunden hat, spricht man davon, dass der Hund abgehaart ist.

Abzahnen: So nennt man den Wechsel des Milchgebisses bei Hunden. Der Wechsel findet etwa zwischen dem vierten und dem siebten Lebensmonat statt.

Abzeichen: So heißen anders gefärbte Flecken im Hundefell. Abzeichen können z. B. an den Pfoten, um die Augen, am Hals, am Fang, an der Rute und an vielen anderen Stellen auftreten.

Afterklaue: Mit diesem Ausdruck bezeichnet man den verkümmerten Zeh am Hinterlauf. Andere Ausdrücke für die Afterklaue sind: Afterkralle, Afterzehe oder auch Wolfszehe.

Afterrutschen: Der Hund rutscht mit dem After über den Boden und zieht sich dabei mit den Vorderpfoten vorwärts. Man nennt diese Verhaltensweise auch Schlittenfahren. Afterrutschen kann ein Anzeichen für eine Erkrankung oder einen Wurmbefall sein.

Ahnentafel: Mit der Ahnentafel weist man offiziell die Abstammung von Rassehunden nach. Die Ahnentafel enthält eine Reihe von Angaben über Herkunft, Geburt und Merkmale des Hundes. Sie ist sozusagen der Personalausweis für den Hund.

Allerweltshund: So wird umgangssprachlich ein Hund bezeichnet, der sich mit jedem Fremden auf Anhieb genauso gut versteht wie mit seinem Herrchen oder Frauchen. Diesen Hunden fehlt ein natürlicher Abstand und ein natürliches Misstrauen gegenüber Menschen, die er noch nicht kennt.

Angstbeißer: So werden Hunde genannt, die aus Angst, wenn sie nicht fliehen können, angreifen – obwohl vielleicht gar keine Gefahr besteht. Diese Hunde empfinden bei kleinsten Anlässen große Angst. Die Angst kann angeboren oder in schlechter Aufzucht und Haltung begründet sein.

Anschlagen: Wenn ein wachsamer Hund unbekannte Geräusche hört, schlägt er an. Das heißt, er bellt, um zum Beispiel anzuzeigen, dass sich ein Fremder dem Grundstück nähert.

Apportieren: Das ist der lateinische Ausdruck dafür, dass der Hund etwas auf Kommando herbeibringt.

Ascaridae: Ascaridae ist ein anderer Ausdruck für Spulwürmer.

Ausarbeiten: Wenn ein Jagdhund mit Erfolg der Spur des flüchtigen Wildes folgt, spricht man davon, dass er die Spur ausarbeitet.

Ballen: Die Ballen befinden sich an der Unterseite der Pfoten. Sie dienen beim Auftreten als Polster.

Bastard: So wird in der Umgangssprache ein Hund genannt, der nicht reinrassig ist.

Behang: Das ist ein anderer Ausdruck für Hundeohren, die herabhängen.

Beißhemmung: Sie entsteht bei einem Hund dadurch, dass ein anderer Hund sich ihm gegenüber in eine Demutshaltung begibt. Eine solche Demutshaltung ist zum Beispiel die Rückenlage. Die Beißhemmung bewirkt, dass der Hund den sich ihm unterlegen zeigenden Hund nicht ernsthaft verletzt.

Belegen: Das ist ein anderer Ausdruck für den Deckungsakt. Anstatt zu sagen, ein Rüde deckt eine Hündin, spricht man dann vom Belegen.

Birkauge: Ein Auge wird Birkauge genannt, wenn stellenweise ein Pigment in der Iris (Regenbogenhaut) fehlt.

Black and Tan: So heißt in englischer Sprache eine Kombination von Schwarz und lohfarben.

Blesse: Ein streifenförmiges weißes Abzeichen auf der Stirn wird so genannt.

Bringsel: So bezeichnet man einen kleineren wurstförmigen Lederbeutel, der am Halsband von Sanitäts-, Rettungs- oder Katastrophenhunden befestigt wird. Die Hunde gehen ohne Leine auf die Suche nach verletzten, verschütteten oder eingeschlossenen Personen. Bei einem Fund nimmt der Hund das „Bringsel" in die Schnauze, kehrt zum Hundeführer zurück und führt diesen zur Fundstelle.

Broken Colour: Mit diesem englischen Ausdruck bezeichnet man das Durchbrechen einer dominanten Farbe durch eine hellere.

Brunst: Die Brunst ist die Zeitspanne, innerhalb derer eine Hündin gedeckt werden kann. Eine solche Phase dauert insgesamt etwa drei Wochen. Die erste Woche davon wird als Vorbrunst bezeichnet, die beiden folgenden Wochen nennt man Hochbrunst. Eine Befruchtung kann am günstigsten in der zweiten Woche der Hochbrunst stattfinden. Hündinnen erleben die Phase der Paarungsbereitschaft zweimal jährlich. Sie wird nicht nur als Brunst, sondern auch als Läufigkeit oder Hitze bezeichnet.

CAC: Diese Abkürzung steht für Certificat au Championat und ist eine national gültige Auszeichnung für Ausstellungshunde.

Caniche: Der Pudel wird in der französischen Sprache so genannt.

Canis: Das ist eine wissenschaftliche Gattungsbezeichnung in lateinischer Sprache, mit der unter anderem Hunde eingeordnet werden. Der Hund heißt genauer Canis familiaris. Der Wolf trägt die Bezeichnung Canis lupus.

Cave canem: Das ist eine warnende Aufforderung in lateinischer Sprache. Sie bedeutet übersetzt: Hüte dich vor dem Hund.

Cestoden: Dies ist ein anderer Ausdruck für Bandwürmer.

Chops: So werden in englischer Sprache Lefzen in einer bestimmten hängenden Form genannt.

Cobby: Cobby ist ein englischer Ausdruck für Hunde mit einer gedrungenen Körperform.

Couleur-Hunde: In früheren Zeiten nannte man so die Hunde, die studentischen Verbindungen gehörten.

Decken: Ein Ausdruck für die Paarung von Hunden. Man sagt, eine Hündin wird von einem Rüden gedeckt.

Deckhaar: Beim Hundefell unterscheidet man die Unterwolle und das darüber hinauswachsende Deckhaar. Je nach Länge und Beschaffenheit hat man dem Deckhaar noch besondere Bezeichnungen gegeben.

Demutsstellung: Wenn ein Hund gegenüber einem anderen Hund eine Demutsstellung einnimmt, signalisiert er, dass er unterlegen ist. Damit sollen ein weiterer Kampf zwischen den Hunden und ernsthafte Verletzungen vermieden werden.

Diensthunde: Das ist ein Sammelbegriff für Hunde, die ausgebildet werden, um bei bestimmten Behörden eingesetzt zu werden, zum Beispiel bei der Polizei. Diensthunde werden meist nach ihrer Tätigkeit unterschieden und dementsprechend bezeichnet, beispielsweise als Katastrophenhunde.

Dingo: So werden verwilderte Haushunde genannt, die in Australien leben. Es gibt verschiedene Meinungen darüber, wie und wann es zu diesem Verwildern gekommen ist.

Domestikation: Die Domestikation ist der Vorgang, bei dem aus Wildtieren im Laufe der Zeit Haustiere werden. Dabei verändern sich über Generationen hinweg körperliche und Wesensmerkmale der Tiere. „Domestikation" ist ein lateinischer Ausdruck. Der Ausdruck wird von dem lateinischen Wort „Domus" abgeleitet. „Domus" bedeutet „Haus". „Domestikation" lässt sich mit dem deutschen Ausdruck „Haustierwerdung" übersetzen.

Down: Der englische Ausruf „Down!" bedeutet sinngemäß „Platz!".

Drahthaar: So wird raues, hartes Fell bezeichnet. Der Deutsch Drahthaar hat, wie schon der Name sagt, solch drahtiges Deckhaar.

Duftmarke: Damit grenzen Hunde ihr Revier ab. Sie markieren die Reviergrenzen mit Urin.

Ein-Mann-Hund: So nennt man einen Hund, der nur einen Menschen als enge Bezugsperson akzeptiert und andere Menschen ablehnt. Dieser Begriff bezeichnet das Gegenteil des Allerweltshundes.

Epagneul: In der französischen Sprache ist das die Bezeichnung für Vorstehhunde vom Spanieltyp.

Erdhunde: Mit dieser Bezeichnung werden verschiedene Hunderassen erfasst, die bei der Jagd in unterirdischen Bauten und Höhlen eingesetzt werden. Der Dackel wurde früher mit einem verwandten Begriff benannt: Man sagte zum Dackel Erdmann.

Exterieur: Das ist der französische Ausdruck für das Aussehen, die äußere Erscheinung. Er wird im Zusammenhang mit Rassestandards gebraucht.

Fahne: Wenn die Haare an der Rute lang herunterhängen, spricht man von einer Fahne. Es wird auch der englische Ausdruck „Flag" verwendet.

Faking: Dieser englische Begriff hat im Zusammenhang mit Ausstellungen und Wettbewerben Bedeutung. Durch Faking will man einen Hund auf unerlaubte Weise schöner aussehen lassen, als er natürlicherweise ist.

Fang: Der Fang ist der vordere Teil des Hundekopfes. Umgangssprachlich könnte man „Hundeschnauze" dazu sagen. Die verschiedenen Hunderassen weisen unterschiedliche Fangformen auf. So hat zum Beispiel der Windhund einen langen Fang, der Boxer zeichnet sich durch einen kurzen Fang aus.

Fassbeinig: Einen fassbeinigen Hund würde man in der Umgangsprache O-beinig nennen.

Fehlfarben: Dies sind Haarfärbungen, die nicht dem für eine Hunderasse vorgesehenen Rassestandard entsprechen. Reinweiß mag beispielsweise bei einer Rasse erwünscht sein, bei einer anderen Rasse aber als Fehlfarbe angesehen werden.

Feinhörig: Ein feinhöriger Hund folgt auch dem leisesten Kommando.

Feu: Das ist der französische Ausdruck für Feuer. Er bezeichnet im Zusammenhang mit Hunden die rotbraune Färbung des Fells.

Flaumhaare: Damit werden die sehr feinen Haare der Unterwolle des Fells bezeichnet.

Fluchttrieb: Empfindet der Hund Angst, zum Beispiel weil ihm jemand zu nahe kommt, bewegt ihn sein Fluchttrieb dazu wegzulaufen. Ist ihm das nicht möglich, kann er aggressiv reagieren, also angreifen – weil er sich bedroht fühlt.

Format: Man nennt die grobe Gestalt eines Hundes Format. Es werden rechteckige und quadratische Formate unterschieden. Wenn man sagt, ein Hund hat ein rechteckiges Format, drückt man damit aus, dass er einen Körperbau hat, der mehr in die Länge als in die Höhe geht.

Fransen: Auffallend lange Haare an den Hundeohren nennt man Fransen.

Frei folgend: Ein frei folgender Hund geht ohne Leine bei Fuß.

Galopp: Nicht nur beim Pferd, sondern auch bei Hunden bezeichnet man damit eine Gangart. Besonders schnelle Hunde erreichen im Galopp Geschwindigkeiten von bis zu gut 70 km/h.

Galton-Pfeife: Diese Pfeife erzeugt Töne, die zwar der Hund, nicht aber der Mensch hört. Ihr Einsatz hat zum Beispiel bei Diensthunden den Vorteil, dass der Hund einen Pfiff wahrnimmt, nicht aber der Verbrecher – der anderenfalls gewarnt werden würde und dann die Flucht ergreifen könnte.

Gangarten: Zu den Gangarten des Hundes zählen Schritt, Trab, Pass und Galopp.

Gebiss: Das Gebiss des Hundes besteht aus 42 Zähnen. Dazu gehören Schneidezähne, Fangzähne, vordere Backenzähne und hintere Backenzähne, und zwar jeweils im Oberkiefer und im Unterkiefer.

Gebrauchshunde: Hunde, die für den Menschen Arbeiten übernehmen, werden als Gebrauchshunde bezeichnet. Hunde, die der Mensch zu seinem Vergnügen hält, werden als Luxushunde bezeichnet. In vielen Fällen ist es heute so, dass nicht mehr die Rasse, der ein Hund angehört, festlegt, ob er ein Gebrauchs- oder ein Luxushund ist. Viele Hunderassen sind traditionell Gebrauchshunde, werden aber auch als Luxushunde gehalten. Rottweiler sind ein Beispiel dafür. Es gibt aber auch noch wenige Hunderassen, bei denen es sich nicht empfiehlt, sie als Luxushunde zu halten.

Geflügelfromm: Ein geflügelfrommer Hund greift Geflügel nicht an.

Geläut: Damit ist nicht Glockengeläut, sondern Hundegebell gemeint. Man spricht von Geläut, wenn eine Meute von Jagdhunden beim Verfolgen einer Spur bellt.

Gestromt: Man nennt das Hundefell gestromt, wenn es auf einer helleren Farbe dunkle Querstreifen aufweist.

Glasauge: Wenn bei einem Hund in der Iris (Regenbogenhaut) keine Pigmente vorhanden sind, spricht man von einem Glasauge. Ein Glasauge ist hell.

Grannen: Mit diesem Ausdruck bezeichnet man harsche Deckhaare, die über die Unterwolle hinausragen.

Grasfressen: Wenn der Hund Gras frisst, kann er leichter erbrechen. Das hilft ihm, sich von unverdaulichen Knochenstücken oder anderem Unverdaulichem zu befreien.

Hakenzähne: Hakenzähne nennt man die vier Eckzähne des Hundes.

Hals geben: Das ist in der Jägerfachsprache ein Ausdruck für bellen.

Hasenpfote: Mit diesem Ausdruck wird eine bestimmte Form von Hundepfoten bezeichnet. Man nennt eine Hundepfote eine Hasenpfote, wenn sie eher flach und oval als rund und dick geformt ist. Es wird auch der englische Ausdruck „spoon foot" gebraucht.

Hecheln: Beim Menschen sind die Schweißdrüsen über den Körper verteilt. Bei Hunden ist das nicht der Fall. Wenn ihnen zu heiß wird, schwitzen sie nicht am ganzen Körper. Um sich vor Überhitzung zu schützen, bleibt ihnen die Möglichkeit, hechelnd Wärme abzugeben. Dabei ist die Atmung sehr rasch und sehr flach.

Heimkehrtrieb: Hunde freuen sich, wenn sie nach Hause kommen. Das hängt mit dem Heimkehrtrieb zusammen. Dieser Trieb ist ein Erbe des Wolfes. Die Wölfe hatten den Drang, zu ihrem Rudel zurückzukehren. Das erfüllte unter anderem den Zweck, dass die Jungen von ihren Eltern gefüttert und nicht im Stich gelassen wurden. Auch heute noch hört man oft erstaunliche Berichte über Hunde, die selbst über weite Strecken zu ihrem Frauchen oder Herrchen zurückfinden.

Hosen: Hosen nennt man längeres Fell an der Rückseite des Hundeoberschenkels.

Hundebürste: Eine Hundebürste ist eine besondere Bürste, die man zur Pflege des Hundefells einsetzt.

Hundeglocke: In Afrika werden Hunden, die bei der Jagd nicht bellen, Glocken umgehängt. So können die Jäger trotz des fehlenden Gebells feststellen, wo die Jagdhunde sich gerade befinden.

Hundekamm: Mit dem Hundekamm wird das Fell gekämmt.

Hundeln: Dieser Begriff wird im Zusammenhang mit Wölfen verwendet, aber auch im Zusammenhang mit Füchsen und mit Hunden. Damit ist ein recht starker Körpergeruch beim Nasswerden gemeint.

Hundeseife: Man sollte Hunde nicht zu oft waschen oder baden. Dabei verwendet man eine spezielle Seife oder auch ein spezielles Shampoo, damit nicht zu viel Fett entzogen wird.

Hunt: Früher schrieb man das heutige Wort Hund mit einem „t" am Ende.

Huppe: So bezeichnet man in der französischen Sprache den Haarschopf, der bei einigen Hunderassen auf der Stirn wächst.

Identifikation: Ein Vergleich ist hier nicht ganz unpassend: In gewisser Weise ist der Nasenabdruck beim Hund mit dem Fingerabdruck beim Menschen vergleichbar. Man kann einen solchen Nasenabdruck anfertigen, indem man die Nase zuerst kurz mit Löschpapier trocknet, dann rasch Stempelfarbe auf die Nase gibt und vorsichtig ein Papier dagegendrückt. Üblicherweise stellt man die Identität eines Hundes allerdings nicht mit solchen Methoden fest, sondern bedient sich der Ahnentafel des Tieres. Es gibt überdies weitere Methoden zur Identifikation eines Hundes.

Imponierverhalten: Hunde stellen untereinander eine Rangordnung auf. Das kann durch Kampf geschehen. Es muss aber nicht immer zum Kampf kommen. Es ist üblich, die Klärung der Rangordnung zunächst auf mehr oder weniger friedlichem Wege anzugehen. Die Hunde versuchen sich gegenseitig zu beeindrucken. Das nennt man Imponierverhalten. Dazu gehört zum Beispiel, dass sie die Zähne fletschen. Nicht immer können Auseinandersetzungen durch das Imponierverhalten vermieden werden. Auch dieses Verhalten ist, wie so viele Verhaltensweisen, die wir heute an Haushunden beobachten können, ein Erbe des Wolfes.

Instinkt: Wenn ein Hund aus Instinkt handelt, dann tut er das aus einem vererbten inneren Antrieb. Er denkt dabei nicht nach. Instinkte sind aus zwei Gründen wichtig für das Überleben der Hunde. Zum einen dienen sie in einem ganz unmittelbaren Sinn der Selbsterhaltung. Ein Beispiel: Wenn ein Hund Angst hat, wird er versuchen zu flüchten. Der Instinkt bewirkt die Flucht. Der Hund kann der Gefahr entkommen. Zum anderen sind Instinkte eine Grundlage dafür, dass sich Hunde untereinander verständigen können. Vereinfacht kann man sagen: In bestimmten Situationen reagieren alle Hunde gleich. Weil diese Verhaltensweisen bei allen Hunden gleich sind, gibt es dabei auch keine Verständigungsprobleme.

Inzucht: Man spricht bei Hunden von Inzucht, wenn sich Tiere paaren und Nachwuchs bekommen, die innerhalb der letzten vorangegangenen Generationen dieselben Vorfahren haben. Je nachdem, wie eng die Tiere untereinander verwandt sind, spricht man von unterschiedlichen Abstufungen der Inzucht. Als engste Form der Inzucht wird der Inzest bezeichnet. Das ist die Zeugung von Nachwuchs durch Paarung von Geschwistertieren oder durch Paarung von direkten Nachkommen mit den Elterntieren.

Jagdlich ungeeignete Hunde: So nennt man nicht etwa solche, die gar nicht jagen. Als jagdlich ungeeignet bezeichnet man vielmehr Hunde, die unerwünschte Verhaltensweisen bei der Jagd zeigen. Unerwünscht ist es unter anderem, wenn ein Jagdhund das Wild nicht apportiert, sondern frisst – oder wenn er beim Apportieren so fest zupackt, dass das Wild zerquetscht wird.

Jagdtrieb: Auch der Jagdtrieb beim Hund ist ein Erbe des Urahnen Wolf. Der Jagdtrieb ist in ganz unterschiedlichem Umfang bei allen Hunden vorhanden. Auch bei so genannten Schoßhunden gibt es ihn, in der Regel ist er aber vergleichsweise schwach ausgeprägt. Will man nicht, dass der Hund seinem Jagdtrieb folgt, so muss man ihm das geduldig und energisch klar machen. Andererseits kann man den Jagdtrieb auch nutzen: Bei Jagdhunden wird der Jagdtrieb durch den Menschen unterstützt und ausgebaut.

Jugendkleid: Das ist ein Ausdruck für das Fell des jungen Hundes. Das Jugendkleid kann sich vom späteren Fell durchaus unterscheiden. Zum Beispiel kann sich die Farbtönung noch ändern.

Karpfenrücken: So nennt man eine bestimmte Form des Hunderückens. Von einem Karpfenrücken spricht man, wenn er eine deutlich sichtbar hochgewölbte Form hat.

Kastration: Die Kastration ist eine Operation mit dem Zweck, einen Hund zeugungsunfähig zu machen. Bei der Hündin werden die Eierstöcke entfernt, beim Rüden wird der Hoden entfernt. Eine Kastration kann zu körperlichen Veränderungen, zum Beispiel zu Gewichtszunahme, und zu Veränderungen des Temperaments führen.

Katzenfromm: So nennt man Hunde, die sich gut mit Katzen vertragen. Das ist gar nicht so selten, wie oft behauptet wird. Hierbei gilt wie bei vielem: Frühe Gewöhnung kann zu echter Freundschaft führen.

Katzenpfote: Bei einigen Hunderassen haben die Pfoten eine Form, die an eine Katzenpfote erinnert.

Klassifizierung von Hunderassen: Man kann die etwa 340 international anerkannten Hunderassen nach verschiedenen Gesichtspunkten einteilen und ordnen. Die internationale Organisation Fédération Cynologique Internationale (FCI) unterscheidet die Rassen nach Kategorien und Gruppen von Aufgaben, für die die Tiere gezüchtet werden.

Knautschen: Das sagt man in der Jägersprache, wenn ein Hund beim Apportieren Wild zu fest packt und das Wild deshalb zerdrückt wird. Hunde, die diese Verhaltensweise zeigen, nennt man auch Quetscher.

Körung: Das ist ein Fachausdruck für die Auswahl von Zuchttieren. Die Auswahl kann für eine unterschiedlich lange Zeitdauer gültig sein.

Kümmerer: So wird ein junger Hund genannt, der zu wenig Nahrung zu sich nimmt und deshalb in seiner Wachstumsentwicklung nicht auf dem üblichen zufrieden stellenden Stand ist.

Kruppe: Die Kruppe ist der hintere Teil des Hunderückens, an dem der Schwanz beginnt. Die ersten vier Schwanzwirbel sind unter der Kruppe verborgen. Die Kruppe hat bei unterschiedlichen Hunderassen jeweils eine typische Gestalt (zum Beispiel abfallend).

Kynologie: So nennt man die Wissenschaft vom Hund.

Lauf: Lauf ist ein Fachausdruck für Bein. Als Vorderlauf wird das Vorderbein unterhalb des Ellbogens bezeichnet. Als Hinterlauf wird das Bein unterhalb des Kniegelenks bezeichnet.

Laufhunde: Laufhunde setzen bei der Jagd ihr ausgesprochen gutes Witterungsvermögen ein. Die Nase tief über dem Boden, folgen sie dem Wild, wobei sie annähernd beständig bellen. Wenn sie nicht auf der Jagd sind, neigen sie kaum zum Bellen. Laufhunde zeichnen sich durch eine große Jagdleidenschaft aus. Es empfiehlt sich nicht, sie außerhalb der Jagd einzusetzen. Zu den Laufhunden gehören zum Beispiel der Berner Laufhund und der Grand Bleu de Gascogne. Eine Reihe von Laufhunden fällt durch ihre schon fast leuchtende Fellfärbung auf.

Laut geben: Mit diesem Ausdruck wird Hundegebell bezeichnet. Er wird in der Regel im jagdlichen Zusammenhang gebraucht. Ein anderer Ausdruck dafür ist Hals geben.

Lefzen: Lefzen sind die Hundelippen. Bei manchen Rassen hängt die Oberlefze über. Bei einigen Rassen gibt es ausgefallene Ausprägungen der Lefzen.

Leinenführig: Man nennt einen Hund leinenführig, wenn er angeleint links auf gleicher Höhe mit seinem Herrchen oder Frauchen geht, ohne durch langsameres oder schnelleres Laufen an der Leine zu ziehen.

Leinenscheu: Wenn ein Hund Angst vor der Leine hat, nennt man ihn leinenscheu. Es ist dann in der Regel zu vermuten, dass der Hund mit der Leine geschlagen wurde oder ein anderes schlechtes Erlebnis damit hatte.

Linealrücken: So nennt man einen ausgesprochen geraden Hunderücken.

Lippiness: Das ist der englische Ausdruck, der verwendet werden kann, wenn ein Hund Hängelefzen aufweist.

Ludern: So nennt man es in der Jägerfachsprache, wenn die Hunde Aas fressen.

Mantel: Als Mantel wird eine bestimmte Form der Fellfärbung bei mehrfarbigen Hunden bezeichnet. Einen kleinen Mantel nennt man Sattel.

Markieren: Im Zusammenhang mit Hunden, die nicht als Gebrauchshunde eingesetzt werden, nennt man so das Verteilen von Duftmarken, zum Beispiel entlang der Reviergrenzen mit Urin.

Merlefaktor: Der Merlefaktor ist ein Erbfaktor. Wenn er bei beiden Hundeelternteilen auftritt, kann angenommen werden, dass beim Nachwuchs Missbildungen auftreten.

Milchtritt: So nennt man die Tret- und Knetbewegungen der ganz jungen Hunde beim Saugen.

Modifikation: Damit ist eine Veränderung gemeint, die nicht vererbt wird. Wenn ein Rassehund aufgrund äußerer Umstände eine bestimmte Modifikation erfährt, also zum Beispiel kleiner und magerer bleibt, als man es erwartet hatte, weil er sehr schlecht ernährt wurde, dann heißt das gerade nicht, dass die nächste Generation auch grundsätzlich kleiner werden muss.

Molosser: Mit diesem Begriff werden große doggenartige Hunde aus der Zeit des klassischen Altertums bezeichnet, die schon zu dieser Zeit unter anderem als Kampfhunde, aber auch als Hirtenhunde eingesetzt worden sind.

Nachhand: Damit ist der gesamte hintere Teil des Hundes gemeint: Hinterläufe, Keulen und Becken. Man kann dazu auch Hinterhand sagen.

Nässen: Das ist ein Ausdruck, der für das Urinieren der Hunde gebraucht wird.

Niederlaufhunde: So werden kleinere Hunde genannt, deren Erscheinung grundsätzlich der von Laufhunden gleicht. Sie sind bei der Jagd für viele verschiedene Aufgaben einsetzbar. Sie erreichen normalerweise eine Größe von etwa 30 bis 40 cm.

Olfaktometer: So heißt ein Gerät, mit dem das Riechvermögen gemessen wird.

Overshot: Mit diesem englischen Ausdruck benennt man einen Gebissfehler. Beim Overshot liegen die unteren Schneidezähne weit hinter den oberen Schneidezähnen.

Pack: Dies ist eine englische Bezeichnung für eine Hundemeute.

Pad: In der deutschen Übersetzung bedeutet dieser englische Ausdruck Ballen.

Paddling: Die besondere Art eines breitbeinigen Gangs wird in der englischen Sprache als paddling bezeichnet.

Paper foot: Mit diesem Ausdruck benennt man in englischer Sprache eine Hundepfote, die sich durch ausgesprochen dünne Ballen auszeichnet.

Pass: Bei dieser Gangart werden abwechselnd beide Beine einer Seite gleichzeitig nach vorne bewegt, also zum Beispiel erst das linke Vorderbein und das linke Hinterbein und dann das rechte Vorderbein und das rechte Hinterbein. Ein Hund, der im Passgang läuft, macht schaukelnde Bewegungen.

Peitschenwürmer: Das sind bestimmte Parasiten, die im Dickdarm und im Blinddarm vorkommen können.

Pfeffer und Salz: So nennt man eine bestimmte Fellfärbung. Dabei ist das Deckhaar grundsätzlich dunkel, die Deckhaarspitzen sind jedoch hell.

Pigeon breast: Mit diesem englischen Ausdruck wird eine bestimmte Brustform bezeichnet. Sie ist im Vergleich zu anderen Brustformen schmal, und das Brustbein steht hervor.

Platten: So nennt man große andersfarbige Flecken im Hundefell.

Präfix: Das ist ein Zusatz vor dem Eigennamen des Rassehundes. Dieser Zusatz gibt an, aus welchem Zwinger ein Hund stammt.

Quality: Mit diesem englischen Ausdruck bezeichnet man edle Hunde von guter Abstammung.

Randläufigkeit: Dieser Ausdruck ist wörtlich zu verstehen. Hunde laufen nicht selten an Mauern und Hauswänden entlang. Dieses Verhalten wird als ererbte Vorsichtsmaßnahme angesehen – der Hund sucht Schutz in der Deckung.

Rassestandard: Ein Rassestandard fasst alle Merkmale zusammen, die für eine Hunderasse typisch sind. Dazu gehören äußere Merkmale und Wesensmerkmale. Für die internationale Anerkennung von Rassestandards ist die Fédération Cynologique Internationale (FCI) zuständig.

Roan: Das ist eine englische Bezeichnung für eine Fellfärbung. Dabei sind farbige Haare mit weißen Haaren gemischt.

Robe: Das ist das französische und das englische Fachwort für das Hundefell.

Roll: Mit diesem englischen Ausdruck bezeichnet man einen besonderen rollenden Gang.

Rüde: Das ist nicht nur die heutige Bezeichnung für Hunde männlichen Geschlechts. In früherer Zeit nannte man so bestimmte große, kräftige Hunde im Gegensatz zu kleinen Hunden.

Runddrehen: Bevor sich Hunde zum Schlafen hinlegen, drehen sie sich oft noch einige Male um sich selbst. Diese Verhaltensweise geht möglicherweise darauf zurück, dass die Vorfahren der heutigen Haushunde Gräser flach getreten haben, um sich einen Schlafplatz zu bereiten.

Rute: Der Begriff der Rute hat zwei Bedeutungen. Zum einen wird damit der Schwanz des Hundes bezeichnet. Die ersten vier Rutenwirbel machen die Kruppe mit aus. Die Gesamtzahl der Rutenwirbel ist bei allen Hunden annähernd gleich, unabhängig von der Länge der Rute. In der zweiten Bedeutung bezeichnet der Begriff Rute den Penis des Rüden.

Schlag: So nennt man Hunde derselben Rasse, die bestimmte Merkmale gemeinsam haben. Wenn bei einer Rasse zum Beispiel verschiedene Haarlängen zugelassen sind und es Hunde mit kurzem und Hunde mit langem Fell gibt, kann man von einem kurzhaarigen und einem langhaarigen Schlag sprechen. In diesem Zusammenhang wird auch der Ausdruck Varietät gebraucht.

Schritt: So nennt man die langsamste Gangart der Hunde.

Schussscheu: Dieser Ausdruck ist unter anderem im Zusammenhang mit Jagdhunden wichtig. Ein Hund, der sich bei einem Schuss erschreckt, wird schussscheu genannt. Ein Hund, der in einer solchen Situation gelassen bleibt, wird dagegen schussfest genannt.

Schutzärmel: Ein Schutzärmel mit Polster wird unter anderem bei der Ausbildung von Diensthunden einer Person übergezogen. Der Hund kann so im Rahmen von Übungen lernen, eine Person am Arm zu fassen, und verletzt diese Person dabei nicht.

Schweiß: Mit diesem Fachausdruck bezeichnen die Jäger Wildblut.

Scowl: Der englische Ausdruck beschreibt einen besonders grimmigen, düsteren, keinesfalls freundlich wirkenden Gesichtsausdruck.

Skully: Das ist eine Bezeichnung aus der englischen Sprache für eine runde Kopfform.

Spurlaut: Dieser Ausdruck ist im Zusammenhang mit der Jagd wichtig. Wenn man sagt, dass ein Hund spurlaut jagt, bedeutet das, dass er bellend eine Fährte verfolgt.

Sterilisation: Durch Sterilisation werden Hunde unfruchtbar gemacht. Im Unterschied zur Kastration wird bei der Sterilisation folgendes durchgeführt: Samenleiterdurchtrennung, -unterbrechung oder -verödung beim Rüden, entsprechende Unterbrechung der Eileiter bei der Hündin.

Stopp: So nennt man in der Fachsprache beim Hundekopf den Übergang von Schädel zu Fang. Der Stopp wird auch Stirnabsatz genannt und ist je nach Rasse unterschiedlich stark ausgeprägt.

Stockhaar: Dieser Ausdruck bezeichnet eine ursprüngliche Fellart. Dichte Unterwolle wird von langen, wenig gekrümmten Grannen überlagert. Als kurzstockhaarig wird eine Behaarung mit etwa 3 bis 4 cm langen Grannen bezeichnet. Sind die Grannen etwa 5 bis 10 cm lang, spricht man von langstockhaarigen Hunden.

Top knot: Das ist der englische Ausdruck für einen Haarschopf auf dem Hundekopf.

Trab: Der Trab ist eine der vier Gangarten des Hundes.

Tragzeit: Die Tragzeit ist die Zeitspanne, in der eine Hündin trächtig ist. Sie dauert im Allgemeinen etwa 60 bis 66 Tage.

Unterwolle: Das sind die feinen Haare, die unter den Deckhaaren des Hundefells liegen.

Vorhemd: Das ist ein Ausdruck für ein weißes Abzeichen auf der Hundebrust.

Vorstehhunde: Vorstehhunde sind Jagdhunde. Bei der Jagd ist ihre spezielle Aufgabe das Vorstehen. Wenn sie das Wild nach lautloser Suche aufgespürt haben, bleiben sie davor stehen und heben eine Pfote hoch. So weiß der Jäger, wo sich das Wild befindet. Viele Hunderassen aus verschiedenen Ländern gehören zu den Vorstehhunden. Um nur einige von ihnen aus einem Teil der jeweiligen Heimatländern aufzuzählen: Zu den deutschen Vorstehhundrassen gehören unter anderem der Große Münsterländer, der Kleine Münsterländer, der Deutsch Drahthaar, der Deutsch Kurzhaar, der Deutsch Langhaar und der Deutsch Stichelhaar. Zu den englischen Vorstehhundrassen gehören unter anderem der Pointer und der Gordon-Setter. Aus Frankreich kommt unter anderem der Barbet, aus Italien unter anderem der Bracco Italiano.

Wamme: Die Wamme ist eine Falte in der Haut unterhalb der Kehle. Sie kommt nicht bei allen Hunden vor. Der Mastino Napoletano hat zum Beispiel eine Wamme.

Wasserhunde: Nicht alle Hunde mögen es, ins Wasser zu gehen. Der Begriff Wasserhunde kann als Sammelbegriff für solche Hunde verwendet werden, die gern ins Wasser gehen, ferner ein gut dafür geeignetes Fell und eine entsprechende Statur haben und nicht sehr empfindlich sind. Der Neufundländer beispielsweise kann als Wasserhund bezeichnet werden. Er wird auch als Rettungshund eingesetzt.

Weedy: Diesen englischen Ausdruck kann man gebrauchen, wenn ein Hund kümmerlich aussieht, weil er entweder so gebaut ist oder weil er in einem schlechten Zustand ist.

Welpe: So nennt man neugeborene Hunde, bis sie ihr Milchgebiss haben beziehungsweise bis zum Ende der Säugezeit. Letztere dauert in der Regel etwa 8 Wochen.

Weiches Maul: Dieser Ausdruck ist im Zusammenhang mit Jagdhunden wichtig. Man spricht davon, dass sie ein weiches Maul haben, wenn sie Wild apportieren, ohne es zu beschädigen.

Wildrein: So nennt man einen Jagdhund, der nur auf Kommando dem Wild hinterherjagt.

Wingy: Dieser englische Ausdruck bezeichnet Hunde mit zartem Knochenbau.

Wolfsgrau: Die Fellfarbe Wolfsgrau bezeichnet graues Fell, das silbrig scheint und dunkle Spitzen hat.

Wurf: Damit sind alle Welpen, die am Ende einer Tragzeit von einer Hündin geboren werden, gemeint. Zu einem Wurf können 1 bis 15 Welpen gehören.

Zitzen: An den Zitzen der Mutterhündin saugen die Welpen. Eine Hündin hat in der Regel 10 Zitzen, die aber meist nicht alle Milch absondern.

Zotthaar: Wenn das Hundefell leicht gekraust und grob ist, spricht man von Zotthaar. Das Zotthaar verfilzt relativ leicht.

Adressen für Hundefreunde

Deutscher Tierschutzverband e. V.
Baumschulallee 15
53115 Bonn
Tel.: 02 28/60 49 60

Tierschutzvereine sind örtlich organisiert. Die jeweiligen Anschriften kann man über das Telefonbuch oder im Internet herausfinden. Beim Deutschen Tierschutzbund unter
www.tierschutzbund.de
gibt es außerdem eine Liste, die bundesweit Tierschutzvereine nennt.

Dachverband für die Rassehundezucht ist der Verband für das
Deutsche Hundewesen e. V. (VDH)
Westfalendamm 174
44141 Dortmund
Tel.: 02 31/56 50 00

Bundesverband Rettungshunde e. V. (BRH)
Helmut Haller
Tel.: 0 61 06/6 12 00
Karpenweg 5
63110 Rodgau

Deutscher Hundesportverband e. V.
Gustav-Sybrecht-Str. 42
44536 Lünen
Tel.: 02 31/87 80 10

Deutscher Windhundzucht- und Rennverband e. V, (DWZRV)
Grüne Str. 7
31185 Söhlde
Tel.: 0 51 29/89 19

Jagdgebrauchshundverband e. V.
Dr. Lutz Frank
Tel.: 03 54 53/2 15
Neue Siedlung 6
15938 Drahnsdorf

Landesverbände des Verbandes für das Deutsche Hundwesen e. V. (VDH):

Landesverband Baden-Württemberg
Vera Köllmann
Tel.: 0 70 62/84 94
Justinus-Kerner-Str. 14
71717 Beilstein

Landesverband Bayern
Udo Diesinger
Tel.: 0 89/1 23 42 82
Thorwaldsenstr. 29
80335 München

Landesverband Berlin-Brandenburg e. V.
Lothar Buhrke
Tel.: 030/7 72 21 45
Scheelestr. 51
12209 Berlin

Landesverband Franken-Oberpfalz
Peter Schön
Tel.: 0 56 01/45 57
Steingasse 21
34720 Schauenburg

Landesverband Hessen
Reinhard Jakob
Tel.: 05 61/51 28 51
Eisenhammerstr. 27
34123 Kassel

Landesverband Mecklenburg-Vorpommern
Andreas Wentzel
Tel.: 0179/5 58 02 53
Mitteldorf 6
18239 Gorow

Landesverband Niedersachsen
Jochen Rissmann
Tel.: 05 11/32 32 28
Schmiedestr. 5
30159 Hannover

Landesverband Nord
Christoph Stadelbauer
Tel.: 0 43 40/40 26 62
Inspektor-Weimar-Weg 10
24239 Achterwehr

Landesverband Nordrhein
Günter Ter Horst
Tel.: 02 02/62 34 93
Schnurstr. 3
42289 Wuppertal

Landesverband Rheinland-Pfalz
Herbert Klemann
Tel.: 0 63 55/9 69 66
Herrwiese 13
67308 Zellertal

Landesverband Saar
Frau Regitz
Tel.: 0 68 21/5 33 48
Beethovenstr. 25
66540 Wiebelskirchen

Landesverband Sachsen
Lutz Waßmann
Tel.: 03 41/4 61 57 89
Aue 51
04159 Leipzig

Landesverband Thüringen
Rainer Jacobs
Tel.: 03 61/4 22 21 06
Postfach 10 01 43
99001 Erfurt

Landesverband Weser-Ems
Klaus Wibben
Tel.: 0 49 25/83 33
Am Goldacker 1
26759 Hinte

Landesverband Westfalen
Gregor Wichmann (kommissarisch)
Tel.: 0 25 95/9 83 33
Schiesheide 5
59399 Olfen

Verband Deutscher Kleinhundezüchter e. V.
Karin Voye
Tel.: 0 44 06/68 47
Deichstr. 35
27804 Berne

Register

Bildnachweis

Redaktion „Ein Herz für Tiere“:
S. 12 o. Wa Ra, 12 u. Labat, 13 o. Wa Ra, 13 u. Labat-Lanceau, 14 o. Lanceau, 18 o. Lanceau, 18 u. Lanceau, 19 u. Lanceau, 21 re. Francais, 22 o. Francais, 22 u. Francais, 23 o. Vedie, 25 u. Nicaise, 27 o. Labat, 27 u. Francais, 29 Labat, 30 Amblin, 31 o. Lanceau, 32 o. Lanceau, 32 u. Labat, 35 o. Francais, 35 u. Nicaise, 38 o. Francais, 41 o. Labat, 42 o. Labat, 42 u. Vedie, 43 Lefebvre-Juvet, 44 u. Francais, 45 u. Lanceau, 47 o. Nicaise, 48 o. Francais, 48 u. Nicaise, 49 o. Nicaise, 49 u. Francais, 50 o. Lili, 53 o. Lili, 54 Francais, 55 o. Nicaise, 55 u. Francais, 56 re. Lanceau, 58 re. Labat, 59 Francais, 60 o. Francais, 60 u. Nicaise, 61 o. Nicaise, 62 Nicaise, 63 o. Francais, 63 u. Lanceau, 65 o. Nicaise, 65 u. Labat, 66 u. Francais, 67 o. Labat, 68 u. Labat-Lanceau, 71 o. Nicaise, 71 u. Lili, 72 o. Francais, 73 o. re. Francais, 73 u. li. Vedie, 74 Nicaise, 75 o. Vedie, 75 u. Lili, 76 o. Labat, 76 u. Labat, 77 u. Francais, 79 o. Schanz, 80 u. Labat, 86 o. Labat, 87 o. Francais, 88 o. Lanceau, 88 M. Skogstad, 88 u. Skogstad, 89 Skogstad, 91 o. Skogstad, 91 M. Skogstad, 91 u. Skogstad, 94 u. Alexis, 95 o. re. Vedie, 97 o. Lanceau, 97 u. DR, 98 o. Labat, 98 u. Labat, 99 u. Vidal, 100 Lanceau, 101 o. Lanceau, 101 u. Wa Ra, 102 o. Labat, 102 u. Alexis, 104 M. Lepage, 104 u. Francais, 108 u. Vedie, 109 u. Labat, 110 o. Lanceau, 112 o. Wa Ra, 112 u. Francais, 114 li. Lili, 114 o. re. DR, 115 o. Lanceau, 115 u. Lanceau, 116 o. DR, 116 u. DR, 117 o. Blat, 118 M. DR, 118 u. DR, 119 u. Lanceau, 120 o. Wa Ra, 120 u. Lili, 121 o. Testu, 123 o. Testu, 123 u. Francais, 126 o. Amblin, 127 o. re. Lanceau, 127 M. DR, 127 u. re. Lanceau, 128 o. Lanceau, 128 M. Alexis, 128 u. Labat, 129 Labat, 130 o. li. Lepage, 130 M. li. Labat, 130 u. DR, 131 o. li. Amblin, 131 u. li., 131 u. re. Wa Ra, 132 li. Lefebvre-Juvet, 132 re. Labat, 133 o. DR, 135 Alexis, 136 u. Labat, 137 M. Labat, 138 u. Lanceau, 139 o. DR, 139 u. Francais, 141 o. Lanceau, 146 u. Skogstad, 147 o. Lepage, 147 u. Labat, 150 o. Gissey, 152 Francais, 153 o. Gissey, 155 Labat, 156 o. Lepage, 156 u. Hermeline, 157 O.H.F., 158 o. Hutin, 159 o. Labat, 160 Amblin, 161 Alexis, 162 o. Amblin, 162 u. Lili, 163 u. Vedie, 164 o. Lanceau, 168 li. Labat, 168 re. Lili, 169 Labat, 170 o. Lili, 170 u. Lanceau, 171 Lili, 172 o. Lili, 172 u. Labat, 173 Lanceau, 174 Lanceau, 175 o. Labat, 175 u. Lanceau, 176 Wa Ra, 177 o. Labat, 177 u. Lanceau, 178 o. Varin, 179 o. DR, 180 o. Fleury, 180 u. Alexis, 181 M. Lanceau, 181 u. Lepage, 188 Skogstad

Silvestris:
S. 6, 8/9, 10 u., 11 o. und u., 14 u., 16/17, 20 u., 26 re., 36 u., 37 u., 38 u., 39, 40 o. und u., 41 M. und u., 45 o., 46, 56 li., 58 li., 66 o., 68 o., 70, 79 u., 81 u. re., 86 u., 87 u., 90, 92/93, 95 u., 99 o., 103, 104 o., 106/107, 108 o., 109 o., 110 u., 111 o. und u., 113, 117 u., 118 o., 119 o., 121 u., 122, 124/125, 126 u., 127 u. li., 130 o. re., 133 u., 134 o. und u., 136 o., 137 o. und u., 140 o. und u., 141 u., 142/143, 145, 148 u., 151, 153 u., 154, 158 u., 159 u., 163 o., 164 u., 165 o. und u., 166/167, 178 u., 179 u., 181 o. li.

Verein Deutscher Hundefreunde:
S. 10 o. li., 24 o., 25 o., 28 o. und u., 33 re., 36 o., 44 o., 47 u., 50 u., 52 o., 53 u., 64, 67 u., 69 u., 73 u. re., 85 o., 94 o., 95 o. li., 96 o. und u., 138 o.

Vitakraft:
S. 10 o. re., 12 M., 15, 114 u. re.